大学物理实验

孙越胜 主编

杨华 余大斌 主审

国防工業出版社

·北京·

内容简介

本书是根据教育部高等学校非物理类专业物理基础课程教学指导委员会2004年制定的《非物理类理工科大学物理实验课程教学基本要求》和上级主管部门颁布的相关实验室建设和课程教学标准，借鉴21世纪物理实验教学研究与改革成果，总结多年教学经验编写而成的。全书包括绪论、误差与实验数据处理、基础实验知识、基础物理实验、综合设计实验共4章，33个实验。全书编写力求体现时代性和先进性，注重个性发展和自主学习能力的培养，提高综合实验能力，适应高素质人才培养的需要。

本书各章节内容既相互独立、自成体系，又循序渐进、相互配合。本书可作为高等工科院校、高等职业学校和高等专科学校各专业的大学物理实验课程教学用书或参考书，也可作为中学生物理实验竞赛培训教材和实验工作者的参考资料。

图书在版编目(CIP)数据

大学物理实验/孙越胜主编．—北京：国防工业出版社，2009.4

ISBN 978-7-118-06255-7

Ⅰ．大…　Ⅱ．孙…　Ⅲ．物理学－实验－高等学校－教材　Ⅳ．04－33

中国版本图书馆CIP数据核字(2009)第036423号

※

国防工业出版社出版发行

（北京市海淀区紫竹院南路23号　邮政编码100048）

北京诚信伟业印刷有限公司印刷

新华书店经售

*

开本 787×1092　1/16　**印张** 15¾　**字数** 363千字

2009年4月第1版第1次印刷　**印数** 1—4000册　**定价** 28.00元

（本书如有印装错误，我社负责调换）

国防书店：(010)68428422　　发行邮购：(010)68414474

发行传真：(010)68411535　　发行业务：(010)68472764

前　言

物理学是研究物质结构及其运动规律的科学，它本身以及它与各个自然学科、工程技术部门的相互作用对人类文明历史的发展，对当代与未来的高新科技的进步和相关产业的建议都提供了巨大的推动力；作为人类追求真理，探索未知世界的工具，物理学是一种哲学观和方法论，它深刻地影响着人类对自然的基本认识、人类的思维方式和社会生活，在科学素质培养中具有重要的地位。

实验是物理学的基础，它反映了理工科及各个学科科学实验的共性和普遍性的问题。它在培养学生严谨的科学思维和创新能力，培养学生理论联系实际，特别是与科学技术发展相适应的综合能力，适应科技发展与社会进步对人才的需求方面有着不可替代的作用。

大学物理实验课是高等理工科院校对学生进行科学实验基本训练的必修通识课程，是大学生进入大学后接受系统实验方法和实验技能训练的开端。物理实验课覆盖广泛的学科领域，具有多样化的实验方法和手段，以及综合性很强的基本实验技术训练，它是培养学生创新意识和创新能力、引导学生确立正确科学思想和科学方法、提高学生科学素质的重要基础。

本实验教材是遵照全国工科物理实验课程教学指导委员会制定的基本要求及上级主管部门颁布的相关实验室建设和课程教学标准，结合学校学科专业特点和实验室仪器设备情况，针对工科学校大学低年级学员的认知特点和知识水平，在总结长期实验教学经验的基础上编写而成的。

本实验教材按照测量与误差理论、基础实验知识、基础物理实验、综合设计实验等四章编写。在强调基础物理实验夯实基础的同时，突出综合设计研究实验提高能力，尽量做到基础性和综合设计性兼顾。全书共安排33项实验，实验教学时可根据不同专业的实验课学时、专业要求等，选择其中的有关内容进行。每项实验由实验目的、实验仪器、实验原理、实验内容及数据处理表格、注意事项、思考题和重点仪器介绍等部分组成，尽量做到系统完整，以方便学员课前预习。

本书由孙越胜主编，黄涛副主编，孙越胜、黄涛、冯素平，王瑜、白秀军参加编写。物理实验中心的其他教员为本书的编写提供了大量的宝贵资料和修改意见。本书的出版也得到了有关高校老师的大力支持，同时，国防工业出版社的同志对本书的出版给出了许多中肯的意见，付出了大量的心血，在此表示衷心的感谢。

本书由杨华教授和余大斌教授担任主审。两位专家不仅仔细地审阅了全部书稿，而且对很多具体内容都提出了极好的修改意见，为本书特色的形成和质量的提高起到了极大的作用。

由于编者水平有限，本书难免有缺点与不足，恳切希望读者批评指正。

编　者
2009年1月

目　录

绪论

第一节 物理学与实验的关系

一、物理学从本质上讲是一门实验科学

物理学是研究物质的基本结构、基本运动形式、相互作用及其转化规律的学科。它的基本理论渗透在自然科学的各个领域,应用于生产技术的许多部门,是自然科学和工程技术的基础。

在人类追求真理、探索未知世界的过程中,物理学展现了一系列科学的世界观和方法论,深刻影响着人类对物质世界的基本认识、人类的思维方式和社会生活,是人类文明的基石,对人才的科学素质和人文素质培养具有重要的作用。

物理学是一门建立在实验基础上的学科,无论是物理概念的建立,还是物理规律的发现,都必须以科学实验为基础,并通过不断出现的科学实验来验证。物理学本质上是一门实验科学。物理实验是科学实验的先驱,体现了大多数科学实验的共性,在实验思想、实验方法以及实验手段等方面是各学科科学实验的基础。

(一) 物理实验起源于对自然现象的观察

在物理学发展的历史中,不论是在中国还是在国外,有不少人做过许多实验或观察,在此基础上做出过各种解释,提出了各种理论,还制造出不少仪器。例如,古巴比伦人曾用日晷和水钟记时,发明了梁式天平;欧几里德记载过用凹面镜聚焦太阳光的实验;阿基米德做过杠杆、滑轮和浮力实验,得出了杠杆原理和浮力定律,说出了“给我一个支点,我可以撬动地球”的豪言壮语。我国古代的《墨经》上记有小孔成像,平面镜、凸面镜、凹面镜反射成像的大小,以及像的正倒与位置的关系等实验;近年来出土的湖北随县曾侯乙墓中的编钟、编磬等,说明战国时期,我国的声学及乐器制造已经有非常高的造诣;汉代开始就有许多关于杠杆、滑轮应用的记载等。但当时的自然观察和实验,具有很大的局限性,原因如下:①毕竟是零星的;②定性的实验较多,定量的实验较少;③基本停留在现象描述,少有提升概括出理论的。

(二) 物理学的开端

在物理学史上首先把科学的实验方法引入到物理学研究中来,从而使物理学走上真正科学道路的是16世纪意大利物理学家伽利略。例如,在他设计的斜面实验中,就蕴藏着极为丰富的实验思想。首先,他在斜面实验中有意识地忽略了空气阻力的影响,这样能撇开一些次要因素,抓住问题的主要方面,而这正是科学实验不同于自然观察之处。其次,他还改变斜面的倾角(有意识地变更一些实验条件),观察实验结果的变化,这又是科学实验区别于自然观察的一个重要特点。他之所以选择斜面做实验,而不是原来的自由落体的实验设计,是为了延长物体在运动过程中下滑的时间,与当时的时间测量技术条件

相适应。最重要的是他将科学的逻辑推理方法运用于实验研究中,在“斜面越光滑,物体运动的距离就越远”的实验结论基础上,得出“物体在光滑水平平面上的运动是匀速率直线运动”——后来被称为牛顿第一定律,这个定律是超越实验本身的更为普遍规律的结论。伽利略还作了摆的实验,总结出单摆的周期与摆长的平方根成正比,而与摆的质量和材料无关。

伽利略的实验方法和实验的科学思想有以下几个特点:

(1) 把数学与实验密切地结合起来,得出各物理量之间定量的数学关系,揭示了各物理量之间的内在联系,把实验结果上升到普遍的理论高度。

(2) 有意识地在实验中忽略一些次要因素,并力求把实验条件做得尽量完善和符合数学要求,在理想化的条件下,抓住问题的根本。

(3) 设法改变实验的测量条件,使之易于观测。

(4) 首先提出“要用实验去验证理论”的思想。

(5) 把实验方法与理论联系起来,进行理论的演绎或逻辑的推理,得出超越实验本身的更普遍的理论结论。用伽利略自己的话来说,就是:“实验可以用来决定一些原理,并作为演绎方法的出发点。”

爱因斯坦高度评价伽利略,说:“伽利略的发现,以及他所运用的科学推理方法,是人类思想史上最伟大的成绩之一,而且标志着物理学的真正开端。”可以毫不夸张地说,伽利略这些卓越的关于实验方法的科学思想,对于当前的实验工作,也具有深刻的指导意义。

(三) 物理学与实验

整个物理学的发展经历了积累和变革的交替发展的过程,不论在哪一个阶段,物理实验都起着不可忽视的作用。这可以从以下几个方面得到论证。

(1) 有很多物理学的理论规律是直接从大量实验事实中总结概括出来的。这方面的例子数不胜数,例如,经典物理学中的开普勒三定律是根据第谷·布拉赫所积累的大量观测资料,采纳了哥白尼体系而得到的。牛顿是在伽利略、开普勒、胡克、惠更斯等人的工作基础上,总结归纳万有引力定律,完成经典力学体系的。能量的转换与守恒定律也是大量实验的归纳总结,其中包括很重要的焦耳热功当量实验。电磁学中的一系列实验,例如,库仑定律(扭秤实验)、欧姆定律、安培定律、毕奥—萨伐尔定律、法拉第电磁感应定律等,都是实验的总结。

(2) 物理学发展过程中,常常产生一些不同的意见,或者用不同的理论来解释同一个问题的争论。最终,是实验对理论作出终结判断。例如,在对光的本质认识的历史过程中,微粒说和波动说的争论持续了很长一段时间。最初,由于光的成像和直线传播的事实,很自然地支持了微粒说。可是光的独立传播,又给惠更斯的波动说提供了有力的佐证。但杨氏双缝干涉实验、泊松斑实验、马吕斯发现的光的偏振实验、以及光在空气中的速度大于还是小于水中速度的实验等,成为了微粒说和波动说的判决性实验。但是,光电效应实验和康普顿效应实验又给爱因斯坦光量子假说提供了有力的支持。最后,以光的波动——粒子二像性结束了这场旷日持久的争论,解释了全部的实验事实。

(3) 物理实验常常成为纠正错误理论的依据和发展新理论的起点。例如,古希腊的科学家、哲学家亚里士多德曾断言:体积相等的两个物体,较重的下落得较快,且物体下落的速度精确地与它们的质量成正比。这种理论曾经持续了1800多年。科学发展到中世纪，曾不断有怀疑和反对的意见，是以后无数实验事实(包括比萨斜塔实验)以及伽利略的逻辑推理，无可辩驳地否定了亚里士多德的观点。1911 年，卡末林—昂内斯在观察低温下水银的导电变化时，发现在 4.2K 附近电阻突然消失的现象，而后又观察到许多金属在低温条件下的超导状态。再后来，又发现了超流现象。由此开始了一个新的物理学分支领域——超导物理。

美好的物理假说要成为科学定论——物理学原理，也必须经过实验的检验。常常有这样的一些情况，在某些实验事实的基础上，科学家通过想象或结构出一个物理模型，或演绎出新的理论体系，或给出理论上的预言等。虽然，无论这些理论看来是如何地有创见、合情合理、在数学上无懈可击、可以解释迄今为止的很多实验事实，但是，这还不够，在没有得到实验验证之前，这种理论还只能算是一种设想、一种假设，不能被承认为科学的定论。例如，19 世纪 60 年代开始，麦克斯韦在大量实验基础上，特别是把法拉第关于电磁感应现象所作的大体上定性的解释，发展成为定量的数学形式。并提出了“涡旋电场”和“位移电流”的假说，建立了著名的麦克斯韦方程组，从理论上预言了电磁波的存在，并阐明电磁波以光速在空间传播，与光波具有共同的特性等。在 1873 年出版的《论电和磁》是一个极为卓越的理论成果。但是，直到 1887 年，赫兹接收到了由振荡源放电发出的电磁波，并且做了电磁波的反射、折射、衍射和偏振实验，测出电磁波的传播速度与光速具有相同的数量以后，才从实验上验证了麦克斯韦的全部假说，麦克斯韦的理论得到普遍的接受。又如，广义相对论是爱因斯坦在 1915 年—1916 年间提出来的。当时，由于创建狭义相对论以及在其他领域里的卓越贡献，爱因斯坦已是一位负有很高声誉的物理学家。而广义相对论立论新奇、结构严谨、推论精确和数学和谐，被认为是物理学发展中罕见的珍品。直到 1919 年 5 月 29 日，英国爱丁顿爵士率领的日蚀观测队，在西非几内亚湾的普林西比岛进行的观测结果，与广义相对论的理论预言相符。以后，类似的实验和其他的实验多次重复，广义相对论才作为一门崭新的科学理论被人们所公认，并成为宇宙学研究的重要理论基础。

物理实验对物理学发展的推动作用，还体现在“实验—理论—实验”是物理学发展的一般模式。物理学的基础是实验，物理学从本质上说是一门实验科学。当然，强调实验的重要性，绝不意味着轻视理论。特别是在物理学发展到今天，用已经确立的理论来指导实验向新的未知领域探索，就显得更加重要。任何轻视实验或者理论的做法都是错误的。正如密立根在 1923 年获诺贝尔物理学奖时说的：“科学靠两条腿走路，一是理论，一是实验，有时一条腿走在前面，有时另一条腿走在前面。但只有使用两条腿，才能前进。在实验过程中寻找新的关系，上升为理论，然后再在实践中加以检验。”

(四) 物理实验与技术进步

物理实验也是推动技术进步与发展的有力工具。物理实验的基本设计思想、基本测量手段以及现代物理实验技术等为科学的发展与技术的进步提供强有力的支持与保障。例如，X 射线的发现及其在技术中的应用。1895 年德国物理学家伦琴发现了 X 射线，1906 年实验证实 X 射线是一种频率很高的电磁波。有干涉、衍射现象，有很强的穿透本领，还有电离效应、光化学效应、荧光效应和生物效应等。利用 X 射线的这些性质，发明了 X 光透视射线技术，将 X 射线装置和计算机结合，形成 X 射线断层扫描成像技术——CT。X 射线衍射技术广泛应用于材料的结构分析中。再例如，激光技术的发现及其在工业、信息领域和军事技术中的广泛应用,早在 1916 年,爱因斯坦就提出了光的受激辐射理论。直到 20 世纪 50 年代,随着光学技术、微波技术、无线电技术的迅速发展,1960 年,光家族的新秀——激光终于问世了。第一台激光器一出现,马上就引起世界各国科学界的重视,出现了激光加工、激光检测、激光通信、激光医学、激光化学、激光全息等。特别是在军事上,激光测距技术、精确激光制导武器、高功率激光定向能武器等,使军事斗争呈现新的特点。所以说,物理实验既是开拓新理论、新领域的有力工具之一,又是发展科学技术的催化剂和推动力。

二、近代物理发展中的关键性实验

1900 年 12 月,德国物理学家普朗克提出了“能量子假说”,从此拉开了近代物理的序幕。本节,通过对近代物理两大理论基础——量子力学和相对论建立过程的回顾,了解物理实验在新观点、新概念、新理论提出过程中的巨大推动作用。

(一)相对论建立的历史过程

经典物理学发展到 19 世纪,达到了它的顶峰,具有代表性的事件是 1846 年 9 月 23 日海王星的发现和 1888 年赫兹(H.R.Hertz)用实验验证了麦克斯韦(J.C.Maxwell)预言的电磁波的存在。[物理学史小资料:海王星的发现。1781 年英国人威廉·赫歇尔依靠天文观测发现了天王星。在长期的天文观测中发现,天王星的运动存在某些极小的不规则性,但不能归因于任何已知天体的影响,人们就猜测在天王星外可能存在一颗未曾发现的新行星,是它对天王星的轨道起了附加的影响。英国剑桥大学的青年学生亚当斯(Adams)使用万有引力定律,从观测到的天王星的运动,来计算这颗未知星的位置。经过几年的努力(因其数学计算十分艰巨),1845 年 10 月终于推算出新行星在特定时刻出现在轨道上的位置,并将计算结果写信给格林尼治天文台。由于亚当斯是一位不出名的年轻数学家,所以没有受到足够的重视。1846 年 8 月,另一位法国青年勒维耶(Leverrier)也独立完成了计算工作,并写信给柏林天文台,在收到这封信的当天晚上,台长亲自寻觅,在非常靠近预言位置的天区发现了这颗行星。]

就在科学家陶醉在经典物理学取得了巨大的成就之中时,“在物理学晴朗天空的远处,还有两朵小小的令人不安的乌云。”这两朵乌云就是指用经典物理理论无法解释、甚至是与经典物理理论相矛盾的两个涉及经典物理学根基的实验——“迈克耳逊—莫雷实验”和“黑体辐射实验”。要真正理解“迈克耳逊—莫雷实验”和“黑体辐射实验”是物理学晴朗天空的两朵乌云,必须首先了解经典物理学的基本观点。

经典物理学的绝对时空观。为什么要首先讨论时空观呢?我们知道,力学是研究物体机械运动的。物体的运动就是它的位置随时间的变化。因此,无论是运动的描述或是运动定律的说明,都离不开长度和时间的测量。牛顿对空间和时间的定义:绝对空间,就其性质来说与此外的任何事物无关,总是相似的、不可移动的。[原文:Absolute space, in its own nature, without relation to anything external, remains always similar and immovable.]绝对、真实及数学的时间本身,从其性质来说,均匀流逝与此外的任何事物无关。[原文:Ahsolute, true and mathematical tlme of itself and from it own nature, f1ows equally wlthout relatlon to anything.]牛顿的时空观被称为绝对时空观,其主要特征是空间和时间是分离的。

经典物理学的绝对时空观的物理表现，就是力学的相对性原理，数学表现就是伽利略坐标变换。运动是绝对的，而运动的描述是相对的。为定量描述物体的运动，研究运动状态变化的原因，必须选定适当的参考系。因此，一个必然的问题就是：对于不同的参考系，长度和时间的测量结果是一样的吗？运动是否满足相同的规律？基本力学定律的形式是否完全相同？力学的相对性原理和伽利略变换回答的就是这个问题。伽利略在他 1632 年出版的《关于两个世界体系的对话》一书中，在宣传哥白尼的日心说时，为解释地球的表现上的静止，曾以大船作比喻，写了一段非常生动的话。无独有偶，这种关于相对性原理的思想，在我国古籍中也有记述，成书于西汉时期（比伽利略早 1700 年）《尚书纬·考灵究》中有这样的记述："地恒动不止而人不知，譬如人在大舟中，闭蒲而坐，舟行而人不觉也。"上述描述的中心思想是，我们不能仅仅根据在一个惯性参考系内机械运动的现象，来判断该参考系是否相对其他惯性系运动。为什么会出现这种现象呢？这是因为在一切彼此作匀速直线运动的惯性参考系中，满足力学规律的机械运动现象都是相同的，不存在一个与其他惯性参考系不同的特殊的惯性系。也就是说，对力学规律而言，一切惯性参考系都是等价的，力学规律在所用惯性系中都应该具有相同的数学表达形式。惯性参考系对力学规律的等价性就称为力学的相对性原理。

让我们再回到经典电磁理论中来。经典电磁理论是"以太"的电磁理论，认为电磁波的传播需要介质，电磁波动是介质的运动状态。麦克斯韦对电磁理论的重要贡献是他的两个假设，涡旋电场假设指出变化的磁场激发电场，位移电流假设指出变化的电场激发磁场。变化的电场和磁场相互激发，在空间传播，形成电磁波。根据麦克斯韦方程组，可以推导出电磁场传播的波动方程。如果伽利略变换（即经典物理的绝对时空观和力学的相对性原理）对电磁理论是适用的，电磁波的波动方程在不同的惯性系中将呈现不同的形式。由于牛顿力学规律和伽利略变换已被大量科学实验和日常生活经验（即宏观、低速世界中的现象和实验）验证为正确，所以针对"在不同惯性系中电磁波传播的波动方程具有不同的形式"这一结论，并考虑到经典物理学"机械论"的电磁波这一历史背景，一种合理解释或推论是：在相对以太静止的惯性系中光以速率 c 传播，麦克斯韦方程组及其波动方程在相对以太静止的惯性系中成立；在相对以太运动的惯性系（相对速度为 u）中光可以以 $c+u$ 或 $c-u$ 传播，波动方程具有不同的表达形式；即经典电磁理论不满足在伽利略变换下的不变性；即相对电磁规律而言，惯性系是不等价的，存在一个最优的惯性系——相对以太静止的惯性系，用电磁规律可以分辨出某一惯性系相对最优的以太惯性系的运动速率。

狭义相对论建立过程中的关键性实验是迈克耳逊—莫雷实验。该实验是企图利用电磁规律求出地球惯性系相对以太惯性系运动速率的一个实验。具体实验装置、实验原理、干涉条纹移动的计算公式和实验结果请参阅本教材实验 4.9。

遗憾的是，迈克耳逊—莫雷实验没有达到其预期的的实验结果。即没有观察到干涉条纹的移动，$\Delta N=0$。没有达到预期的实验结果，称为示零实验或零结果实验（Null Experiment）。

这里要提醒大家注意：示零结果实验往往有着重要且深刻的意义。诺贝尔奖获得者阿尔瓦雷斯曾经用 X 射线照射埃及古萨地区的一座金字塔，当时一些报纸报道说，他没有任何发现，阿尔瓦雷斯总是纠正说：他发现了一件事，那就是不存在尚未为人所知的墓室。零结果和没有结果完全是不同的概念。还必须指出的是：继迈克耳逊—莫雷实验以后，瑞利—布拉斯实验（1902 年、1904 年），特劳顿—诺布耳实验（1903 年）等很多实验都表明，用电磁学实验来观察地球相对“绝对静止以太”的运动，都没有获得成功。

迈克耳逊—莫雷实验的示零结果说明：麦克斯韦的电磁理论不满足伽利略的相对性原理。迈克耳逊—莫雷实验的示零结论实质是：揭示了伽利略变换（即经典物理学的绝对时空观和力学相对性原理）与经典电磁理论之间的矛盾。迈克耳逊—莫雷实验的示零结果对经典物理学提出了严峻的挑战——是否存在有“以太”？如果以太不存在，传播电磁波的介质是什么？电磁波理论是否正确？经典物理学的绝对时空观是否正确？力学的相对性原理（伽利略相对性原理）是否有局限性等（见下表）。

狭义相对论的实验基础

理论		光传播实验						其他方面实验					
		光行差实验	斐索牵引系数实验	迈克耳逊—莫雷实验	肯尼迪—戎迪克实验	运动光源和镜子的实验	德西戎双星实验	质量随速率改变实验	一般质能等效的实验	运动电荷辐射实验	高速介子衰变实验	特劳顿—洛布尔实验	永磁体单极感应实验
以太理论	固定以太没有收缩	A	A	D	D	A	A	D	N	A	N	D	D
	固定以太洛仑兹收缩	A	A	A	D	A	A	A	N	A	N	A	D
	以太被实物牵引	D	D	A	A	A	A	D	N	N	N	A	D
发射理论	原始光源	A	A	A	A	A	D	N	N	D	N	N	N
	弹射	A	N	A	A	D	D	N	N	D	N	N	N
	新光源	A	N	A	A	D	D	N	N	D	N	N	N
狭义相对论		A	A	A	A	A	A	A	A	A	A	A	A

说明：A——理论与实验结果符合；
D——理论与实验结果不符合；
N——理论不能应用于实验结果的分析

解决问题可能的途径：

（1）经典力学和经典电磁学都是对的，以太假说也是必要的，设法提出某些假说来解释一部分实验结果。例如，为解释迈克耳逊—莫雷实验等，有“以太完全牵引假说”和洛仑兹的“以太收缩假说”。

（2）经典力学和它满足的力学相对性原理、伽利略变换是对的，麦克斯韦电磁理论及其以太假说是不完全对的，应当进行改造。例如，里兹的“发射假说”等。

（3）爱因斯坦的狭义相对论。爱因斯坦认为：首先，任何实验都没有观察到地球相对以太参考系的绝对运动，这不正表明：根本就不存在那样一个假想的以太参考系。应该彻底地抛弃以太，应该如实地认为“电磁场不是介质的状态，而是独立的实体，像构成物质的原子那样，不能归结为任何别的东西，也决不能依附在任何载体上。”其次，实验表明，电磁现象与力学现象一样，并不存在一个最优的惯性参考系。即电磁规律也应该像力学规律一样，满足相对性原理。

但是电磁理论与经典伽利略变换之间的矛盾又怎样解决呢？这就要求通过建立惯性系之间新的变换关系，即建立新的相对性原理来解决。电磁理论应该满足这个新的相对性原理（变换关系），而经典力学必须进行改造。当然，若回到正常速度的日常生活世界里时，新的相对性原理与坐标变换应该过度到伽利略相对性原理和坐标变换。

1905年6月，爱因斯坦发表了《论动体的电动力学》论文，提出了两条基本假设。假设一，物理体系的状态及变化的规律，同描述这些状态变化时所参考的坐标系究竟是用两个在相互匀速移动着的坐标系中的哪一个并无关系。假设二，任何光线在“静止的”坐标系中都是以确定的速度运动着，不管这道光线是由静止的还是运动的物体发射出来的。

（二）量子力学建立的历史过程

早在19世纪30年代，法拉第就发现真空中放电会发生辉光现象。随着真空技术的发展，物理学家进一步发现，真空管内的金属电极在通电时其阴极会发出某种射线，这种射线受磁场影响（带电），具有能量，被称为阴极射线。

1895年11月8日晚，德国物理学家伦琴在做阴极射线实验时，意外地发现了一种新的穿透力极强的射线。后来科学研究表明，该射线是一种波长极短的电磁波。但当时由于不了解其本性，伦琴将它称为X射线。由于X射线可以穿透皮肉透射骨骼，在医学上很有用处。因此，这个发现一公布，立刻在社会上引起巨大轰动。伦琴也因为发现X射线而成为世界上第一个荣获诺贝尔物理学奖（1901年）的人。有关X射线的消息引起了法国物理学家贝克勒尔的注意。他出生在一个研究荧光的世家，因此他马上联想到X射线是否与荧光有关。但多次实验表明，发射荧光的物质并不发射X射线。后来，他又用铀盐做荧光实验，在实验研究中发现了一种不同于荧光的新射线，从而于1896年发现了天然的放射性。当然，将放射性研究推向新高度的是波兰籍女科学家居里夫人。X射线不仅导致了放射性物质的发现，也促进了电子的发现。1897年，英国物理学家J.J.汤姆逊用实验证明了阴极射线确实是一种带负电的粒子流，并通过测定其荷质比，确定了该粒子的电量与质量，发现了“电子”——它是电荷的最小单位。

X射线、天然的放射性和电子的发现表明，原子atom（在拉丁语中就是“最小不可分”的意思）并不是“最小不可分”的，它一定有内部结构。关于原子结构问题的研究，进入社会公众和物理学家的眼帘，给新世纪的人们打开了一个新的奇妙的微观世界。

直接导致量子概念出现的倒不是原子结构问题，而是一个古典热力学的难题——黑体辐射中的“紫外灾难”。1900年10月，德国物理学家普朗克采用拼凑的办法，得出了一个与黑体辐射实验曲线吻合的非常好的经验公式，但该公式的理论依据尚不清楚。不久。普朗克发现，只要假设物体的辐射能不是连续变化的，就可以对该公式作出合理的解释。1900年12月14日，普朗克将他的发现报告给德国物理学会，并将最小的不可再分的能量单元称做“能量子”或“量子”。量子假说与物理学界几百年来信奉的“自然界无跳跃”直接矛盾。该理论并不被物理学家所接受。第一个意识到量子概念的普遍意义，并将它运用到其他问题上的是爱因斯坦。爱因斯坦建立了光量子理论以解释光电效应实验中出现的新现象。光量子理论的提出使光的本质的历史争论进入了一个新的阶段。

量子力学建立过程中的关键实验还有：α 粒子的金箔散射实验与卢瑟福原子核式结构、玻尔的量子化的原子结构理论；1923 年—1915 年德布罗意提出物质波的假设与 1926 年戴维逊—革末电子晶体衍射实验、1927 年 G. P. 汤姆逊的透射电子的衍射实验、1961 年约恩逊电子的单缝双缝和多缝衍射实验、1986 年的单电子的双缝干涉实验、1993 年利用 STM 技术的量子围栏实验中的物质波的驻波图样等；夫兰克—赫兹实验与原子的能级结构；斯特恩—盖拉赫实验与电子的自旋等。

第二节　物理实验教学

一、课程的地位和作用

物理实验是根据物理学的研究目的，依据物理学的基本原理，选择适当的实验仪器和实验装置，用人为的方法让物理现象再现并进行测量和研究的一种科学活动。同时，物理实验又是一门研究物理测量方法与实验方法的科学。物理实验的内容包括力热、电磁、光、近代物理等科学技术研究的各个方面，如果把高科技领域特别是现代军事技术领域中的许多“高、精、尖”实验或装备拆成“零件”，则绝大部分都可在基础物理实验中找到其生长点。

物理实验是高等理工科院校对学生进行科学实验基本训练的第一门实践性主干基础课程，是本科学生接受系统实验方法和实验技能训练的开端。

物理实验课覆盖面广，具有丰富的实验思想、方法、手段，同时能提供综合性很强的基础实验技能训练，是培养学生科学实验能力、提高科学素质的重要基础。它在培养学生严谨的治学态度、活跃的创新意识、理论联系实际和适应科技发展的综合应用能力等方面具有其他实践类课程不可替代的作用。

二、课程的具体任务

培养学生的基本科学实验技能，提高学生的科学实验基本素质，使学生初步掌握实验科学的思想和方法。培养学生的科学思维和创新意识，使学生掌握实验研究的基本方法，提高学生的分析能力和创新能力。

提高学生的科学素养，培养学生理论联系实际和实事求是的科学作风，认真严谨的科学态度，积极主动的探索精神，遵守纪律、团结协作、爱护公共财物的优良品德。

三、能力培养的基本要求

1. 自学能力

物理实验独立设课，和大学物理同步进行。为保障一人一组完成实验教学，同时又满足实验仪器的使用效率要求，提高实验室建设效益，实验课均采取按模块循环设置实验项目的办法实施。经常会出现实验原理在理论课中还没讲到，实验已经做到的情况。这就要求学生能够通过阅读实验讲义、相关参考资料和网络课程教学资源等，学习理解实验原理、设计思想和测量方法等实验内容，培养学生的自学能力，提高学习的积极性和主动性。

2. 独立实验能力

能够通过阅读实验讲义和仪器使用说明书等，掌握实验原理及方法，做好实验前的准备;正确使用仪器及辅助设备、独立完成实验、撰写内容翔实格式规范的实验报告;培养学生独立实验的能力,逐步形成自主实验的基本能力。

3. 分析与研究的能力

能够融合实验原理、设计思想、实验方法及相关的理论知识,对可能出现的实验现象进行预判断,对实验结果进行分析、判断、归纳与综合;掌握通过实验进行物理现象和物理规律研究的基本方法,具备初步的分析与研究能力。

4. 理论联系实际的能力

培养学生耐心细致的观察能力,能够在实验中发现问题、分析问题,并学习解决问题的科学方法,逐步提高学生综合运用所学知识和技能解决实际问题的能力;培养学生正确使用常用实验仪器,掌握基本物理量的测量方法和实验操作技能,能够正确记录和处理实验数据,绘制实验曲线,分析并说明实验结果,写出合格的实验报告,能够自行设计和完成某些不太复杂的实验任务等,具备从事科学实验的初步能力。通过对物理实验现象的观察与分析,学会运用理论指导实验、分析和解决实验中出现的新问题,从理论和实际的结合上加深对理论的认识和理解。培养理论联系实际的工作作风。

5. 创新能力

培养学生敏锐的分析判断能力,提高对物理现象直觉判断和发现新事物的创新意识与能力。能够完成符合规范要求的设计性、综合性、研究性内容的实验,进行初步的具有研究性和创新性内容的实验,激发学生的主动性和学习兴趣,提高学生的创新能力和综合科学素质。

四、主要教学环节

不论是哪个层次、模块的物理实验,也不论其内容如何、方法怎样,实验课的基本程序大都相同,主要包括下面三个重要环节。为达到物理实验课的教学目的,学生应重视物理实验的各教学环节。

(一) 做好预习

1. 为什么要预习?

由于实验课的时间有限,而熟悉仪器和测量方法的任务一般来说又比较重,因此在规定的时间内熟悉仪器的使用、完成仪器的调试和实验数据的测量,对大多数学生来说并不是一件轻松的事。如果学生在进入实验室后才开始学习实验原理,了解要测量什么物理量等,实验时就不知道要研究什么问题、实验中会出现哪些现象、要测量哪些物理量等,实验就没有针对性,只能机械地按照教材所列出的实验步骤,亦步亦趋地做实验,离开了教材就不知道怎样动手。虽然用这样呆板的方式也能完成实验,也能测得实验数据,但却不了解他们的物理意义,不能判断数据的准确性,不能根据实验数据推得实验结果及他们是否验证了物理规律或发现新的实验现象,自然也不会根据所测量的实验数据去分析、发现实验结果。实验预习的好坏是能否做好物理实验的关键。

做好预习,一方面能够在课上高质量地完成实验,提高学习的效率和兴趣;另一方面也可以避免损坏仪器和出现安全问题。

2. 怎样才能做好预习?

首先是理解掌握实验原理。结合实验讲义和理论课教材,有必要时可到图书馆借阅相关参考书，认真阅读，基本弄懂实验所用的原理和方法；要学会从中整理出主要实验条件、实验关键及实验注意事项，了解该实验会出现哪些物理现象，理解掌握该实验要测量什么物理量或验证哪条物理规律，是直接测量还是间接测量，要预判测量对象可能的大小（估算数量级范围）；如果是间接测量，要掌握计算公式及相应物理量所使用的单位等；如果是验证物理规律，要了解是怎样通过实验数据的分析处理来验证实验规律的；要根据实验任务拟订好实验数据记录表，为了使测量结果眉目清楚，防止漏测数据，预习时应根据实验要求画出实验数据记录表格，在表格上标明文字符号所代表的物理量及单位，并确定测量次数。在表格上要表明文字符号所表示的物理量及其单位，并确定测量次数。结合实验讲义初步掌握实验仪器的使用。有些实验还要求学生课前自行拟订好实验方案，自己设计线路图或光路图等。

课前预习的好坏是实验中能否取得主动、顺利完成实验的关键。预习的书面结果是写好实验预习报告。

（二）独立完成实验操作

学生进入实验室后，应遵守实验室规则，按照一个科学工作者的标准要求自己。对照实验指导书，熟悉实验仪器的结构与功能、面板设计与各旋钮的作用等。仔细、认真听教师讲解实验原理、计算公式、仪器的使用方法、实验过程中的关键环节与注意事项等。

按照实验要求，合理摆放实验仪器。力学或光学实验要根据测量精度，合理调整各仪器之间的距离。电磁学实验要仔细搭建实验电路。在实验过程中要注意安全操作，细心观察实验现象、记录实验数据。

认真钻研和探索实验中的问题。不要期望实验工作会一帆风顺，在遇到问题，例如，在望远镜视场中看不到被测物体或它所成的像、示波器的波形看不到时，应看成是学习的良机，应冷静地分析和处理它。仪器发生故障时，也要在教师的指导下学习排除故障的方法。总之，要将着重点放在实验能力的培养上，而不是测出几组数据敷衍了事。

要以严肃严谨的态度对待实验数据。测量实验数据时要特别仔细，以保证读数准确，因为实验数据的优劣，往往影响或决定实验工作结果的成败。根据仪表的最小刻度单位或者准确度等级决定实验数据的有效数字，实验数据要有单位。实验结果一定要真实，要用钢笔或圆珠笔记录原始数据，不允许修改或编造实验数据。如果确系记错了，也不要涂改，应轻轻划一道，在旁边写上正确值，使正误数据都能清晰可辨以供在分析测量结果和误差时参考。不要用铅笔记录原始数据，给自己留有涂改的余地，也不要先在草稿纸上记录再誊写到数据表格中，这样容易出错，况且也不是“原始数据”。当实验结果与温度、湿度、气压等有关系时，还要记下实验进行时的室温、空气湿度和大气压。希望学生注意纠正自己的不良习惯，从一开始就培养良好的科学工作作风。实验结束时，将原始数据交教师审阅签字，整理还原仪器后方可离开实验室。

（三）认真处理实验数据并高质量地完成实验报告

实验后要对实验数据及时分析处理。如果原始记录删改较多，应加以整理，对重要的数据要列表。数据处理包括计算、作图、误差分析等。计算要有计算公式或计算举例等，代入的数据都要有根据，以便于别人看懂，也便于自己检查。作图要按照作图规则，图线要规矩、美观。数据处理后应给出实验结果。最后撰写出一份简洁、明了、工整、有见解的实验报告。这是每一个军校学生必须具备的报告工作成果的能力。也是撰写科技论文的基本训练。

实验报告是实验工作的分析总结,主要包括以下几方面的内容:

(1) 实验名称。

(2) 实验目的。

(3) 实验原理。简要叙述有关物理内容,包括实验装置图、电路图、光路图等,以及测量中依据的主要公式,公式中各物理量的含义及单位,公式成立所满足的实验条件等。

(4) 实验步骤。根据实际的实验过程写明关键步骤,仪器使用的注意事项和安全注意要点等。

(5) 原始数据记录表与数据处理。记录中应有实验组别和仪器编号、规格及完整的实验数据。要完成数据计算、实验曲线绘制、误差计算等。最后以简单、明了的形式给出实验结果。

(6) 实验误差分析。分析产生误差的原因,实验数据及结果的真实可靠性等。

(7) 小结或讨论,内容不限。可以是实验现象的分析,对实验关键问题的研究体会,实验的收获等。也可以是改进实验的建议,或提出新的测量方法等,或者是解答思考题等。

第三节　实验室规则

(1) 学员在每次实验前必须认真预习,撰写实验预习报告。学员进入实验室需带上课前完成的预习报告和记录实验数据的表格,并经实验指导教员检查同意后方可进入实验室做实验。

(2) 遵守课堂纪律,在实验室中应关闭手机等通信工具,保持实验室安静与整洁。

(3) 进入实验室后,要对照实验教材检查实验仪器是否配套完整,有无缺损。在实验指导教员没有讲解之前,不要随意摆弄实验仪器。没有经过教员准许,不得和其他实验小组交换实验仪器。

(4) 使用电源时,务必经过实验指导教员检查线路后,才能接通电源。

(5) 要爱护实验仪器。实验中严格按照仪器使用说明书操作,对使用不当造成的仪器损坏,照价赔偿,并签名登记。公共工具用完后应立即归还原处。

(6) 做完实验后,学员应将仪器整理还原,将桌面和凳子收拾整齐。经教师检查测量数据和仪器还原情况并签字后,方可离开实验室。

(7) 因事不能按时到实验室完成实验的学员,应有队干部批准的请假条,并在上课前由各组组长向实验指导教员报告。无故不做实验的,本学期实验成绩按不及格记。

(8) 实验报告应在实验完成一周内与实验预习报告一并交到实验室。

第一章　测量、误差与实验数据处理

本章介绍测量、误差估计、实验数据处理和实验结果的表示等内容。所介绍的都是基本知识，这些知识几乎在每一个物理实验中都要用到，而且也是今后从事科学实验必须了解和掌握的。这部分内容涉及面比较广，不可能在一两次学习中掌握。我们要求学生首先认真阅读一遍，对提出的问题有一个初步的了解，然后再结合每一个具体实验细读有关段落，通过运用加以掌握。

第一节　测量与误差

一、测量与误差

（一）直接测量与间接测量

物理学是一门实验科学，研究物理现象、了解物质特性、验证物理规律等，都离不开对各种物理量进行测量。测量可以分为直接测量和间接测量。

“直接测量”是指直接将被测的量和标准件进行比较，由仪器直接读出测量结果，无需对被测的量与其他实测的量进行函数关系的辅助计算，直接测出被测量的量。例如，用米尺测量物理的长度；用天平测量物体的质量；用电流计测量线路中的电流；用电压表测量电阻两端的电压等，都是直接测量。

“间接测量”是指利用直接测量的量和被测的量之间已知的函数关系，经过公式计算才能得到的物理量。例如，物体密度的测量，先测量出该物体的体积和质量，再用公式计算出该物体的密度；测量声波的传播速度，先测量波的频率和波长，再用公式计算出声波的速度；在霍耳效应实验中，通过霍耳电压间接测量磁感应强度；在光栅常数实验中，通过测量某相干光的第 k 级衍射角来间接测量光的波长；在分光计实验中，通过测量偏折角间接测量三棱镜对该波长的折射率，进而分析其色散规律等。物理实验中进行的测量，很多都是间接测量。

（二）误差的概念

每一个待测物理量在一定的实验条件下都具有确定的大小，称为该物理量的真值。

从测量的要求来说，人们总希望测量的数据完全符合客观实际（真值）。但在实验中所得的测量结果，因受到被测对象、所用仪器、周围环境（如气温、气压、风向、湿度、光照等）以及受观察者本人情况的影响，都会偏离真值。测量结果和真值之间总是或多或少地存在不一致性，测量结果和真值之间的偏差称为误差。

误差是普遍存在的，自始至终存在于一切科学实验和测量的过程之中。由于理论的近似性、实验仪器分辨率或者灵敏度的局限性、环境条件的不稳定性、观察者的习惯性倾向等，测量结果不可能绝对准确，测量不可避免地伴随有误差产生。例如，用米尺测量物体的长度时，米尺的最小刻度是毫米，小于毫米的量就要观测者估测，这样就会产生误差。用单摆测量某地的重力加速度，将小球抽象成质点，代入公式计算，就会出现因测量原理的近似带来的误差。

（三）误差的特点

长期的实验研究表明，实验测量结果具有随机性。由于影响测量结果的因素很多，它们又以各自不同的方式变动，所以对某次具体测量来说，很难确定测得的值对真值偏离究竟有多大，是偏大还是偏小，这样就使得每次测量值的误差大小与正负都带有随机性。就是在同样的实验条件下，使用同一种仪器，采取同一种测量程序和方法多次测量同一个物理量，各次所得结果仍然会不同，这是测量结果随机性的另一种表现形式。

这里对测量结果随机性作一重点讨论。测量结果随机性的来源是多方面的，并且多数情况下常常是几个方面同时起作用。大体上说，有以下几个方面：

（1）测量的偶然误差。在确定的实验条件下，总有不能完全控制的偶然因素，造成仪器性能的不稳定性和辨别率上的统计涨落，以及观察者本身辨别力的涨落。随着科学技术水平的不断提高，后者已有可能用自动记录设备来避免。但前者总是存在的，不可能完全消除。现代一些重要的实验物理成果，常常是在实验设计上花了很大力量来分析各种可能造成误差的偶然因素，并设法采取适当的措施来尽量减小这些偶然误差，或在实验结果中通过适当的处理方法加以扣除。

（2）物理量本身的统计涨落性质。大多物理量实际上是建立在统计基础上的，这样的量本身就具有统计涨落。这种随机性质不能简单地靠提高仪器的精确度来改变。

（3）某些物理量就是作为物理现象的某种随机性质进行统计描述而引入的，对这些物理量的测量必须通过多次测量结果进行统计处理来实现。这种随机性质也不能靠提高仪器的精确度来提高。

正是由于产生误差的原因是不可避免的，同时又是多种多样的。因此，分析测量中可能产生的各种误差，分析误差产生的原因，同时尽可能消除其影响，并对测量结果中未能消除的误差做出估计，就是物理实验和许多科学实验中必不可少的工作。为此，我们必须了解误差的概念、特性、产生的原因和估计的方法等有关知识。

（四）约定真值

被测量的真值是一个理想概念，一般说来实验者对真值是不知道的（实验测量的目的就是要得到真实值）。在实际计算过程中，我们常用被测量的实测值，或经过修正过的实测值的多次测量的算术平均值来代替真实值，称为约定真值。测量误差的大小反映了测量结果的准确程度。

（五）误差的分类

由于误差的来源和性质不同，被测中的误差主要分为两种类型，系统误差和随机误差。

二、系统误差

（一）系统误差的定义

系统误差是指在相同条件（方法、仪器、环境、观察者）下，对同一物理量进行多次测量时，保持恒定（误差的大小或正负号总保持不变）或以可预知方式（按一定的规律）变化的测量误差分量。

（二）系统误差的主要来源

系统误差的来源主要有以下几个方面：

(1) 仪器误差。这是由于仪器本身制造或校准不够完善，或者没有按规定条件使用仪器(如不垂直、不水平等)而造成的误差。例如，用秒表测量运动物体通过某段路程所需要的时间，若秒表走得较快，那么即使测量多次，测得的时间 t 总会偏大，而且总是偏大一个固定的量，这就是仪器不准确造成的。再比如，仪器的零点没有校准、米尺刻度不均匀、游标卡尺或螺旋测微计有磨损、温度计刻度不准、天平的两臂不相等。

(2) 方法误差。由于实验方法不当、理论不完善或者实验装置和方法没有完全满足理论的要求所造成的误差。例如，用落球法测量重力加速度时，由于空气阻力的影响，得到的结果总是偏小，这就是测量方法不完善造成的。单按周期公式 $T=2\pi\sqrt{\frac{l}{g}}$ 成立的条件是摆角趋于零，实际测量中不满足这一条件，就将引入方法误差。在电路实验中，由于没有考虑接线电阻、接触电阻、仪表内电阻，以及交流电路中的分布电容、分布电感等因素的影响，从而产生的测量误差。

(3) 环境误差。由于各种环境与仪器使用的标准状态不一致引起的误差。如要求在温度 20℃ 条件下使用的电阻，实验却在 30℃ 条件下使用。磁电式仪表附近存在强磁场等引起的测量误差。

(4) 人员误差。人员误差是由于观察者本身感觉器官不完善或心理特点造成的。记录某一信号时，观察者有滞后或者超前的趋向，或对标准件读数时有习惯性偏左或偏右、偏上或偏下等情况造成的误差。

（三）系统误差的特点

系统误差的特点：恒定性。测量结果总是向某一方向偏离，系统误差具有规律性，不能用增加测量次数的方法减小系统误差。

（四）发现系统误差的方法

在实验中发现和消除系统误差是很重要的，需要我们在实验中不断积累丰富的实验经验，用心体会。一些常见的发现系统误差的方法可以归纳如下。

1. 理论分析法

分析实验所依据的理论和实验方法是否存在不完善的地方，实验环境和条件是否满足要求；所用的实验仪器是否存在缺陷，有没有调零或者校准；实验人员的素质和技术水平是否是造成误差的因素等。

2. 对比分析法

根据系统误差的可逆性，可以采用不同的实验方法测量同一个物理量，让不同的人员测定同一个物理量，或者用不同的仪器测定同一个物理量等，通过对比测量结果来分析是否存在系统误差，使测量结果更接近真值，同时还可能发现某些新问题。物理学史上这样的事例不少。例如，电子电荷电量的测定。

1907 年—1917 年，密立根巧妙地用油滴法第一次精确地证明了任何物体所带电荷都是最小电荷的整数倍，这个最小电荷就是基本电荷——电子电荷，同时也精确地测定了电子电荷的数值。最初他测得的电子电荷的数值是

$$e_1 = (1.590 \pm 0.003) \times 10^{-19}(\mathrm{C})$$

而用阿伏伽德罗常数 N 和法拉第常数 F，根据 $F = Ne$ 这一关系也可以求出 e 的数值。其中阿伏伽德罗常数 N 的值，可以根据 X 射线衍射测得某晶体的晶格常数，再由密度和相对原子质量算出。法拉第常数 F 可以通过测量一定时间内电解析出银的质量获得。用这种方法得到的电子电荷的数值为

$$e_2 = (1.6007 \pm 0.0003) \times 10^{-19}(\mathrm{C})$$

两种方法所得的电子电荷的差值为

$$e_2 - e_1 = 1.07 \times 10^{-21}(\mathrm{C})$$

而此值的标准误差为

$$\delta(e_2 - e_1) = \sqrt{\delta^2(e_1) + \delta^2(e_2)} = 3.02 \times 10^{-22}(\mathrm{C})$$

显然，两种方法所得值之差几乎为标准误差的 4 倍。这表明两个结果之一或者全部都存在系统误差。经过分析研究发现，是原先计算电荷时所用的空气粘滞系数不正确造成系统误差很大，改用精确的粘滞系数后，便得到正确的结果。

3. 数据分析法

分析实验测量结果，看是否满足统计分布，如果不满足，则说明测量结果存在系统误差。

（五）消除系统误差的方法

可以根据系统误差产生的原因，有针对性地采取一些方法来消除系统误差。

（1）由理论上的不准确或公式的近似而产生的系统误差，可以通过理论分析，导出修正公式，减小或消除系统误差。

（2）由仪器磨损等本身的性能而产生的误差，在仪器使用前进行定标、零点校准、温度校准等，以保证仪器设备及其使用所要求的测量环境等满足规定的要求。对低等级的仪器，还可以通过用高等级的仪器进行校准，减小系统误差，提高测量精度。

（3）可以通过改进实验方法，如相对测量法、替代测量法、补偿测量法、平衡测量法等，消除系统误差。

发现和减小实验中的系统误差通常是一项困难任务，需要对整个实验所依据的原理、方法、测量步骤及所用仪器等可能引起误差的各种因素一一进行分析。一个实验结果是否正确，往往就在于系统误差是否已被发现和尽可能消除，因此对系统误差不能轻易放过。

三、偶然误差（随机误差）

（一）偶然误差的定义

偶然误差是指在相同的条件（方法、仪器、环境、观察者）下，对同一物理量进行多次测量过程中，由于微小的、偶然的不确定因素造成的每一次测量值都无规则的涨落，测量值相对真值偏差的绝对值和符号以不可预知的方式随机变化，时大时小、时正时负，这种测量误差称为偶然误差，也称随机误差。

（二）偶然误差的来源

造成偶然误差的因素是多方面的，主要来源有以下几个方面。

（1）主观方面。例如，观察者本身感官分辨力（在判断和估计读数等）上的统计涨落

(变动性)等。

(2) 测量仪器方面。例如,仪器性能本身的统计涨落;实验装置和测量机构在各次调整操作上的变动性引起的测量仪器指示数值的变动性等。

(3) 环境方面。气流扰动,气压、温度、湿度的微小起伏,微震等。

(4) 测量对象本身的不确定性。例如,放射性物质单位时间内衰变的粒子数,小球直径或金属细丝直径本身的不一致性,电压的微小随机波动,电子元器件性能的涨落等。

(三) 偶然误差的特点

偶然误差的基本特点:随机性和不确定性。

从表面上看,偶然误差似乎是杂乱无章的,就某一次测量值来说是没有规律的,其大小和正负都是不可预知的,但对同一物理量进行足够多次的测量,则会发现,偶然误差是按一定的统计规律分布的。常见的一种情况是:正方向误差和负方向误差出现的次数大体相等,数值较小的误差出现的次数较多,数值较大的误差出现的次数较少,数值很大的误差在没有错误的情况下通常不出现。这种规律在测量次数越多时表现的越明显,它是一种最典型的分布规律——正态分布规律。

偶然误差的正态分布规律。大量的测量误差服从正态分布(也称高斯分布)规律。常见的正态分布的曲线如图 1-1 所示。图中 x 代表某一物理量的实验测量值,$p(x)$代表该测量值的概率密度,且

$$p(x) = \frac{1}{\sigma\sqrt{2\pi}} e^{-\frac{(x-\mu)^2}{2\sigma^2}}$$

其中

$$\mu = \lim_{n\to\infty} \frac{\sum x}{n}, \quad \sigma = \lim_{n\to\infty} \sqrt{\frac{\sum (x-\mu)^2}{n}}$$

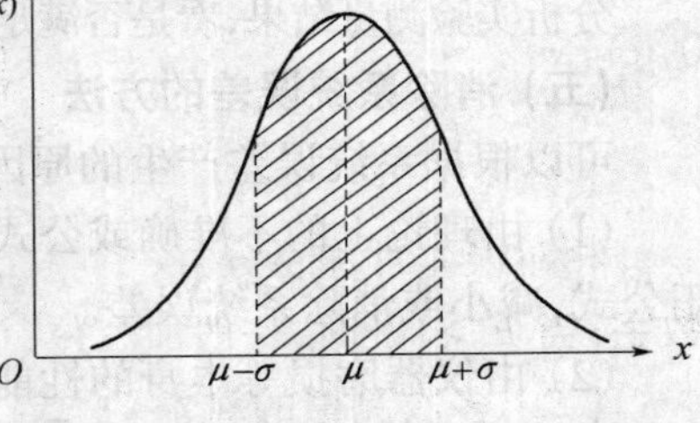

图 1-1 正态分布曲线

从曲线可以看出,被测物理量在 $x=\mu$ 处的概率密度最大,曲线峰值处的横坐标对应于测量次数 $n\to\infty$ 时被测物理量的平均值 μ(也称为多次测量的"最优值",也是前面所说的"约定真值")。横坐标上任一点到 μ 值的距离$(x-\mu)$即为与测量值 x 相应的偶然误差分量。偶然误差小的概率大,偶然误差大的概率小。σ 为曲线上拐点处的横坐标与 μ 值之差,称为正态分布的标准差,它是表征测量值分散性的重要参数:σ 值越小,测量值精密度越高,偶然误差越小;σ 值越大,测量值精密度越低,偶然误差越大。这条曲线是概率密度分布曲线,当曲线和 x 轴之间的总面积定为 1 时,其中介于横坐标上任意两点间的某一部分面积可以用来表示偶然误差在相应范围内的概率。如图中阴影部分 $-\sigma$ 到 $+\sigma$ 之间的面积就是偶然误差在 $\pm\sigma$ 范围内的概率(又称置信概率),既测量值落在$(\mu-\sigma, \mu+\sigma)$的区间中的概率。由定积分计算其值为 $p=68.3\%$。如将区间扩大到 -2σ 到 $+2\sigma$,则测量值 x 落在$(\mu-2\sigma, \mu+2\sigma)$的区间中的概率就提高到 $p=95.4\%$;测量值 x 落在$(\mu-3\sigma, \mu+3\sigma)$的区间中的概率为 $p=99.7\%$。

上述分析告诉我们,测量值的分散程度直接体现偶然误差的大小,测量值越分散,测量的偶然误差就越大。因此,必须对测量的偶然误差作出估计才能表示出测量的精密度。物理实验中常将 3σ 称为极限偏差(极限不确定度),作为判断实验数据异常的标准。如

果某次测量值$|x_i-\mu|\geqslant 3\sigma$,就需要考虑测量过程是否存在异常,并将该实验数据从实验结果中剔除。

从分布曲线可以看出,服从正态分布的偶然误差具有以下特点:

(1) 单峰性——绝对值较小的偶然误差相对绝对值较大的偶然误差出现的概率大。

(2) 对称性——绝对值相等而正负相反的误差出现的概率相等。

(3) 有界性——在一定的条件下,误差的绝对值不会超过一定的限度。

(4) 抵偿性——各误差的算术平均值随测量次数的增加而逐渐减小,进而趋于零。

(四) 消除偶然误差的方法

在同一条件下增加测量的次数可以减小或消除偶然误差。但在实际测量中,并不是测量次数越多越好,一般进行6次~10次测量。

四、误差的计算

(一) 误差的表示

测量误差既可以用绝对误差来表示,也可以用相对误差来表示。

绝对误差=测量结果-被测量的真值

绝对误差一般取一位有效数字,尾数只进不舍。例如,对绝对误差0.0218,一般写为0.03。

$$\text{相对误差}=\frac{\text{测量的绝对误差}}{\text{真值(约定真值)}}\text{(用百分数表示)}$$

相对误差常加百分号,一般取一位或二位有效数字。当$E<1\%$时,一般取一位有效数字;当$E>1\%$时,一般取二位有效数字;尾数也是只进不舍。

(二) 多次测量的算术平均值

设在相同实验条件下对某一物理量x进行了一系列等精度的测量,得到一组实验数据$x_1,x_2,x_3,\cdots,x_n$,习惯上将这一组测量称为一个测量列,则该测量列的算术平均值为

$$\bar{x}=\sum_{i=1}^{n}\frac{x_i}{n} \tag{1-1}$$

每次测量的绝对误差为$\Delta x_i=x_i-\mu$,因此这组实验数据的绝对误差之和为

$$\sum_{i=1}^{n}\Delta x_1=\sum_{i=1}^{n}(x_i-\mu)=\sum_{i=1}^{n}x_i-n\mu$$

根据偶然误差的特点——对称性与抵偿性可得,当$n\to\infty$时,$\sum\limits_{i=1}^{n}x_i-n\mu\to 0$,因此有

$$\lim_{n\to\infty}\bar{x}=\sum_{i=1}^{\infty}\frac{x_i}{n}=\frac{1}{n}\sum_{i=1}^{\infty}x_i=\mu$$

这说明当测量次数无穷多时,偶然误差趋于零,测量结果不受偶然误差的影响或影响很小。这就是我们在前面说多次测量的算术平均值是最接近真值的“最优值”、可以认为是“约定真值”的理论依据。

(三) 算术平均偏差

初级物理实验中常用算术平均偏差来表示多次测量的偶然绝对误差的大小。

$$\Delta\bar{x} = \frac{1}{n}(|\Delta x_1| + |\Delta x_2| + |\Delta x_3| + \cdots + |\Delta x_n|) = \frac{1}{n}\sum_{i=1}^{n}|x_i - \bar{x}| \quad (1-2)$$

式中,$\Delta x_1 = x_1 - \bar{x}$,$\Delta x_2 = x_2 - \bar{x}$,$\Delta x_3 = x_3 - \bar{x}$,$\cdots$,$\Delta x_n = x_n - \bar{x}$ 为各次测量的绝对误差,也称为每一次测量值 x_i 与平均值 $\bar{x}$ 之间的残差。

(四)标准偏差

在科学研究报告中,标准的、最常用的方法是用标准偏差来估计测量的偶然误差。习惯上将标准偏差记为 σ_N。标准偏差的计算公式为

$$\sigma_N = \sqrt{\frac{\Delta x_1^2 + \Delta x_2^2 + \Delta x_3^2 + \cdots + \Delta x_n^2}{n-1}} = \sqrt{\frac{1}{n-1}\sum_{i=1}^{n}(x_i - \bar{x})^2} \quad (1-3)$$

这个计算公式又称为贝塞尔公式,它是反映该测量列离散程度的参量,表示这一组测量值的精密度。标准偏差小就表示测量值很密集,即测量的精密度高;标准偏差大就说明测量值很分散,即测量的精密度低。现在很多计算器上都有这种统计计算的功能,实验者可直接用计算器求得数值。

(五)平均值的标准偏差

习惯上将平均值的标准偏差记为 $\sigma_{\bar{N}}$。平均值的标准偏差的计算公式为

$$\sigma_{\bar{N}} = \sqrt{\frac{\sigma_N}{n}} = \sqrt{\frac{\Delta x_1^2 + \Delta x_2^2 + \Delta x_3^2 + \cdots + \Delta x_n^2}{n\cdot(n-1)}} = \sqrt{\frac{1}{n\cdot(n-1)}\sum_{i=1}^{n}(x_i - \bar{x})^2} \quad (1-4)$$

例题 1 测量某一物体的长度。在相同的实验条件下,用相同的测量仪器测量了5次,得到的测量值分别为:32.41mm、32.43mm、32.45mm、32.44mm、32.42mm,试表示测量结果。

解:最优值即约定真值是多次测量的算术平均值

$$\bar{x} = \frac{1}{n}(x_1 + x_2 + x_3 + \cdots + x_n) = 32.43\text{mm}$$

每次测量的残差为

$$\Delta x_1 = x_1 - \bar{x} = 0.02\text{mm}$$

$$\Delta x_2 = x_2 - \bar{x} = 0.00\text{mm}$$

$$\Delta x_3 = x_3 - \bar{x} = 0.02\text{mm}$$

$$\Delta x_4 = x_4 - \bar{x} = 0.01\text{mm}$$

$$\Delta x_5 = x_5 - \bar{x} = 0.01\text{mm}$$

算术平均偏差为

$$\Delta\bar{x} = \frac{1}{n}(|\Delta x_1| + |\Delta x_2| + |\Delta x_3| + \cdots + |\Delta x_n|) = 0.012 = 0.02\text{mm}$$

标准偏差为

$$\sigma_N = \sqrt{\frac{\Delta x_1^2 + \Delta x_2^2 + \Delta x_3^2 + \cdots + \Delta x_n^2}{n-1}} = 0.014 = 0.02\text{mm}$$

五、对测量结果的评价

在科学实验中，常用精密度、准确度、精确度这三个术语来评价测量结果。

1．精密度

精密度表示测量结果(数据)的密集程度。它反映的是偶然误差的大小程度。测量的结果越密集，说明偶然误差越小，测量的精密度越高。

2．准确度

准确度表示测量结果(数据)的平均值接近真值的程度。它反映了系统误差大小的程度。测量结果的平均值越接近真值，系统误差越小，准确度越高。

3．精确度

精确度是精密度和准确度的综合体现，是对测量结果中系统误差和偶然误差的综合评定。若测量结果比较集中在真值附近，密集程度也比较高，说明测量的精密度和准确度都比较高，测量中的系统误差和偶然误差都比较小。

以上三个术语可以用图 1－2 中三幅打靶时着弹点的分布图进行说明。

图 2－1(a)着弹点比较密集，表示射击的精密程度高，但偏离靶心的距离比较远，表示准确度比较差。射击的偶然误差小，但系统误差大。要检修枪械。

图 2－1(b)着弹点比较分散，表示射击的精密程度低，但基本散落在靶心周围，表示准确度比较高。射击的偶然误差大，但系统误差小。要提高瞄准和击发水平。

图 2－1(c)着弹点比较密集，表示射击的精密程度高，并且基本散落在靶心附近，表示准确度比较好。射击的偶然误差小，系统误差也小。枪械和射击水平都比较高。

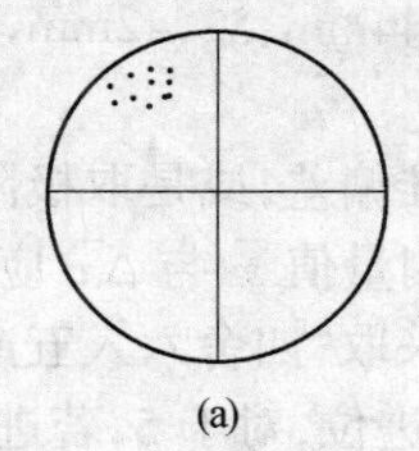
(a)

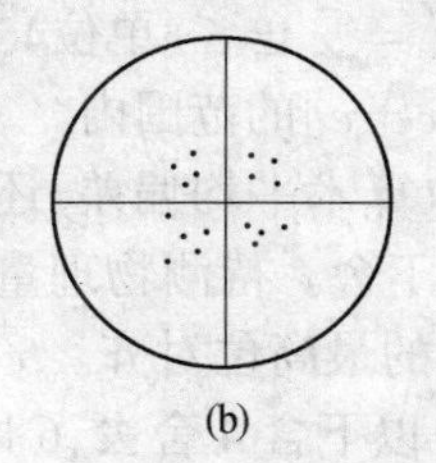
(b)

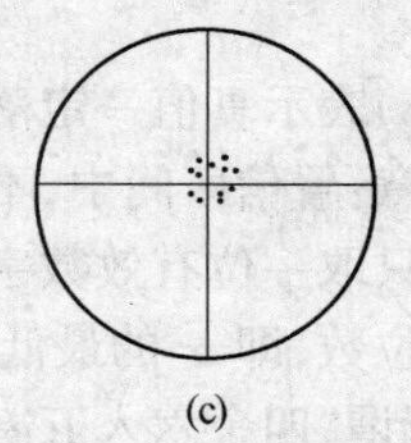
(c)

图 1－2　打靶着弹点的分布示意图

第二节　测量不确定度和结果表达

一、测量结果的表示

测量结果中不可避免地存在着误差，怎样正确、合理、科学和规范地表达这种含有误差的实验结果就显得尤为重要。测量结果通常表示为

$$x = \bar{x} \pm \Delta\bar{x}\ (\text{单位}) \tag{1-5}$$

式中：x 表示待测物理量。$\bar{x}$ 表示该物理量的实验测量值，它既可以是单次的测量值，也可以是在相同实验条件下多次测量的算术平均值，它既可以是直接测量值，也可以是经过公式计算得到的间接测量值。$\Delta\bar{x}$ 称为不确定度，表示实验测量值的不确定程度。$\Delta\bar{x}$ 既

可以是算术平均偏差，也可以是标准偏差 σ_N，还可以是极限偏差(极限不确定度)$e=3\sigma_N$。

在过去的实验讲义中，也经常称 $\Delta\bar{x}$ 为误差。不确定度和误差是两个不同的概念，误差是实验测量值与真值之差，由于真值是未知的，所以误差也是未知的。当然，也可以用经过修正的多次测量结果的算术平均值(约定真值)来替代真值。更科学的方法是用不确定度表示测量结果。不确定度的大小可以按照一定的方法计算出来。

为比较各次测量结果精度的高低，我们还引入了相对不确定度的概念，其定义为

$$\text{相对不确定度} = \frac{\text{不确定度}}{\text{测量值}}$$

二、测量结果的含义

测量结果：

$$x = \bar{x} \pm \Delta\bar{x} \text{ (单位)}$$

式(1－5)表示待测物理量的真值是以一定概率落在$[\bar{x}-\Delta\bar{x}, \bar{x}+\Delta\bar{x}]$范围内，也可以说，上述范围以一定概率包含真值。这里说的“一定概率”就是我们在上一节所说的“置信概率”，而区间$[\bar{x}-\Delta\bar{x}, \bar{x}+\Delta\bar{x}]$就称为“置信区间”。

在一定的实验测量条件下，“置信概率”和“置信区间”存在一一对应的关系，置信区间越大，置信概率就越高；置信区间越小，置信概率就越低。

当 $\Delta\bar{x}$ 取标准偏差σ_N 时，实验结果表示为 $x=\bar{x}\pm\sigma_N$，说明待测物理量的真值处在置信区间$[\bar{x}-\sigma_N, \bar{x}+\sigma_N]$的置信概率为 $p=68.3\%$ 。与置信概率为 100% 相对应的置信区间为$[\bar{x}-\Delta\bar{x}, \bar{x}+\Delta\bar{x}]$，其中的 $\Delta\bar{x}$ 称为极限不确定度，习惯上将此时的 $\Delta\bar{x}$ 记为e，即此时的置信区间为$[\bar{x}-e, \bar{x}+e]$，这时实验结果可表示为

$$x = \bar{x} \pm e \text{ (单位)} \tag{1-6}$$

式(1－6)表示真值一定落在$[\bar{x}-e, \bar{x}+e]$的范围内。

注意：置信区间中，不论 $\Delta\bar{x}$ 是取算术平均偏差，还是取标准偏差，或是取极限偏差，一般都只取一位有效数字，尾数只进不舍。待测物理量的实验测量值 $\bar{x}$ 与 $\Delta\bar{x}$ 应取相同的小数位数，即 $\bar{x}$ 的最低位应与 $\Delta\bar{x}$ 的最高位对齐。$\bar{x}$ 的进位采取“四舍六入五凑偶”的原则，所谓“四舍六入五凑偶”是指：4 以下含 4 舍去，6 以上含 6 进位，对于 5，若进位凑成偶数则进位，若进位凑成奇数则不进位。

例题 2　某一物理量多次测量的算术平均值为 $\bar{x}=132.535\text{cm}$，$\Delta\bar{x}=0.012\text{cm}$，其测量结果应如何表示？

解：$\Delta\bar{x}=0.012\text{cm}=0.02\text{cm}$，所以 $\bar{x}=132.535\text{cm}=132.54\text{cm}$(5 凑偶，待测量有效数字的最低位与误差存在的位数对齐)

所以

$$x = 132.54 \pm 0.02 \text{ (cm)}$$

讨论：若 $\bar{x}=132.565\text{cm}$，$\Delta\bar{x}=0.014\text{cm}$，则测量结果应表示成

$$x = 132.56 \pm 0.02 \text{ (cm)}$$

第三节　不确定度的计算

对测量中偶然误差如何处理呢？实验中不可能作无限多次测量，测量次数只能是有

限的，因此，应研究这种情况下偶然误差的估计方法。

一、不确定度的分类

由于误差的来源很多，测量结果的不确定度一般包含若干个分量。对测量结果进行系统误差修订后，可以把余下的不确定度按照处理实验数据时采用的方式不同分为A类和B类不确定度。

(1) A类不确定度。测量者采用在同一实验条件下多次重复测量，用统计的方法评定的不确定度。直接测量量的A类不确定度用标准偏差表示 σ_N。

(2) B类不确定度。测量者用单次测量，非统计方法评定的不确定度。

二、直接测量结果不确定度的估计

(一) 单次测量

在物理实验中，有时因条件有限，不可能进行多次测量；有时因仪器的精度太低，偶然误差太小，多次测量的结果相同；有时因对测量结果的精度要求不高，只需进行一次测量。虽然只进行了一次测量，但实验结果同样要表示为

$$x = \bar{x} \pm \Delta\bar{x} \text{（单位）}$$

的形式。此时，$\bar{x}$ 就是单次测量得到的待测物理量的实验测量值。测量结果的不确定度 $\Delta\bar{x}$ 该怎样求得？

这时我们常用极限不确定度来表示 $\Delta\bar{x}$，$\Delta\bar{x} = e$。e 的取法一般有两种：一是按照仪器上标明的，或者使用说明书上给出的仪器允差"$\Delta_{仪}$"作为单次测量的极限不确定度；二是若仪器上没标明，可取仪器最小刻度值的一半。

此时，测量结果表示为

$$x = \bar{x} \pm \Delta_{仪} \quad \text{或} \quad x = \bar{x} \pm \frac{\text{最小刻度单位}}{2}$$

在计算不确定度时，常常要在极限不确定度 e 和标准不确定度 σ_N 之间换算。前面我们已经说明，对正态分布而言，$e = 3\sigma_N$，$p = 99.7\% \approx 100\%$；对均匀分布而言，$e = \sqrt{3}\sigma_N$。要特别说明的是，这种换算只能应用于直接测量量。

(二) 多次测量

对测量列 $x_1, x_2, x_3, \cdots, x_n$，当无系统误差分量存在时，根据最小二乘法原理和偶然误差的对称性与抵偿性可以推导出来，有限次测量值的平均值是作为真值的最佳估计值。

$$\bar{x} = \frac{1}{n}(x_1 + x_2 + x_3 + \cdots + x_n) = \frac{1}{n}\sum_{i=1}^{n} x_i$$

算术平均不确定度 $\Delta\bar{x}$ 为

$$\Delta\bar{x} = \frac{1}{n}(|\Delta x_1| + |\Delta x_2| + |\Delta x_3| + \cdots + |\Delta x_n|) = \frac{1}{n}\sum_{i=1}^{n} |x_i - \bar{x}|$$

标准不确定度 σ_N 为

$$\sigma_N = \sqrt{\frac{\Delta x_1^2 + \Delta x_2^2 + \Delta x_3^2 + \cdots + \Delta x_n^2}{n-1}} = \sqrt{\frac{1}{n-1}\sum_{i=1}^{n}(x_i - \bar{x})^2}$$

测量结果可以表示为

$$x = \bar{x} \pm \sigma_N(\text{单位}) \tag{1-7}$$

三、间接测量结果不确定度的估计

间接测量值是通过一定的公式计算出来的，既然公式中所包含的直接测量值都有误差，那么间接测量值也必然有误差，这就是误差的传递。我们可以通过各直接测量量和间接测量量之间的函数关系，由各直接测量量的不确定度计算出间接测量量的不确定度，这称为不确定度的传递(或合成)。表示各直接测量量不确定度与间接测量量不确定度之间的关系式，称为不确定度传递(或合成)公式。

对于间接测量量的不确定度，可用微分法求得：

设 $N = f(x, y, z, \cdots)$

式中，N 为间接测得量，$x, y, z, \cdots$为相互独立的直接测得量。对上式求全微分有

$$dN = \frac{\partial f}{\partial x}\mathrm{d}x + \frac{\partial f}{\partial y}\mathrm{d}y + \frac{\partial f}{\partial z}\mathrm{d}z + \cdots$$

式中，$\frac{\partial f}{\partial x}\mathrm{d}x$、$\frac{\partial f}{\partial y}\mathrm{d}y$、$\frac{\partial f}{\partial z}\mathrm{d}z$、…为一阶偏导数。再将上式中各微分号改为误差号，又考虑到误差可能出现的最大值，故右方各项均取绝对值，则上式变为

$$\Delta N = \left|\frac{\partial f}{\partial x}\right|\Delta x + \left|\frac{\partial f}{\partial y}\right|\Delta y + \left|\frac{\partial f}{\partial z}\right|\Delta z + \cdots \tag{1-8}$$

这就是间接测得量的绝对误差公式。其相对误差公式为

$$E_r = \frac{\Delta N}{N} = \frac{1}{N}\left\{\left|\frac{\partial f}{\partial x}\Delta x\right| + \left|\frac{\partial f}{\partial y}\Delta y\right| + \left|\frac{\partial f}{\partial z}\Delta z\right| + \cdots\right\} \tag{1-9}$$

对于具有积、商形式的函数式，则可对等式两边先取自然对数，然后再求全微分，以便计算。

对于多次测量，则 $\bar{N} = f(\bar{x}, \bar{y}, \bar{z}, \cdots)$，而各个偏导数之值均以 $\bar{x}, \bar{y}, \bar{z}, \cdots$代入计算。即

$$\Delta\bar{N} = \left|\frac{\partial f}{\partial x}\Delta\bar{x}\right| + \left|\frac{\partial f}{\partial y}\Delta\bar{y}\right| + \left|\frac{\partial f}{\partial z}\Delta\bar{z}\right| + \cdots, \quad E_r = \frac{\Delta\bar{N}}{\bar{N}} \tag{1-10}$$

下面归纳一下求解间接测量量不确定度的方法：

(1) 对函数求全微分(或先对函数取自然对数，再求全微分)；

(2) 合并同一变量的系数；

(3) 将微分号改为各直接测量量不确定度的符号，各项均取绝对值；

(4) 计算间接测量量不确定度值。

例题 3 某一待测物体密度 ρ 的计算公式为 $\rho = \frac{W_1}{W_1 - W_2}\rho_0$($\rho_0$ 为常数)，试写出其间接测量量不确定度的计算公式。

解：两边取自然对数

$$\ln\rho = \ln W_1 - \ln(W_1 - W_2) + \ln\rho_0$$

求全微分

$$\frac{\mathrm{d}\rho}{\rho}=\frac{\mathrm{d}W_1}{W_1}-\frac{\mathrm{d}W_1-\mathrm{d}W_2}{W_1-W_2}+0=\frac{\mathrm{d}W_1}{W_1}-\frac{\mathrm{d}W_1}{W_1-W_2}+\frac{\mathrm{d}W_2}{W_1-W_2}$$

合并

$$\frac{\mathrm{d}\rho}{\rho}=\frac{-W_2}{W_1(W_1-W_2)}\mathrm{d}W_1+\frac{1}{W_1-W_2}\mathrm{d}W_2$$

把微分号改为不确定度的符号,各项取绝对值,则有

$$\frac{\Delta\rho}{\rho}=\frac{W_2}{W_1(W_1-W_2)}\Delta W_1+\frac{1}{W_1-W_2}\Delta W_2$$

当用同一天平测量时,$\Delta W_1=\Delta W_2=\Delta W$,则相对不确定度为

$$E_r=\frac{\Delta\rho}{\rho}=\frac{W_1+W_2}{W_1(W_1-W_2)}\Delta W$$

把 W_1、W_2、ΔW 的数值代入上式,即可计算出相对不确定度。

例题 4 用内接法测定未知电阻的阻值。已知电流表内接的修正公式为:$R=\frac{U}{I}-r_{电流表}$;所用实验仪器的参数为:0.5 级的电流表,量程为 10mA,内阻为 $r_{电流表}=(2.50\pm0.02)\Omega$;0.5 级的电压表,量程为 10V。电流和电压均为直接测量量,只进行了一次测量,测量结果为:$U=9.00\text{V}$、$I=7.78\text{mA}$。试给出待测电阻的测量结果。

解: $\Delta U=0.5\%\times10\text{V}=0.05\text{V}$,$\Delta I=0.5\times10\text{mA}=0.05\text{mA}$,$\Delta R=0.02\Omega$

由 $R=\frac{U}{I}-r_{电流表}$,可得$\partial R=\frac{U}{I}\cdot\frac{\partial U}{U}-\frac{U}{I}\cdot\frac{\partial I}{I}-\partial r$

所以

$$\Delta R=\frac{U}{I}\cdot\left(\frac{\Delta U}{U}+\frac{\Delta I}{I}\right)+\Delta r=13.88\Omega=14\Omega$$

$$R=\frac{U}{I}-r=1154.3\Omega=1154\Omega$$

$$R=(1154\pm14)\Omega$$

也可以表示成

$$R=(1.15\pm0.02)\times10^3\Omega$$

为了方便,我们将常用函数的误差传递公式列入下表中,以备查用。

表 1-1 常用函数的不确定度传递公式

函数表达式 $N=f(x,y,z,\cdots)$	绝对误差 ΔN	相对误差$\frac{\Delta N}{N}$
$N=x+y+z+\cdots$	$\Delta x+\Delta y+\Delta z+\cdots$	$\frac{\Delta x+\Delta y+\Delta z+\cdots}{x+y+z+\cdots}$
$N=x-y$	$\Delta x+\Delta y$	$\frac{\Delta x+\Delta y}{x-y}$
$N=x\cdot y$	$x\cdot\Delta y+y\cdot\Delta x$	$\frac{\Delta x}{x}+\frac{\Delta y}{y}$

（续）

函数表达式 $N=f(x,y,z,\cdots)$	绝对误差 ΔN	相对误差 $\frac{\Delta N}{N}$
$N=x\cdot y\cdot z$	$y\cdot z\cdot\Delta x+z\cdot x\cdot\Delta y+x\cdot y\cdot\Delta z$	$\frac{\Delta x}{x}+\frac{\Delta y}{y}+\frac{\Delta z}{z}$
$N=\frac{x}{y}$	$\frac{y\Delta x+x\Delta y}{y^2}$	$\frac{\Delta x}{x}+\frac{\Delta y}{y}$
$N=x^{\alpha}$	$\alpha x^{\alpha-1}\Delta x$	$\alpha\frac{\Delta x}{x}$
$N=\sin x$	$(\cos x)\Delta x$	$\frac{\cos x}{\sin x}\Delta x$
$N=\cos x$	$(\sin x)\Delta x$	$\frac{\sin x}{\cos x}\Delta x$
$N=\tan x=\frac{\sin x}{\cos x}$	$\frac{\Delta x}{\cos^2 x}$	$\frac{2\Delta x}{\sin 2x}$
$N=\cot x=\frac{\cos x}{\sin x}$	$\frac{\Delta x}{\sin^2 x}$	$\frac{2\Delta x}{\sin 2x}$

由表1－1可知，在计算只含加减运算的间接测量误差时，先计算绝对误差，后计算相对误差较为方便；在计算含有其他运算（乘除、乘方、开方）的间接测量误差时，先计算相对误差，后计算绝对误差较为方便。公式中各项取绝对值。

以上讨论间接测量误差和直接测量误差的关系时，是从最不利的情况下考虑的，故利用此法求得的间接测量误差值总是偏大。

四、误差的等分原则与仪器的选择

在实验设计过程中，通过误差分析和误差分配，合理地选择实验仪器，确定各类实验仪器的档次和等级，是提高实验仪器的使用效益、成功完成实验的重要一环，本节我们只做简单介绍，需要学员在后续的实验课程学习中细心体会。

大部分实验的最终实验结果都是通过对若干物理量的直接测量，实现对某一物理量的间接测量。在测量前，应根据对间接测量量的精度要求，在实验设计中，分析各直接测量量对最终间接测量量精度的影响，合理分配各直接测量量的不确定度，选择合适的实验仪器。

例题5 声速测定实验。已知：$u=\nu\cdot\lambda$，在空气中的传播速度大约为 $u=340\text{m/s}$；声速测定仪换能器的共振频率约为 $\nu=36.6\times10^3\text{Hz}$，信号发生器频率为5位数字显示；波长测量精度为0.01mm。试分析误差分配及测量过程中应注意的事项。

解：声速的测量结果为3位有效数字，不确定度出现在个位数。

由 $u=\nu\cdot\lambda$，可得$\partial u=\partial\nu\cdot\lambda+\nu\cdot\lambda\partial$，所以：$\Delta u=\lambda\cdot\Delta\nu+\nu\cdot\Delta\lambda$

各直接测量量的精度约为 $\lambda\approx\frac{u}{\nu}=9.3\text{mm}$，$\Delta\lambda=0.01\text{mm}$，$\Delta\nu=10\text{Hz}$

$$\Delta u=\lambda\cdot\Delta\nu+\nu\cdot\Delta\lambda=9.3\times10^{-3}\times10+3.66\times10^{4}\times1\times10^{-5}\approx 9.3\times10^{-2}+3.66\times10^{-1}$$

很显然，波长测量的不确定度对测量结果影响更大。信号发生器输出频率的十位数上数字跳动完全可以不做考虑。

例题6 圆柱体体积测定实验。已知：$V=\frac{\pi}{4}d^2\cdot h$；圆柱体直径 $d\approx3.7\times10^{-3}$m，高 $h\approx5.0\times10^{-2}$m。某同学用螺旋测微计测量圆柱体的直径，用游标卡尺测定圆柱体的高。试分析各直接测量量对实验结果的影响。

解： 首先进行间接测量结果的不确定度分析。

由 $V=\frac{\pi}{4}d^2\cdot h$，可得：$\ln V=\ln\frac{\pi}{4}+\ln d^2+\ln h$，$\frac{\partial V}{V}=0+2\frac{\partial d}{d}+\frac{\partial h}{h}$

$$E=\frac{\Delta V}{V}=10^{-4}=2\frac{\Delta d}{d}+\frac{\Delta h}{h}$$

直径用螺旋测微计测量，$\Delta d\approx0.005$mm，所以：$2\frac{\Delta d}{d}=2\times\frac{5\times10^{-3}}{3.7}=2.7\times10^{-3}$

高用游标卡尺测定，$\Delta h=0.02$mm，所以：$\frac{\Delta h}{h}=\frac{2\times10^{-2}}{50}=4\times10^{-4}$

可见，对测量结果不确定度产生影响比较大的是直径的测量，在实验中将圆柱体高的测量工具由游标卡尺改为螺旋测微计，虽然高的测量精度提高了，但丝毫不会提高最终的待测量——圆柱体的体积的测量精度。

第四节　有效数字及其运算

实验中的一项重要工作是记录实验数据，并对实验数据进行分析计算。实验时应该怎样记录实验数据，应该保留几位有效数字？运算后又应该保留几位有效数字？这是实验及实验数据处理过程中必须面对的一个重要的问题。本节将介绍有效数字的概念及其有效数字的运算。

一、有效数字

（一）什么叫有效数字

正确而有效地表示测量和实验结果的数字，称为有效数字。它是由若干位准确数字和一位存疑数字构成。有效数字中的最后一位数字是在测量中估计出来的，称为存疑数字。因此，我们在测量实验中从仪器上读数据时，必须而且只能读到仪器最小刻度单位的下一位，这一位数字是估读出来的。有些仪器，如数字式仪表或游标卡尺，是不可能估计出最小刻度以下一位数字的，那么我们就不去估计，而把数字中的最后一位仍然当作是存疑数字，因为其最后一位数字总有一定的误差。可见，有效数字的位数取决于被测对象的大小、测量方法、测量仪器的精确度。

（二）关于有效数字的几点说明

（1）在十进制中，有效数字的位数与小数点的位置无关。如2.357和23.57都是四位有效数字。

（2）有效数字的位数与十进制单位的变换无关。如1.35cm＝13.5mm＝0.0135m。

（3）出现在数值中间的“0”和末尾的“0”都是有效数字，而在数值前面的“0”不是有效数字。如 0.012030 为五位有效数字(其中有效数字为 12030)。因此,记录实验数据时,不能在数字的后面随意增减“0”。

(4) 数值较大或较小时,常用科学记数法表示,写成 $K\times10^{n}$ 的形式,其中 K 为有效数字,并且规定其小数点前取一位有效数字。如 0.0000203 可写成 2.03×10^{-5},其中 2.03 为有效数字。

(5) 由绝对误差决定有效数字,这是处理一切有效数字问题的依据。也就是测量值的有效数字位数应由其绝对误差来确定。

二、有效数字的运算

由于有效数字的最后一位是存疑数字,所以有效数字运算后,所得的结果中也有存疑数字,根据要求只能保留一位存疑数字。那么存疑数字定在哪一位,运算结果应保留几位有效数字,严格来说,应根据误差计算来确定有效数字的位数。在一般情况下,可以利用下述有效数字的近似运算规则进行计算:

(一) 有效数字的加、减

例题 7

$$\begin{array}{r} 5.54\underline{6} \\ 321.8\underline{3} \\ +)\ 41.\underline{1} \\ \hline 368.\underline{476} \end{array} \qquad\qquad \begin{array}{r} 47\underline{7} \\ -)\ 93.6\underline{1} \\ \hline 38\underline{3}.\underline{39} \end{array}$$

计算时,我们在每个存疑数字的下方划一条横线,以便与确切数字相区别。因为存疑位和存疑位相加仍是存疑位,存疑位和确切位相加也是存疑位。在计算结果中仍只取一位存疑数字,所以相加的结果 368.$\underline{476}$ 中,由于十分位(第四位)已经存疑,其后面的两位数字已无意义,按照进位原则,写成 368.$\underline{5}$,有效数字为 4 位,科学的记数方法应是 3.685×10^{2}。按照相同的处理方法,相减的结果 38$\underline{3}$.$\underline{39}$ 中,个位(第 3 位)已经存疑,后面的两位已无意义,最后的结果应写成 38$\underline{3}$,有效数字为 3 位,科学的记数方法应是 3.83×10^{2}。

结论:几个有效数字相加、减,最后结果中存疑数字的位应与参与运算的各有效数字中存疑数字的最高位对齐(相同)。如:$17.5\underline{3}+3.\underline{4}+2.00\underline{7}=22.\underline{9}$ (22.$\underline{937}$ 取作 22.$\underline{9}$)

(二) 有效数字的乘、除

例题 8

$$\begin{array}{r} 5.34\underline{8} \\ \times)\ \ 20.\underline{5} \\ \hline \underline{26740} \\ 0000 \\ 1069\underline{6} \\ \hline 10\underline{9.6340} \end{array} \qquad\qquad \begin{array}{r} 17\underline{3}.4 \\ 21\underline{7}\ \big)\ 3764\underline{3} \\ 217 \\ \hline 159\underline{4} \\ 151\underline{9} \\ \hline \underline{753} \\ \underline{651} \\ \hline \underline{1020} \end{array}$$

在有效数字的运算结果中，存疑数字只保留一位，根据进位原则，所以上述运算结果分别为 1.10×10^2 和 1.73×10^2。

结论：几个有效数字相乘、除时，最后结果的有效数字位数和参与运算的各数中有效数字位数最少的相同。如果运算结果的首位数字是1、2、3的，可以多保留一位有效数字。如：$3.2\times2.01\times2.000=12.9$。

（三）有效数字的乘方、开方

乘方可转化为乘法运算，开方是乘方的逆运算。所以有效数字的乘方、开方的计算法则与乘、除时的法则相同。即乘方、开方的有效数字位数与其底的有效数字位数相同。

（四）特殊函数的运算

在实验数据处理过程中，经常会遇到一些特殊函数，例如，三角函数、对数等。在这类运算中，可以把它们看成是函数关系，通过它们的微分运算来确定计算结果的不确定度，再根据不确定度确定结果的有效数字位数。下面，我们结合具体的问题进行讨论。

1. 以10为底的对数

计算 lg48.03。

设 $x=48.03, y=\lg x, \Delta\bar{x}=0.01, y=\dfrac{\ln x}{\ln 10}$

则 $dy=d\left(\dfrac{\ln x}{\ln 10}\right)=\dfrac{dx}{x}\cdot\dfrac{1}{\ln 10}=0.4343\dfrac{dx}{x}, \Delta y=0.4343\dfrac{\Delta x}{x}=9.042\times10^{-5}=0.00009$

不确定位（存疑位）出现在小数点后第5位，因此，$y=\lg x$ 应取到小数点后第5位，即 lg48.03 = 1.68151。

结论：对于以10为底的对数，其运算结果中小数点后的位数应比该数的有效数字的位数多一位。

2. 自然对数

计算 ln48.03。

设 $x=48.03, y=\ln x, \Delta\bar{x}=0.01$

则 $dy=\dfrac{dx}{x}, \Delta y=\dfrac{\Delta x}{x}=2.08\times10^{-4}=0.0002$

不确定位（存疑位）出现在小数点后第4位，因此，$y=\lg x$ 应取到小数点后第4位，即 ln48.03 = 3.8718。

结论：对于自然对数，其运算结果在小数点后的位数应等于该数的有效数字的位数。

3. 三角函数

已知角度 $x=30^\circ17', y=\sin x, \Delta\bar{x}=1'=0.00029\text{rad}$

则 $dy=\cos x\cdot dx, \Delta y=\cos x\cdot\Delta x=2.5\times10^{-4}$

不确定位（存疑位）出现在小数点后第4位，因此，$y=\sin x$ 应取到下小数点后第4位，即 $\sin 30^\circ17'=0.5043$。

（五）常数的有效数字位数

对于公式中的某些常数，如 $\pi, e, \sqrt{2}$ 等，它们与有效数字运算时，可认为其有效数字的位数是无限制的。故在计算时，一般应比参与运算的各数中有效数字位数最多的还要多取一位。

说明：

(1) 以上有效数字近似运算规则中数字的进位原则是“四舍六入五凑偶”。

(2) 为保证计算过程不丢失有效数字,在计算的中间过程中,参与计算的各物理量及中间结果可多取几位有效数字,尽可能使用计算器和计算机来处理。

(3) 此近似运算规则在一般情况下是成立的,但不十分严格。应根据绝对计算结果的不确定度来确定计算结果的有效数字。为方便起见,一般在综合运算时,可代入字母运算,最后再代入数值计算。

第五节 实验数据的处理

物理实验中获得了大量数据,要通过这些数据来得到可靠的实验结果或物理规律,则需要学会正确的数据处理方法。所谓数据处理就是用简明而严格的方法把实验数据所代表的事物内在规律性提炼出来,是指从获得实验数据中得出结果的加工过程,包括记录、整理、计算、分析等处理方法。本节将介绍在物理实验中常用的列表法、作图法、逐差法和最小二乘法等数据处理的基本方法。

一、列表法

列表法是记录数据的最好方法,具体而言就是在记录和处理实验测量数据时,经常把数据列成表格,它可以简单而明确地表示出有关物理量之间的对应关系,便于随时检查测量结果是否正确合理,及时发现问题,利用计算和分析误差,可随时对数据进行查对。此外列表法也有助于找出有关物理量之间的规律性,得出定量的结论或经验公式等。列表法是工程技术人员经常使用的一种方法。

具体列表时,一般应遵循下列规则:

(1) 简单明了,便于看出有关物理量之间的关系,便于处理数据。

(2) 在表格中均应标明物理量的名称和单位,表格本身也应有序号和名称。

(3) 表格中数据要正确反映出有效数字。

(4) 必要时应对某些项目加以说明,并计算出平均值、标准误差和相对误差。

例题 9 用千分尺测量纲丝直径,列表如下:

<table>
<tr><th>次数</th><th>初读数/mm</th><th>末读数/mm</th><th>直径 D_1/mm</th><th>$\overline{D}$/mm</th><th>σ_D/mm</th><th>E_D/%</th></tr>
<tr><td>1</td><td>0.002</td><td>2.147</td><td>2.145</td><td rowspan="6">2.145</td><td rowspan="6">0.001</td><td rowspan="6">0.06</td></tr>
<tr><td>2</td><td>0.004</td><td>2.148</td><td>2.144</td></tr>
<tr><td>3</td><td>0.003</td><td>2.149</td><td>2.146</td></tr>
<tr><td>4</td><td>0.001</td><td>2.145</td><td>2.144</td></tr>
<tr><td>5</td><td>0.004</td><td>2.149</td><td>2.145</td></tr>
<tr><td>6</td><td>0.003</td><td>2.147</td><td>2.144</td></tr>
</table>

二、作图法

作图法是在坐标纸上用图形描述各物理量之间的关系。具体而言,就是将物理实验中所得到的一系列测量数据通过图线直观地表示出来,即在坐标纸上描绘出一系列数据间对应关系的图线。它是研究物理量之间的变化规律,找出对应的函数关系,求经验公式的常用方法之一。做好一张正确、实用、美观的图是实验技能训练中的一项基本功,要求每个同学都应该掌握。作图法一般分两步进行。

(一) 图示法

物理实验所揭示的物理量之间的关系,可以用一个解析函数关系式来表示,也可以用坐标纸在某一坐标平面内由一条曲线表示,后者称为实验数据的图形表示法,简称图示法。

图示法的一般作图规则如下。

1. 选取适当的坐标纸

作图一定要用坐标纸,根据不同的实验内容和函数形式来选取不同的坐标纸,在大学物理实验中最常用的是直角坐标纸。再根据所测得数据的有效数字和对测量结果的要求来定坐标纸的大小,原则上是以不损失实验数据的有效数字和能包括所有实验点作为选择依据,一般图上的最小分格至少应是有效数字的最后一位可靠数字。

2. 定出合理的坐标和坐标标度

通常以横坐标表示自变量,纵坐标表示因变量。写出坐标轴所代表的物理量的名称和单位。为了使图线在坐标纸上的布局合理和充分利用坐标纸,坐标轴的起点不一定从变量的"0"开始。图线若是直线,尽量使图线比较对称地充满整个图纸,不要使图线偏于一角或一边。为此,应适当放大(或缩小)纵坐标轴和横坐标轴的比例。在坐标轴上按选定的比例标出若干等距离的数值标度,标度数值的位数应与实验数据的有效数字位数一致。选定比例时,应使最小分格代表"1","2"或"5",不要用"3","6","7","9"表示一个单位。因为这样不仅使标点和读数不方便,而且也容易出错。

3. 标出数据点

根据测量数据找到每个实验点在坐标纸上的位置,用铅笔以"×"标出各点坐标,要求与测量数据对应的坐标准确地落在"×"的交点上。一张图上要画几条曲线时,每条曲线可用不同标记如"+"、"①"、"A"等,以示区别。

4. 对数据的分布连线

用直尺、曲线板、铅笔将测量点连成直线或光滑曲线。因为实验值有一定误差,所以曲线不一定要通过所有实验点,只要求线的两旁实验点分布均匀且离曲线较近,并在曲线的转折处多测几个点。对个别偏离很大的点.要重新审核,进行分析后决定取舍。

5. 标明图纸名称

要求在图纸的明显位置标明图纸的名称,即图名、作者姓名、日期、班级等。

(二) 图解法

图解法就是利用根据实验数据所作好的图线,用解析法找出相应的函数形式,如线性函数、二次函数、幂函数等,并求出其函数的参数,得出具体的方程式。特别是当图线是直线时,采用此法更为方便。

1. 直线图解法的步骤

(1) 选取代表点。

在直线上任取两点 $A(x_1,y_1)$,$B(x_2,y_2)$,其坐标值最好是整数值。用"+"符号表示所取的点，与实验点相区别。一般不要取原实验点。所取两点在实验范围内应尽量彼此分开一些，以减小误差。

(2) 确定斜率 k。

在坐标纸适当空白的位置，由直线方程 $y=kx+b$ 写出斜率的计算公式

$$k=\frac{y_2-y_1}{x_2-x_1}$$

将两点的坐标值代入上式，写出计算结果。

(3) 算出截距 b。

如果横坐标的起点为零，其截距 b 即为 $x=0$ 时的 y 值，可由图上直接读出。

如果起点不为零，可由式

$$b=\frac{x_2y_1-x_1y_2}{x_2-x_1}$$

求出截距。

例题 10 已知电阻丝的阻值 R 与温度 t 的关系为

$$R=R_0(1+\alpha t)=R_0+R_0\alpha t$$

式中，R_0，α 是常数。

现有一电阻丝，其阻值随温度变化见下表。请用作图法 $R-t$ 直线，并求 R_0，a 值。

T/℃	15.0	20.0	25.0	30.0	35.0	40.0	45.0	50.0
R/Ω	28.05	28.52	29.1	29.56	30.10	30.57	31.00	31.62

解：由表可知

$$R=R_0(1+\alpha t)=R_0+R_0\alpha t$$
$$t_{\max}-t_{\min}=50.0-15.0=35.0(℃)$$
$$R_{\max}-R_{\min}=31.62-28.05=3.57(\Omega)$$

即温度 t 的变化范围为 35.0℃，电阻值的变化范围为 3.57Ω。根据坐标纸大小的选择原则，既要能反映有效数字又要能包括所有实验点，选 40 格×40 格的图纸。取自变量 t 为横坐标，起点为 10℃，每一小格为 1℃；因变量 R 为纵坐标，起点为 28Ω，每一小格为 0.1Ω，描点连线作图，得 $R-t$ 直线，如图 1－3 所示。

在直线上取两点(19.0,28.40)，(43.0,30.90)，则

$$R_0\alpha=\frac{30.90-29.40}{43.0-19.0}=0.104(\Omega/℃)$$

$$R_0=\frac{43.0\times28.40-19.0\times30.90}{43.0-19.0}=26.4(\Omega)$$

故有

$$R=26.4+0.104t$$

2．曲线变直处理法

在实际工作中，许多物理量之间的函数关系形式是复杂的，并非都为线性，但是可以

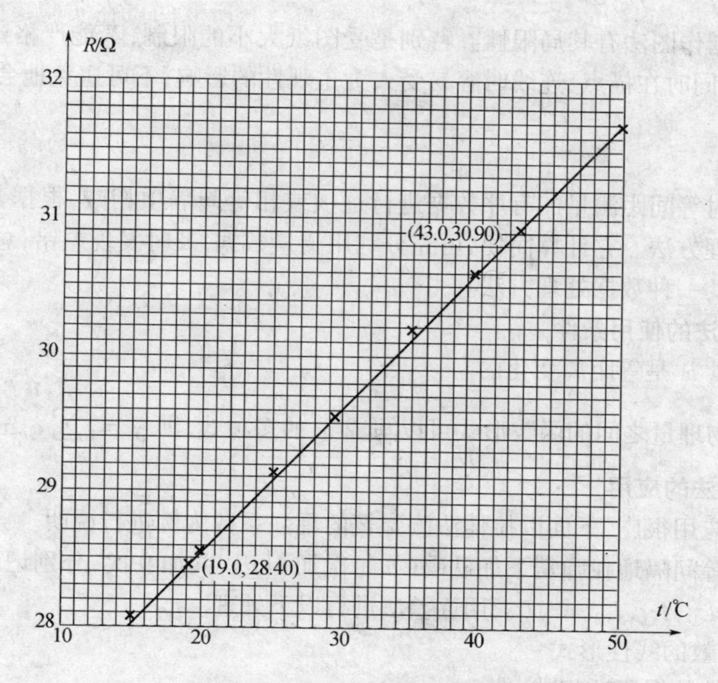

图 1-3　电阻值与温度关系曲线

经过适当变换后成为线性关系，即把曲线变成直线，这种方法叫曲线变直处理法。例如，

(1) $pV=C$

式中，C 为常数。由 $p=C\dfrac{1}{V}$，作 $p\sim\dfrac{1}{V}$ 图得直线，斜率即为 C。

(2) $s=v_0t+\dfrac{1}{2}at^2$

式中，v_0，a 为常数。两边除以 t，得

$$\frac{s}{t}=v_0+\frac{1}{2}at$$

作$\dfrac{s}{t}\sim t$ 图为直线，其斜率为$\dfrac{1}{2}a$，截距为 v_0。

(3) $y=ax^b$

式中，a，b 为常数。两边取对数，得 $\lg y=\lg a+b\lg x$

以 $\lg x$ 为横坐标、$\lg y$ 为纵坐标作图得一直线，截距为 $\lg a$，斜率为 b。

(三) 作图法的主要优点

(1) 直观。这是作图法的最大优点之一，可根据曲线形状很直观、很清楚地表示在一定条件下某一物理量与另一物理量之间的相互关系，找出物理规律。

(2) 简便。在测量精度要求不高时，由曲线形状探索函数关系，作图法比其他数据处理方法要更简便。

(3) 可以发现某些测量错误。若在曲线上个别点偏离特别大，可提醒人们重新核对。

在图线上，可以直接读出没有进行测量的对应于某 x 的 y 值(内插法)。在一定条件下，也可以从图线的延伸部分读出测量数据范围以外的点(外推法)。

但也应看到作图法有其局限性。特别是受图纸大小的限制,不能严格建立物理量之间的函数关系,同时在描点、连线时容易受人为主观性的影响,不可避免地会带来误差。

三、逐差法

逐差法是对等间距测量的有序数据进行逐项或相等间隔项相减,根据其差寻找规律的一种数据处理方法。它计算简便,可充分利用测量数据,及时发现差错,总结规律,是物理实验中常用的一种数据处理方法。

(一) 逐差法的使用条件

(1) 自变量 x 是等距离变化的。

(2) 被测物理量之间的函数形式可以写成 x 的多项式,即 $y=\sum_{m=0}^{M}a_m x^m$ 。

(二) 逐差法的应用

逐差法的应用很广,下面以拉伸法测弹簧的倔强系数为例进行说明。

设实验中等间隔地在弹簧下加砝码(如每次加 1kg),共加 9 次,分别记下对应的弹簧下端点的位置 $L_0,L_1,L_2,\cdots,L_9$,用逐差法进行以下处理。

1. 验证函效的线性形式

把所测得的数据逐项相减,即

$$\begin{cases}\Delta L_1 = L_1 - L_0\\ \Delta L_2 = L_2 - L_1\\ \cdots\\ \Delta L_9 = L_9 - L_8\end{cases}\tag{1-11}$$

看 $\Delta L_1,\Delta L_2,\Delta L_3,\cdots$,是否基本相等。当 ΔL_i 均基本相等时,就验证了外力与弹簧伸长量之间的函数关系是线性的,即

$$F = k\Delta L$$

用此法可检查测量结果是否正确,但要注意的是必须逐项逐差。

2. 确定物理量数值

现计算每加 1kg 砝码时弹簧的平均伸长量,若用式(1-11)计算,可得

$$\overline{\Delta L}=\frac{\Delta L_1+\Delta L_2+\cdots+\Delta L_9}{9}=$$

$$\frac{(L_1-L_0)+(L_2-L_1)+\cdots+(L_9-L_8)}{9}=\frac{L_9-L_0}{9}$$

从上式可看出,中间的测量值全部抵消了,只有始末两次测量值起作用,与一次加 9kg 砝码的测量完全等价。

为了克服上述方法的不足,充分体现多次测量值的作用,必须在数据处理方法上作一些组合,以便仍能达到以多次测量来减小误差的目的。为此,一般使用逐差法时改逐差为对应项逐差,具体方法如下。

将等间隔所测量的值分成前后两组,

前一组为 L_0,L_1,L_2,L_3,L_4

后一组为 L_5, L_6, L_7, L_8, L_9

将前后两组的对应项相减为

$$\Delta L'_1 = L_5 - L_0$$
$$\Delta L'_2 = L_6 - L_1$$
$$\cdots$$
$$\Delta L'_5 = L_9 - L_4$$

再取平均值

$$\Delta\overline{L} = \frac{\Delta L'_1 + \Delta L'_2 + \cdots + \Delta L'_5}{5} =$$
$$\frac{(L_5 - L_0) + (L_6 - L_1) + \cdots + (L_9 - L_8)}{5} = \frac{1}{5}\sum_{i=0}^{4}(L_{5+i} - L_i)$$

由此可见,与上面一般求平均值方法不同,这时每个数据都用上了。但应注意,这里的 ΔL 是增加 5kg 砝码时弹簧的平均伸长量。由上可见对应项逐差可以充分利用测量数据,具有对数据取平均和减小误差的效果。

四、最小二乘法

由一组实验数据找出一条最佳的拟合直线(或曲线),常用的方法是最小二乘法。所得的变量之间的相关函数关系称为顺归方程。最小二乘法线性拟合亦称为最小二乘法线性回归。本章只讨论用最小二乘法进行一元线性回归问题,有关多元线性回归和非线性顺归,可参考其他书籍。

(一)一元线性回归

最小二乘法所依据的原理是:在最佳拟合直线上,各相应点的值与测量值之差的平方和应比其他的拟合直线上的值都要小。

假设所研究的变量有 x 和 y 两个,它们之间存在着线性相关关系,是一元线性方程。

$$y = A_0 + A_1 x \tag{1-12}$$

实验测得的一组数据为

$$x: x_1,\ x_2,\ x_3, \cdots,\ x_m$$
$$y: y_1,\ y_2,\ y_3,\ \cdots,\ y_m$$

需要解决的问题是:根据所测得的数据,如何确定式(1-12)中的常数 A_0 和 A_1。实际上,相当于用作图法求直线的斜率和截距。

由于实验点不可能都同时落在式(1-12)表示的直线上,为使讨论简单起见,假定:

(1) 有测量值都是等精度的。只要实验中不改变实验条件和方法,这个条件就是可以满足的。

(2) 只有一个变量有明显的随机误差。因为 x_i 和 y_i 都含有误差,把误差较小的一个作为变量 x,就可满足该条件。

假设在式(1-12)中的 x 和 y 值是在等精度条件下测量的,且 y 有偏差,记作 $\varepsilon_1, \varepsilon_2, \varepsilon_3, \cdots, \varepsilon_m$,如图 1-4 所示。

把实验数据 $(x_1, y_1), (x_2, y_2), \cdots, (x_m, y_m)$ 代入式(1-8)后得

$$\begin{cases} \varepsilon_1 = y_1 - y = y_1 - A_0 - A_1 x_1 \\ \varepsilon_2 = y_2 - y = y_2 - A_0 - A_1 x_2 \\ \cdots \\ \varepsilon_m = y_m - y = y_m - A_0 - A_1 x_m \end{cases}$$

其一般式为

$$\varepsilon_i = y_i - y = y_i - A_0 - A_1 x_i$$

ε_i 的大小与正负表示实验点在直线两侧的分散程度，ε_i 的值与 A_0 和 A_1 的数值有关。根据最小二乘法的思想，如果 A_0、A_1 的值使 $\sum_{i=1}^{m} \varepsilon_i^2$ 最小，那么，式(1-12)就是所拟合的直线，即由式

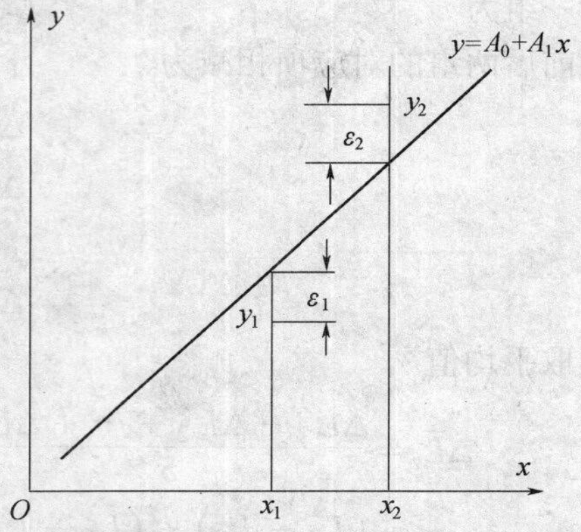

图 1-4　y 有偏差的最小二乘法拟合

$$\sum_{i=1}^{m} \varepsilon_i^2 = \sum_{i=1}^{m} (y_i - A_0 - A_1 x_i)^2$$

对 A_0 和 A_1 求一阶偏导数，且使其为零，得

$$\frac{\partial}{\partial A_0}\left(\sum_{i=1}^{m} \varepsilon_i^2\right) = -2\sum_{i=1}^{m}(y_i - A_0 - A_1 x_i) = 0 \qquad (1-13)$$

$$\frac{\partial}{\partial A_1}\left(\sum_{i=1}^{m} \varepsilon_i^2\right) = -2\sum_{i=1}^{m}(y_i - A_0 - A_1 x_i)x_i = 0 \qquad (1-14)$$

$\bar{x}$ 是 x 的平均值，即 $\bar{x} = \frac{1}{m}\sum_{i=1}^{m} x_i$，$\bar{y}$ 是 y 的平均值，即 $\bar{y} = \frac{1}{m}\sum_{i=1}^{m} y_i$，$\overline{x^2}$ 是 x^2 的平均值，即 $\overline{x^2} = \frac{1}{m}\sum_{i=1}^{m} x_i^2$，$\overline{xy}$ 是 xy 的平均值，即 $\overline{xy} = \frac{1}{m}\sum_{i=1}^{m} x_i \cdot y_i$。代入式(1-13)和式(1-14)可得：

$$\begin{cases} \bar{y} - A_0 - A_1 \bar{x} = 0 \\ \overline{xy} - A_0 - A_1 \overline{x^2} = 0 \end{cases}$$

解方程组，得

$$\begin{cases} A_1 = \dfrac{\bar{x} \cdot \bar{y} - \overline{xy}}{(\bar{x})^2 - \overline{x^2}} \\ A_0 = \bar{y} - A_1 \bar{x} \end{cases} \qquad (1-15)$$

（二）把非线性相关问题转换成线性相关问题

在实际问题中，当变量间不是直线关系时，可以通过适当的变量转换，使不少曲线问题能够转化成线性相关问题。需要注意的是，经过转换后等精度的限定条件不一定满足，会产生一些新的问题。遇到这类情况应采取更恰当的曲线拟合方法。

下面举几例说明。

1. 若函数为 $x^2 + y^2 = C$ 其中，C 为常数。

令 $X = x^2$，$Y = y^2$，则有

$$Y = C - X$$

2. $y=\dfrac{x}{a+bx}$ 其中,a,b 为常数。

将原方程化为 $\dfrac{1}{y}=b+\dfrac{a}{x}$

令 $Y=\dfrac{1}{y}$,$X=\dfrac{1}{x}$,则有,$Y=b+aX$

(三) 相关系数 γ

以上所讨论的都是在已知的函数形式下进行的实验,由实验的测量数据求出的回归方程。因此,在函数形式确定以后,用回归法处理数据,其结果是惟一的,不会像作图法那样因人而异。可见用回归法处理问题的关键是函数形式的选取。

但是当函数形式不明确时,要通过测量值来寻求经验公式,只能靠实验数据的趋势来推测。对同一组实验数据,不同的实验者可能会取不同的函数形式,得出不同的结果。

为了判断所得结果是否合理,在待定常数确定以后,还需要计算一下相关系数 γ。对于一元线性回归,γ 定义为

$$\gamma=\frac{\overline{xy}-\overline{x}\cdot\overline{y}}{\sqrt{[\overline{x^2}-(\overline{x})^2]\cdot[\overline{y^2}-(\overline{y})^2]}} \tag{1-16}$$

相关系数 γ 的数值大小反映了相关程度的好坏。可以证明,$|\gamma|$值介于0和1之间。$|\gamma|$值越接近于1,说明实验数据越密集在求得的直线附近,x,y 之间存在着线性关系,用线性函数进行回归比较合理,如图1-5(a)所示。相反,如果$|\gamma|$值远小于1而接近于0,说明实验数据对求得的直线很分散,x 与 y 之间不存在线性关系,即不适宜用线性回归,必须用其他函数重新试探,如图1-5(b)所示。在物理实验中,一般当$|\gamma|\geqslant 0.9$时,就认为两个物理量之间存在较密切的线性关系。

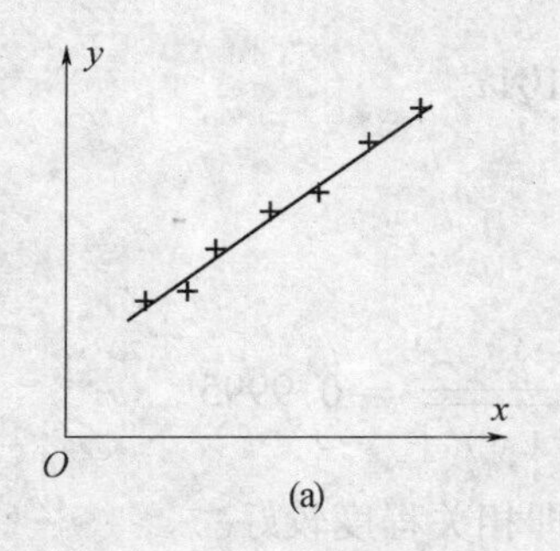

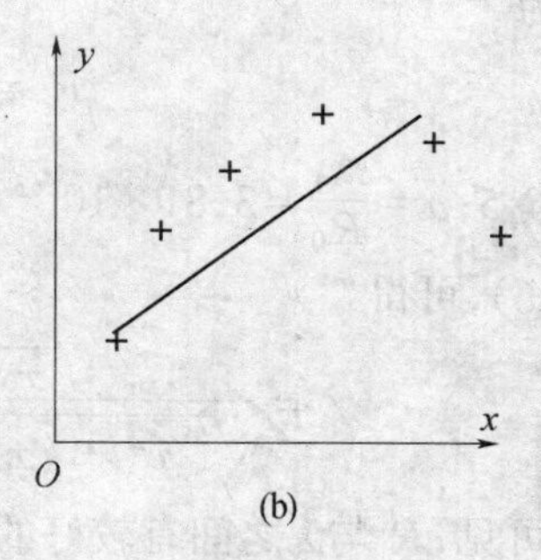

图1-5 线性回归中的相关系数

例题11 用例题10中电阻丝电阻值随温度变化的实验数据,结合最小二乘法完成以下内容:

(1) 线性拟合,并写出直线方程;

(2) 求出电阻温度系敦和0℃时的电阻 R_0;

(3) 求出相关系数 γ,评价相关程度。

解: 金属导体的电阻和温度的关系为

$$R=R_0(1+at)=R_0+aR_0t$$

令

$$y = R, x = t, A_0 = R_0, A_1 = aR_0$$

则上式变为

$$y = A_0 + A_1 x$$

把例题10中的实验数据填入下表,并进行计算,结果见下表。

i	x_i	x_i^2	y_i	y_i^2	$x_i y_i$
1	15.0	225.0	28.05	786.8	420.8
2	20.0	400.0	28.52	813.4	570.4
3	25.0	625.0	29.10	847.8	727.5
4	30.0	900.0	29.56	873.8	886.8
5	35.0	1225	30.10	906.0	1054
6	40.0	1600	30.57	934.5	1223
7	45.0	2025	31.00	961.0	1395
8	50.0	2500	31.62	999.8	1581
平均值	32.5	1187.5	29.815	890.269	982.219

由上表可得

$$\bar{x} = 32.5, \overline{x^2} = 1187.5; \bar{y} = 29.815, \overline{y^2} = 890.269; \overline{xy} = 982.219$$

代入式(1-15),得

$$A_1 = aR_0 = \frac{\bar{x} \cdot \bar{y} - \overline{xy}}{(\bar{x})^2 - \overline{x^2}} = 0.101, A_0 = R_0 = \bar{y} - A_1 \bar{x} = 26.5$$

故函数关系为

$$R = 26.5 + 0.101t$$

式中,$R_0 = 26.5$;$a = \dfrac{A_1}{R_0} = 3.81 \times 10^{-3}$(1/℃)。

又由式(1-16),可得

$$\gamma = \frac{\overline{xy} - \bar{x} \cdot \bar{y}}{\sqrt{[\overline{x^2} - (\bar{x})^2] \cdot [\overline{y^2} - (\bar{y})^2]}} = 0.9995$$

由 γ 值可见,R 与 t 之间有较好的线性关系,即相关程度较好。

用最小二乘法求得的 $R-t$ 之间的关系与用作图法求得的关系有一定的差别,说明作图法具有一定的随意性。

[思考与练习]

1. 根据误差的性质,判断下列误差哪些属于随机误差?哪些属于系统误差?

(1) 米尺因受热膨胀; (2) 视差;

(3) 天平零点漂移; (4) 游标尺零点不准;

(5) 照相底版收缩; (6) 水银温度计毛细管不均匀;

(7) 电表的接入误差; (8) 雷电影响;

(9) 振动; (10) 电源不稳。

2. 有甲、乙、丙、丁四人,用同一仪器测量同一钢球的直径,各人所得的测量结果如下:

甲:(2.145 ± 0.01)cm。　　乙:(2.14 ± 0.01)cm。

丙;(2.14 ± 0.01)cm。　　丁:(2.1 ± 0.01)cm。

问哪个人的结果表示正确?其他人的结果错在哪里?

3. 用单摆测得重力加速度 $g_1=(978\pm2)\mathrm{cm/s^2}$,用自由落体仪测得重力加速度 $g_2=(981.1\pm0.6)\mathrm{cm/s^2}$,已知当地 g 的标准值为 $g_0=979.729\mathrm{cm/s^2}$,问:

(1) g_1 和 g_2 中哪一个存在系统误差?

(2) 如果不知道 g_0,从 g_1 和 g_2 中能得出什么结论?

4. 用米尺测得正方形的某一边长分别为 $a_1=2.01$cm, $a_2=2.00$cm, $a_3=2.04$cm, $a_4=1.98$cm, $a_5=1.97$cm。求正方形面积与周长的平均值、标准误差和相对误差。

5. 一个铅质圆柱体,测得其直径 $d=(2.04\pm0.01)$cm,高度 $h=(4.12\pm0.01)$cm,质量 $m=(149.18\pm0.05)$g。

(1) 计算铅的密度 ρ;

(2) 计算 ρ 的相对误差和标准误差 σ_ρ;

(3) 正确表示结果。

6. 试写出下列各函数的标准误差传递公式:

(1) $N=x+y-z$;　　(2) $N=\dfrac{x-y}{x+y}$;

(3) $n=\dfrac{\sin i_2}{\sin i_1}$;　　(4) $f=\dfrac{L^2-e^2}{4L}$。

7. 指出下列各量各有几位有效数字:

(1) $L=0.0001$cm;　　(2) $c=2.998003$;　　(3) $g=9.8403\mathrm{m/s^2}$

(4) $\pi=3.14159$;　　(5) $e=2.7182818$;　　(6) $E=2.7\times10^{25}$J。

8. 按照误差理论和有效数字运算规则,改正下列错误:

(1) $N=(10.800\pm0.2)$cm;

(2) 0.2870 有五位有效数字,而另一种说法为 0.2870 只有三位有效数字,请纠正,并说明理由;

(3) 28cm = 280mm, 280mm = 28cm;

(4) $L=(28000\pm8000)$mm;

(5) $0.0221\times0.0321=0.00048841$;

(6) $\dfrac{400\times1500}{12.60\times11.60}=600000$。

9. 试利用有效数字运算规则计算下列各式:

(1) $1.048+0.3$;　　(2) $98.754+1.3$;　　(3) $2.0\times10^5+2345$;

(4) $2.0\times10^5+2345$;　　(5) $2.00\times10^5+2345$;　　(6) $170.5-2.5$;

(7) 111×0.100;　　(8) $237.5\div0.10$;　　(9) $\dfrac{76.000}{40.00-2.0}$;

(10) $\dfrac{50.00\times(18.30-10.3)}{(103-3.0)\times(1.00+0.001)}$。

10. 将下列数写成有效数的科学表达式:

299300;9834;0.004521±0.000001;5420×10^5;32476×10^5;6700;0.00400。

11．试计算下列各函数的有效数结果：

(1) $x=3.14, e^x=?$　(2) $x=3\times10^{-5}, 10^x=?$　(3) $x=5.48, \sqrt{x}=?$

(4) $x=9.80, \ln x=?$　(5) $x=0.5376, \sin x=?\ \tan x=?$

12．实验测得在容器体积不变情况下不同温度的气体压强如下表所示，请用图示法表示之。

温度 T/℃	20.0	30.0	40.0	50.0	60.0	70.0	80.0	90.0
压强 $P/(\mathrm{cm\cdot Hg^{-1}})$	82.0	85.0	90.0	94.0	97.0	100.0	103.0	106.0

13．用伏安法测电阻时得 V，测得数据如下，试用直角坐标纸作 $V—I$ 图，并求出 R 值

V/V	1.00	2.00	3.00	4.00	5.00	6.00	7.00	8.00
I/mA	2.00	4.01	6.05	7.85	9.70	11.83	13.75	16.02

14．用最小二乘法求函数 $y=A_0+A_1x$ 中的 A_0 和 A_1，并检验线性。

(1)

i	1	2	3	4	5	6	7
x_i	2.0	4.0	6.0	8.0	10.0	12.0	14.0
y_i	14.34	16.35	18.36	20.34	22.39	24.38	26.33

(2)

i	1	2	3	4	5	6	7
x_i	20.0	30.0	40.0	50.0	60.0	70.0	80.0
y_i	5.45	5.66	5.96	6.20	6.45	6.86	7.01

第二章　基础实验知识

本章主要介绍力学实验、热学实验、电磁学实验、光学实验中基本仪器的原理、性能和使用，物理实验的基本调整技术和测量方法等。所介绍的都是在实验中经常遇到、需要同学们理解掌握的基础知识。像第一章一样，我们要求同学们结合自己中学物理实验的经验体会，首先认真阅读思考，对提出的问题有一个初步的了解，然后再结合每一个具体实验用心揣摩，达到熟练掌握、灵活运用的目的。

第一节　基本测量方法

物理实验是对物理现象进行观察、对物理量进行测量的一个过程。物理量分为基本物理量和导出物理量，基本物理量是人们根据需要选定的，导出物理量则是基本物理量的组合。物理测量泛指以物理理论为依据，以实验装置和实验技术为手段，对待测物理量进行测量的过程。待测物理量的内容非常广泛，包括运动力学量、分子物理热学量、电磁学量和光学量等。对于同一物理量，通常有多种测量方法。如按测量内容来分，可分为电量测量和非电量测量；按测量数据获得的方式来分，可分为直接测量、间接测量和组合测量；按测量方式来分，可分为直读法、比较法、替代法和差值法；按被测量与时间的关系来分，可分为静态测量、动态测量和积算测量等。

一、比较法

所谓测量，就是将相同类型的被测物理量与标准量直接或间接地进行比较，测出其大小的过程。因此，在物理实验中，比较测量法是最普遍、最基本的测量方法。比较测量法可分为直接比较测量法和间接比较测量法两种。

1．直接比较法

将被测量直接与已知刻度值的同类量进行比较，测出其大小的测量方法，称为直接比较测量法。它所使用的测量仪表，通常是直读指示式仪表，所测量的物理量一般为基本量。例如，用米尺、游标卡尺和螺旋测微计测量长度，用秒表和数字式计时器测量时间，用安培表测量电流等。所用仪表的刻度预先用标准量具进行分度和校准，在测量过程中，指示的标记或在标尺上相应的刻度值就表示被测量的大小。测量结果除可能需乘以常数或测量仪器的倍率外，无需作其他操作或计算。测量过程简单方便，在物理量的测量中被广泛应用。

2．间接比较法

间接比较法又可称为直接替代法。当一些物理量难以用直接比较法测量，而利用各物理量之间的函数关系进行间接测量时，又有可能因为公式的近似性产生系统误差时，可以采用间接比较法进行测量。

图 2-1 为在天平上用间接比较法测量物体的质量。待测物 A 与平衡物 B 在天平上平衡，将砝码 W 替代 A，重新达到平衡。W 的质量即 A 的质量。

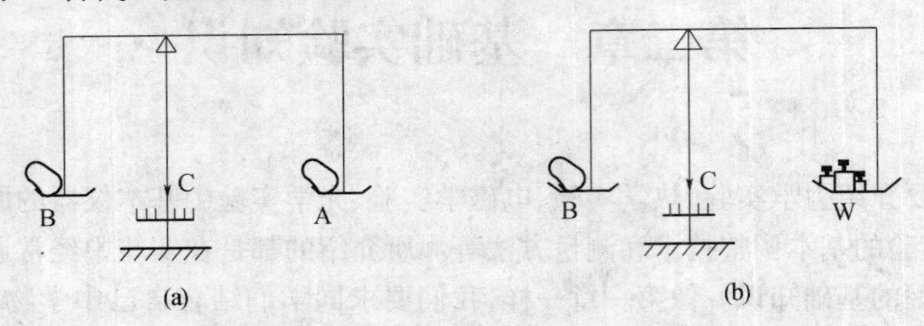

图 2-1　间接比较法称量质量

在电表改装实验中，需要测量表头的内阻。由于表头允许通过的电流很小，因此不允许用万用表的电阻挡或伏安法来测定表头的电阻值。实验中常用的方法是如图 2-2 所示的间接比较法测定电流表 A 的内阻 R_g，即用标准电阻箱 R_0 替代电流表 A，调节标准电阻箱 R_0 的阻值，使检流计 C 的示数相同，则此时电流表的内阻 R_g 就与标准电阻箱 R_0 的电阻值相同。

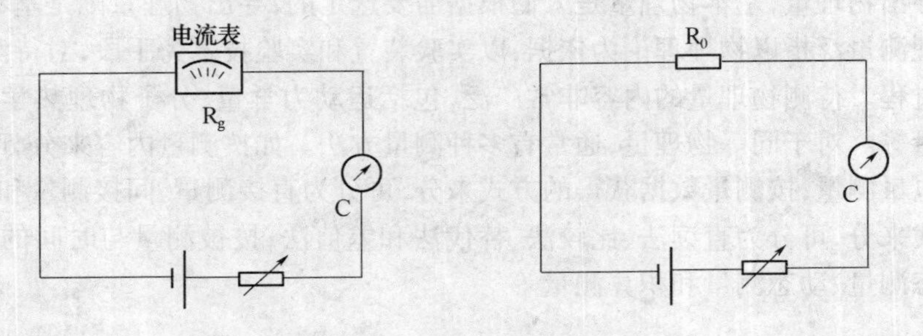

图 2-2　间接比较法测量电阻

在用示波器测量未知交流信号的频率时，可在示波器的两个输入端分别输入频率可调的标准信号和频率待测的未知信号，作为示波器的 x 和 y 方向输入。调节标准信号的频率，当荧光屏上呈现缓慢变化的椭圆时，待测的未知信号频率即与此时标准信号频率相同，这也是间接比较法。

间接比较法的测量精确程度，取决于作为标准元件的准确度以及指示部件的分辨灵敏度。

在上述实验中，不论天平的臂是否相等，也不论检流计的示数是否准确、示波器扫描频率是否校准，只要砝码、标准电阻箱、标准信号源频率等准确，都不会影响测量结果的准确性。由此可见，间接比较法还是避免实验仪器不够完善而产生的系统误差的重要方法。

二、放大法

物理实验涉及到各种物理量的测量，即使是同一物理量，其大小相差也十分悬殊。以长度为例，地球的半径为 6.37×10^6m，人的身高为 1.7m，而氢原子的半径仅为 7.9×10^{-11}m，前后相差 10^{17} 个数量级。要适应各种范围内的精密测量，就得设计相应的装置采取不同的方法。对于一些微小物理量的测量，为提高测量精度，需选用相应的测量装置将被测量进行放大后再进行测量。常用的放大法有累积放大法、机械放大法、光学放大法和电子放大法等。

1．累积放大法

用最小刻度为1mm的尺子去测量一张很薄的纸的厚度，结果是不准确的。在没有更好测量工具的条件下，可以将许多张同样的纸叠成一叠，测量出总的厚度，再计算出每张纸的厚度，这样就会准确得多。

设一张纸的厚度为 e，测量误差为 Δd。测量的相对误差为 $\frac{\Delta d}{e}$。

如果把 n 张纸累积在一起测量，则其厚度为 ne。然而，在基本相同的测量精度的情况下，测量误差仍为 Δd，此时测量的相对误差为 $\frac{\Delta d}{ne}=\frac{1}{n}\cdot\frac{\Delta d}{e}$，绝对误差为 $E_r\cdot e=\frac{\Delta d}{ne}\cdot e=\frac{\Delta d}{n}$，即测量结果的相对误差和绝对误差都减小为每次只测一张纸时的 $\frac{1}{n}$。

累积放大法在物理实验中有广泛的应用。测量细铜线直径时，把细铜线紧密排绕在笔杆上，测量密排的宽度，再数圈数，通过计算就可比较精确地测量细铜丝的直径。在单摆实验中，经常是测定单摆完成20次或30次完整的振动所需要的时间 Δt，单摆的周期 $T=\frac{\Delta t}{n}$。在声速测定实验中，波长测定是影响测量结果精度的重要因素，提高波长测量精度是提高声速测量结果的关键。实验中，我们经常采用转动摇手鼓轮，在示波器上连续看到多次（n 次）振幅极大的情况，若在此过程中换能器移动了 Δd 的距离，则超声波的波长 $\lambda=\frac{\Delta d}{n}$。也是利用累积放大法提高了测量的精度。驻波实验、迈克耳逊干涉实验中也常采取这种方法。

2．机械放大法

在螺旋测微计、读数显微镜和迈克耳逊干涉仪等测量系统中广泛使用的螺旋测微就是利用螺旋测微原理设计的一种典型的机械放大测量装置。测微丝杆的螺距是1mm，当测微鼓轮转动一圈时，丝杆就带动滑动平台沿轴前进或后退1mm。在测微手轮的圆周上均匀地刻上100分格，因此当手轮转动1分格时，移动平台移动了0.01mm，从而使沿轴线方向的微小位移用手轮圆周上较大的弧长精确地表示出来，大大提高了测量精度。

3．光学放大法

常用的光学放大法有两种：一种是使被测物通过光学装置放大视角形成放大像，便于观察判别，从而提高测量精度。如放大镜、显微镜、望远镜等。另一种是使用光学装置将待测的微小物理量进行间接放大，通过测量放大了的物理量来比较精确地测量微小物理量。例如，在“金属丝杨氏弹性模量的测定”实验中，我们就利用一种称之为“光杠杆”的光学放大装置，测定在外力作用下，金属丝的微小伸长量。光杠杆的具体光路图和计算公式请参阅实验3.8“金属丝杨氏弹性模量的测定”实验。光杠杆原理已广泛应用于其他测量技术和测量仪器中，许多高灵敏度的仪表，如扭秤、冲击电流计、光点检流计等，都利用了光杆杆的放大原理。扭秤实验就是利用光学放大装置，测定转动系统转过的微小角度。

4．电子放大法

对于变化微弱的电信号（电流、电压或功率），或者利用微弱的电信号去控制某些装置的动作,必须首先用电子放大器等将微弱电信号放大后才能有效地进行控制和测量。电子放大作用是由三极管完成的。具体工作原理请参阅电子技术等相关资料。

三、模拟法

人们在对各种自然现象进行科学研究及解决工程技术问题中,常会遇到一些由于研究对象过分庞大,变化过程太迅猛或太缓慢,所处环境太恶劣、太危险等情况,以至于对这些研究对象难以进行直接研究和实地测量。因此,人们以相似理论为基础,在实验室中通过一定的方法模仿实际情况,制造一个与研究对象的物理现象或过程相似的模型,用模型模拟原型的形态、特征和本质,使现象重现、延缓或加速等来进行研究和测量。这种不直接测量研究某物理现象或过程的本身,而是用于该现象或过程相似的模型进行测量研究的方法称为模拟法。模拟法的基本条件是模拟量与被模拟量之间必须等效或类似。模拟法可分为物理模拟法和数学模拟法两类。

1. 物理模拟法

物理模拟法是指以模型与生活原型之间的物理、化学机理相似或几何相似为基础的模拟方法。例如,为研制新型飞机,必须掌握飞机在空中高速飞行时的动力学特性,通常先制造一个与实际飞机物理等效的模型,将此飞机模型放入风洞中,产生的高速气流与飞机模型之间形成相对运动,模拟一个与原飞机在空中实际飞行等效的运动状态,通过对飞机模型受力情况的测试,便可方便地在较短的时间内以较小的代价取得可靠的有关数据。例如,用光测弹性法模拟工件内部的应力分布;对水利工程的模拟,在未建成前自然界没有这个东西,就可先设计一个与原型相似的模型,在人们的控制下重演自然现象,改变自然条件,看看会有什么结果。

2. 数学模拟法

数学模拟法是指虽然两个物理现象或过程的物理本质不同,按数学描述相同,利用模拟量和被模拟量之间在抽象数学规律上相似性进行模拟的方法。例如,"静电场描绘"实验中,本来静电场与稳恒电流场是两种不同的场,但这两种场所遵循的物理规律具有相同的数学形式,因此,我们可以用稳恒电流场来模拟难以直接测量的静电场,用稳恒电流场中的电势分布来模拟静电场的电势分布。

模拟测量法是一种行之有效的测试方法,在现代科学研究、工程设计和生产实践中都有广泛应用。例如,在发展空间科学技术的研究中,通常先进行模拟实验,以获得可靠、必要的实验数据;在水电建设、地下矿物勘探、电真空器件设计等方面都已采用计算机进行模拟的方法。既实用方便,又简单经济。

四、换测法

换测法是基于变换原理的基本测量方法。物理学中存在很多效应,这些效应把不同物理量联系在一起,可以利用这些效应实现不同物理量的换测。换测技术具有精度高、量程宽、测速快、自动化等特点,在各学科领域中的应用越来越广泛。换测法分为参量换测法和能量换测法两大类。

1. 参量换测法

利用物理效应中各参量之间的变换及其变化关系,达到对某一物理量的测量。例如,霍尔效应中，通过对电压的测量，实现对磁感应强度的测量。冲击电流计实验中，通过对电荷电量的测量，实现对磁感应强度的测量。单摆实验中，通过对单摆长度和周期的测量，实现对重力加速度的测量。在衍射光栅实验中，通过对衍射角的测量，实现对波长的测量等。

2. 能量换测法

能量换测法也称非电量电测法。在科学研究、工农业生产、国防建设和日常生活中，人们获得的信息绝大多数是非电量信息，且难以精确测量，即使能被检测出来，也难以放大、处理和传输。可以通过一种换能装置，把非电量转换成电量，利用电信号具有易放大、处理、存储和远距离传输的特点，实现对非电量的灵敏、精确的检测。非电量电测系统一般包括传感器（既换能器，实现信息的获得）、测量电路、放大器（信息的转换）、指示器和记录仪（信息的显示）等部分。

能量换测法的关键是传感器的选择与应用。传感器是一种能以一定的精确度把被测量转换为与之有确定对应关系的、便于应用的某种物理量（主要是电量，如电流、电压、电阻、电容、频率和阻抗等）检测器件。传感器以前也称为变送器、变换器、换能器等，现在一般统一称为传感器。

传感器种类繁多，分类方法也很多。主要依据能量守恒与转换定律，经相应的能量变换型传感器，将非电能量转变为电能的测量方法。常用的传感器有压电传感器、磁电传感器、热电偶、光电池和光敏晶体管等。

为增加同学们的感性认识，这里主要介绍一种比较典型的传感器——热电偶。热电偶是热能—电势换能器，其输出量是热电动势，一般用于温度测量，其结构如图 2-3 所示。两种导体（或半导体）的接触点 1 置于较低的恒定温度场中（如冰水混合物中），该端称为冷端或参考端；接触点 2 置于较高的温度场中，称为热端或测温端。

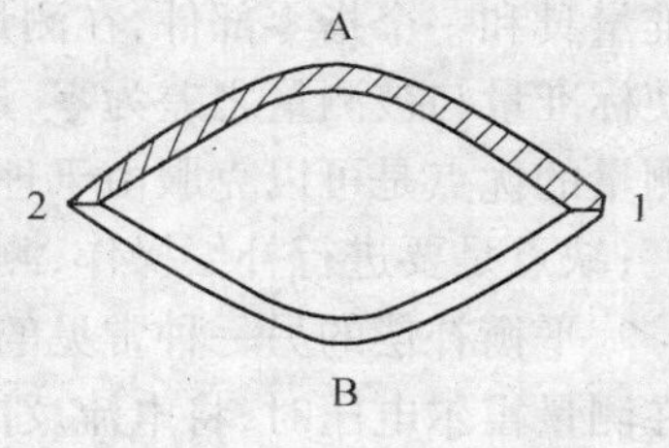

图 2-3 热电偶

单一导体两端温度不同时，在导体内部会产生温差电势——汤姆逊电势。两种金属接触时，由于两种导体内各自的自由电子密度不同，电子扩散的结果会在两种导体间产生接触电势——珀尔帖电势。热电偶所产生的电势是由这两种电势叠加而成。如果热电偶的回路是闭合的，在回路中还会有电流，用毫安表就能够测量得到。

构成热电偶的两种金属材料可以有不同的组合方式，常用的低温热电偶由铜—康铜组成；中温热电偶由镍铬—镍硅组成；高温热电偶由铂铑—铂组成等。

五、平衡补偿法

平衡补偿法是通过调整一个或几个与被测物理量有已知平衡关系的同类标准物理量，去抵消或补偿被测物理量的作用，使系统处于平衡状态。平衡状态时被测量与标准量之间具有确定的一种关系，由此可得被测量的值，这种测量方法称为平衡补偿测量法。

图 2-4 所示的是最简单也最能说明问题的平衡补偿测量电路，该电路由两个电池和一个检流计串联，形成一个闭合回路。两个电池正极对正极，负极对负极相接。调节标准电池的电动势 E_0 的大小，当检流计指针指示零时，说明回路中没有电流通过，此时 E_x 等

于E_0。测量结果精确度取决于标准电动势的精确度和检流计的灵敏度。在此实验中,两个电池的电动势相互补偿了,电路处于补偿状态。因此利用检流计就可判断电路是否处于补偿状态,一旦处于补偿状态,则 E_x 与E_0 大小相等,就可知道待测电池的电动势大小了。这种测量电动势(或电压)的方法就是典型的补偿法。

图 2-5 所示的是惠斯登电桥,图中 R_S、R_1、R_2 为标准电阻,R_x 为待测电阻,调节 R_S,当通过检流计指针示零时,说明没有电流在 C、D 两点间流过,既 C、D 两点的电位相等,桥臂上的电压相互补偿,此时电桥处于平衡状态。则有 $R_x = \frac{R_1}{R_2} R_S$,即可通过 R_S、R_1、R_2 求得 R_x 的值。

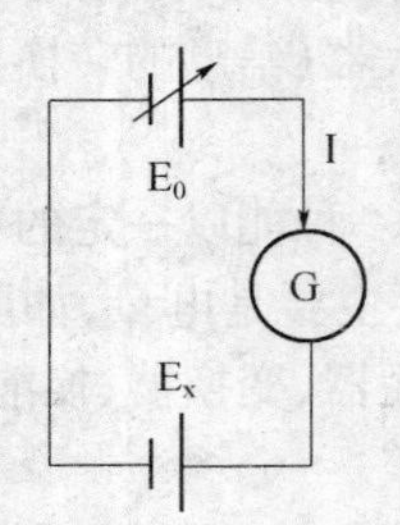

图 2-4　补偿电路

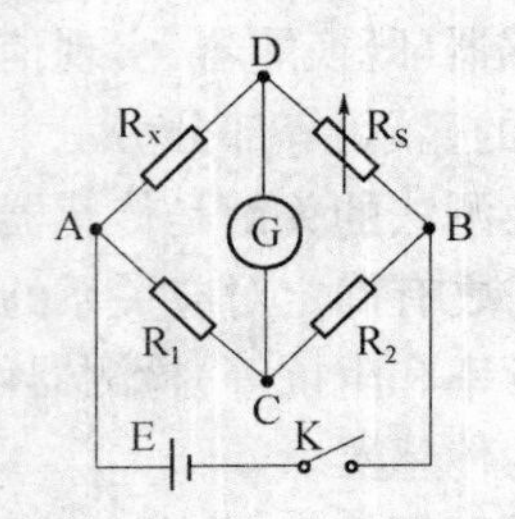

图 2-5　惠斯登电桥

通过上面的分析讨论我们可以得知,平衡补偿法的特点是测量系统中必定包含有标准量具和一个指零部件,在测量过程中,被测量与标准量直接比较,测量时要调整标准量,使标准量与被测量之差为零,这个过程称为补偿或平衡操作。采用平衡补偿测量法进行测量的优点是可以克服由于理论上的近似性所带来的系统误差,进而获得比较高的精确度;缺点是要进行补偿操作,测量过程相对比较复杂。

平衡补偿的另一种常见的形式是将测量反向进行交替测量。例如,霍尔效应实验中,在测量霍尔电压时,将电流反向、磁场反向或用交流电测量,可以将一些横向的效应(如爱丁豪森效应等)抵消或减小。在分光计实验装置中,有一对游标,放在对称的位置上,也是利用对称补偿测量消除偏心差。此时,望远镜转过的角度为

$$\phi = \frac{1}{2}[(S_1 - S_0) + (S'_1 - S'_0)]$$

类似的反向操作还有:升温与降温,逐渐增加与逐渐减小电流,增强与减弱磁场,增大与减小外力,增强与减弱亮度等。

图 2-6 中,S_0、S'_0 和 S_1、S'_1 分别是处于对称位置上的角度示数。

六、干涉法

干涉法是根据相干波产生干涉时所遵循的规律进行有关物理量测量的方法。干涉法一般是采用可见光的干涉实现的,由于可见光的波长很短,在 400nm～760nm 之间,一根头发丝粗细的长度包含有成千上万个波长,所以利用光干涉进行检测比一般机械和电磁测量的精确度要高得多。干涉装置中,有一路参考光和一路物光,当物光光路上的光程变化时,引起光程差的改变,进而产生光干涉条纹的移动。根据干涉理论,每移动一条干涉条纹,其光程差的变化量为一个波长。因此,利用光干涉条纹的位置、形状和间距等的变

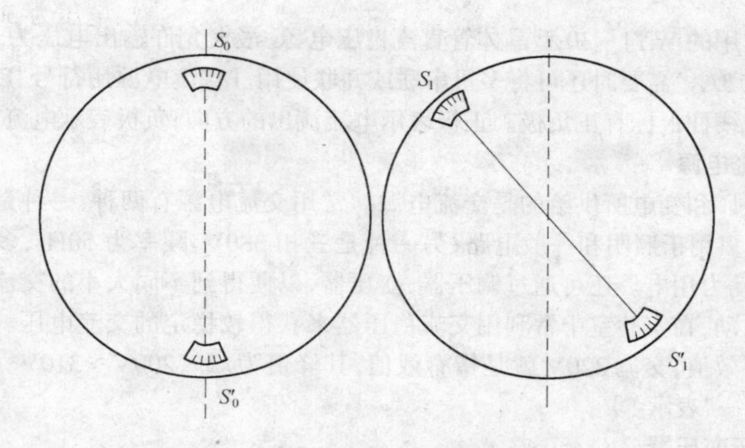

图 2-6　对称补偿测量消除偏心差

化，就可以精确测定一些物理量的微小量值及其变化。干涉法通常可以用来测量长度、角度、波长、气体或液体的折射率和检测各种光学元件的质量等。

在实际应用中由光的干涉现象发展出了许多专门的光学干涉仪，如精密机械中检测表面光洁度的显微干涉仪，测量气体或液体折射率的瑞利干涉仪，测量星体的直径和双星间距的天体干涉仪等等。在物理实验中有牛顿环、劈尖干涉和迈克尔逊干涉仪等。光干涉计量方法由于极其高的精密度而得到广泛的应用，并在实际测量过程中形成了一个专门学科，称为干涉计量学。

第二节　基本实验仪器

物理实验仪器种类很多，但基本上都离不开电源、电表、电阻和开关、光源、三棱镜、光栅等基本仪器，下面将分别介绍这些基本仪器。

一、电源

电源是把其他形式的能量转变为电能的装置。电源分为交流电源和直流电源两种。

(一) 直流电源

常用的直流电源有将化学能转变为电能的化学电池，如干电池。另一种是将交流电转变为直流电的晶体管直流稳压电源。在小功率、稳定度要求不高的场合，干电池是很方便的直流电源。实验室中常用的干电池的电动势一般为 1.5V，额定放电电流为 300mA。使用时，工作电流应小于额定放电电流。也可用多节串联使用。干电池使用后，由于化学原料逐渐消耗，电动势不断下降，内阻不断上升，最后由于内阻很大，不能提供电流，电池即告报废。

现在实验室常用的晶体管稳压电源，这种电源的稳定性好，输出电压基本上不随交流电源电压的波动和负载电流的变化而有所起伏，而且内阻小、功率较大、使用方便。有些还有过载保护装置，在偶尔短时过载的情况下，电源停止对外输出，直到外电路恢复正常，再重新开始工作。一般直流稳压电源的输出电压是连续可调的，各种稳压电源输出电压的大小由仪器面板上给出。使用电源时，要注意它的最大允许输出电压和电流，切不可超过。实验室常用的 WYJ－30 型晶体管直流稳压电源，最大允许输出电压为 30V，最大允许输出电流为 3A。需要时还可将多机串联或并联使用。直流电源用符号“DC”或“－”表示。电源的接线柱上标有正负极。正极表示电流流出的方向，负极表示电流流入的方向。

（二）交流电源

一般发电厂和变电所供给的是交流电源。常用交流电源有两种：一种是单机 220V、频率为 50Hz，多用于照明和一般电路；另一种是三相 380V、频率为 50Hz，多用于开动机器、电动机等动力用电。还可通过调压器、变压器，以便得到不同大小的交流电压。为了防止电压的波动，在实验室中常利用交流稳压器来获得较稳定的交流电压。交流仪表的读数一般指有效值，交流 220V 就是指有效值，其峰值为$\sqrt{2}\times 200V\approx 310V$。交流电源用符号“AC”或“～”表示。

（三）调压变压器

通过调压变压器可获得连续可调的交流电压。调压变压器如图 2－7 所示。从①、④两接线柱输入 220V 交流电压，转动手柄 A 从②、③两接线柱可输出 0～250V 连续可调的交流电。其主要技术指标有容量（用 kV 表示）和最大允许电流。

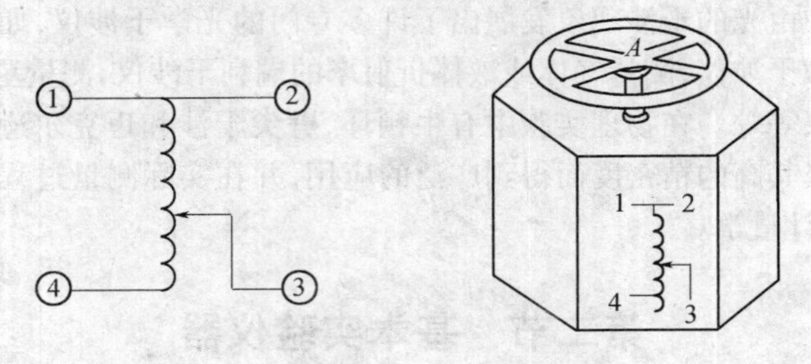

图 2－7　调压变压器

使用电源时应注意以下几点：

（1）特别注意不能使其短路。

（2）各种电源都有额定功率，不允许实际输出功率超过额定输出功率。

（3）直流电源有“＋”、“－”极性，不可接反。

二、电表

电测仪表的种类很多，根据结构原理不同，分磁电系仪表、电磁系仪表、电功系仪表等，其用途各不相同。在物理实验室中常用的绝大多数电表是磁电系仪表。它不但可直接用于对直流电参量的测量，而且与附加整流器结合用来测量交流电参量，或加上换能器，还可以对非电量进行电测。下面对磁电系仪表的结构原理作一简单介绍。

（一）电流计

电流计习惯上称为表头。磁电系仪表是利用永久磁场和载流线圈的相互作用原理制成的。其结构如图 2－8 所示。1 是强磁力的永久磁铁；2 是接在永久磁铁两端的半圆筒形的“极掌”；3 是圆柱形铁芯，它与两极掌间形成较小的气隙，以便减小磁阻，增强磁感应强度，并使磁场形成均匀的辐射状；4 是处于气隙中的活动线圈（“简称动圈”），它是在一个铝框上用很细的绝缘铜线绕制成的；5 是装在转轴上的指针；6 是产生反作用力矩的两个螺旋方向相反的"游丝",游丝的一端固定在仪表内部的支架上,另一端固定在转轴上,并兼作电流的引线;7 是固定在动圈两端的"半轴",其轴尖支持在宝石轴承里,可以自由转动。当动圈中有电流通过时,动圈与磁场相互作用,产生一定大小的磁力矩,使线圈发生偏转。与其同时,与动圈固定在一起的游丝动圈偏转而发生形变,产生恢复力矩,且随动圈的偏转角的增加而增大。当恢复力矩增加到与磁力矩相等时,动圈则停止运动,与动圈固定在一起的仪表指针在标度尺上指示出测量数值来。如图 2-9 所示,设 I 为通入动圈中的电流强度,N 为动圈的匝数,A 为动圈的截面积,B 为气隙中的磁感应强度,则动圈所受的电磁力矩为

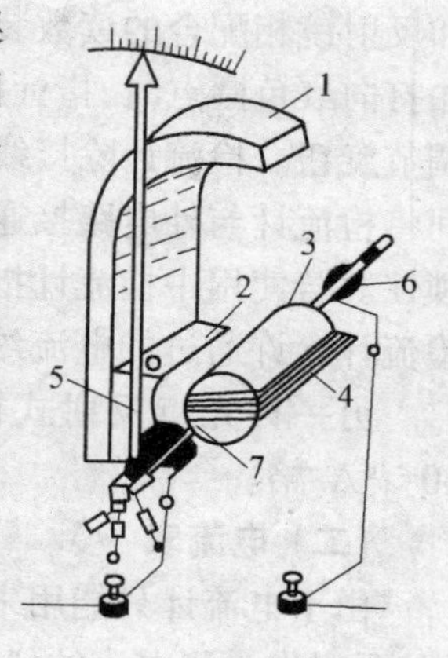

图 2-8 电流计

$$M_m = BINA \tag{2-1}$$

若线圈偏转的角度为 α,则游丝产生的恢复力矩为 M_α,它与偏转角度成正比,故

$$M_\alpha = D\alpha \tag{2-2}$$

式中,D 是游丝的弹性恢复系数,它的大小与游丝材料的性质和尺寸有关。

当磁力矩与弹性恢复力矩达到平衡时

$$M_m = M_\alpha \tag{2-3}$$

由式(2-1)和式(2-2)两式可得

$$\alpha = \frac{BNA}{D}I \tag{2-4}$$

令

$$k = \frac{BNA}{D}$$

则

$$\alpha = kI$$

系数 k 的大小仅与电表的结构有关,故上式表明在电表结构确定的情况下,线圈的偏转角度 α 与线圈通过的电流强度成正比。可见,磁电系仪表的标度尺的刻度是均匀的。系数 k 在数值上等于线圈中通以单位电流所引起的偏转角度值,故称 k 为电表的灵敏度。

专门用来检验电路中有无电流通过的电流计称为检流计,分指针式和光点反射式两类。指针式(如 AC5 型)面板如图 2-10 所示。其零点位于刻度盘中央,采用刀形指针式

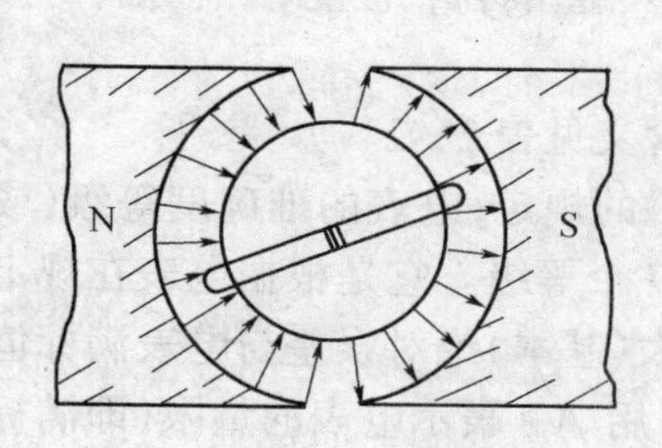

图 2-9 线圈在磁场中的偏转

图 2-10 检流计

和反射镜相配合的读数装置。表面上还有零位调节旋钮和标有红、白圆点的锁扣。当锁扣打向红色圆点时，指针即被制动。必须注意：只有当锁扣放松（转到白点）时才能调零位调节旋钮。检流计除接线端钮外，还有“电计”和“矩路”按钮。若在使用过程中需要短时间将检流计与外电路接通，只要将“电计”按下即可。若需长时同接通，则可将“电计”按钮锁住。若使用中检流计指针不停地摆动时，可将“短路”按钮按一下，指针立即停止运动。检流计允许通过的电流约几十微安，只能作为电桥、电位差计的指零仪器。

另一种光点反射式检流计可分为墙式和便携式两种，其数量级可达 10^{-5}A/格～10^{-10}A/格。

（二）电流表

由于电流计只能用来测量小电流和小电压，或检查电路中有无电流，不能作为测量用，要想作为测电流的仪表，必须要对其进行改装，即利用分流方法扩大量限。电流表接其所测电流大小分为微安表、毫安表、安培表。电流表所能测量的最大电流称为量程。图2－11是一种常见的多量程毫安表。电流表使用时必须串联在电路上。

直流电流表的接线柱都注明了正负极。“＋”端应接在线路中的高电位，“－”端应接在线路中的低电位。对于多量程电流表，有的公共端钮用“＊”表示负端。若加上整流器，则可构成交流电流表。电流表的内阻越小，则电路由于接入电表带来的系统误差就越小。

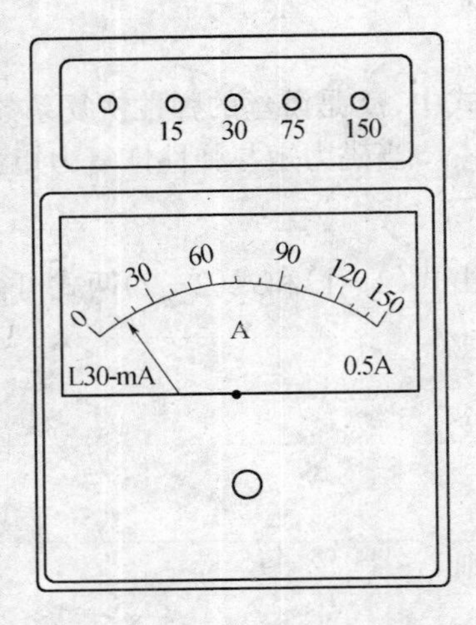

图2－11　电流表

（三）电压表

将电流计利用分压方法加以改装，扩大量程，就可改装成电压表。电压表按所测电压大小分为毫伏表、伏特表、千伏表。常用的多量程电压表其外形与图2－11类似。

使用时电压表要并接在线路上。对于直流电压表，也要将“＋”端接在线路中电位高的一端，“－”端接在电位低的一端。若配上整流器可构成交流电压表。电压表的内阻越大，接入时，对电路带来的系统误差越小。

磁电系电表除可构成交直流表和电压表外，还可构成欧姆表，或者把电压表、电流表、和欧姆表组装在一起构成多用电表，常称万用表。万用表是电学实验中不可缺少的工具。它利用一个转换开关变化测量项目及量程。万用表表面比较复杂，使用时要正确选择测量项目和量程。

各种仪表都有一定的规格，表示它们的结构类型、选用材料、性能、工作条件等。我国电气仪表面板上的符号标记见表2－1。

电学中的电气元件还有很多，常见元件符号及含义见表2－2。

根据《GB776－76电气测量仪表通用技术条件》的规定，电表的准确度等级（或称精度等级）应为0.1、0.2、0.5、1.0、1.5、2.5和5.0共7个等级。它是根据电表在规定条件下工作时，电表指针指示任一测量值可能出现的最大（基本）绝对误差与电表满标值的比值来确定的。若用 ΔA_m 表示最大（基本）绝对误差；用 A_m 表示电表的量限（即满标值）；用 K 表示电表的准确度等级，则有

$$\Delta A_m = A_m \cdot K\%$$

表 2-1　常见电气仪表面板上的标记

名　称	符　号	名　称	符　号
指示测量仪表的一般符号	○	磁电系仪表	
检流计		静电系仪表	
安培表	A	直流	−
毫安表	mA	交流(单相)	~
微安表	μA	直流和交流	≃
伏特表	V	以标度尺量限百分数表示的准确度等级	1.5
毫伏表	mV	以指标值的百分数表示的准确等级	(1.5)
千伏表	kV	标度尺位置垂直	⊥　↑
欧姆表	Ω	标度尺位置水平	→
兆欧表	MΩ	绝缘强度试验电压为 2KV	☆
负端钮	−	接地用端钮	
正端钮	+	调零器	
公共端钮	*	Ⅱ级防外磁场及电场	Ⅱ　Ⅱ

表 2-2　常用电气元件的符号

名　称	符　号	名　称	符　号
原电池或蓄电池	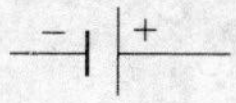 −　+	有铁氧体芯不可调线圈	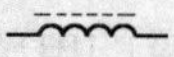
电阻的一般符号(固定电阻) 变阻器(可变电阻) (1) 一般符号 (2) 可断开电路的 (3) 不可断开电路的		有铁芯的单相双线变压器	
电容器的一般符号 可变电容器		集成电路元件	F A B C
	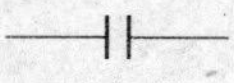	“与”门	 F + A B C
电感线圈 有铁芯的电感线圈		“或”门 “非”门	F A B C

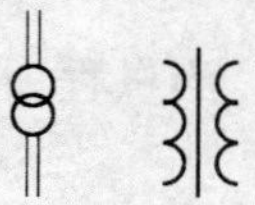

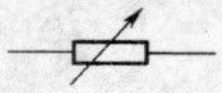

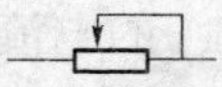

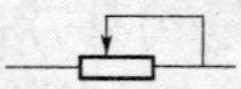

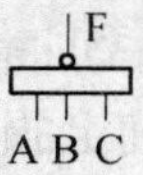

(续)

名 称	符 号	名 称	符 号
单刀单掷开关		不联接的交叉导线	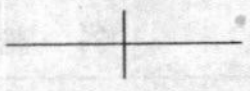
		联接的交叉导线	
单刀双掷开关		晶体二极管	
双刀单掷开关	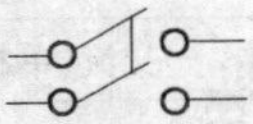	稳压管	
		晶体三极管	
双刀双掷开关	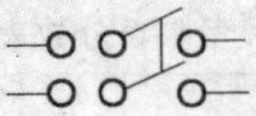	NPN	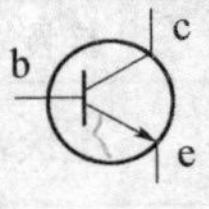
换向开关	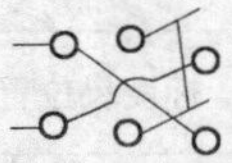	PNP	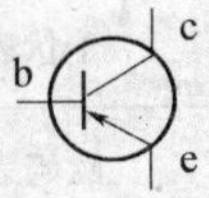
能自动反回按钮		电子二极管 直热式 旁热式	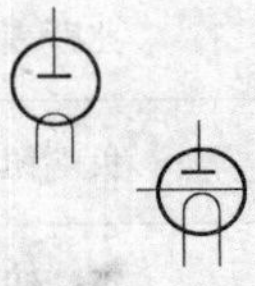
指示灯泡			

例如,当 $\Delta A_m = 0.5\text{mA}$ 时,若满标值为 100mA 时,则

$$\frac{\Delta A_m}{A_m} = \frac{0.5\text{mA}}{100\text{mA}} = 0.5\%$$

该表的准确度等级即为 0.5 级。

对于多量程电表,由于级别已确定,则量程越大,最大(基本)绝对误差也越大。如对 0.5 级的电流表,如量程为 30mA 时,绝对误差为

$$\Delta I = 30 \times 0.5\% = 0.15\text{mA}$$

当量程为 150mA 时,绝对误差为

$$\Delta I' = 150 \times 0.5\% = 0.75\text{mA}$$

显然,如用量程为 150mA 的电表去测量 30mA 的电流,其相对误差要高达 $\frac{0.75\text{mA}}{30\text{mA}} = 2.5\%$,因此,必须选择与测量值接近的量程读数。另外,对于同一级别同一量程的电表,由于(最大基本)绝对误差已确定,因此读数越小,相对误差越大。

使用电表时应注意以下几点:

(1) 电流表必须串联在待测电路中,电压表必须与待测电路并联。

(2) 使用直流电表时,必须注意电表的极性。接线柱旁分别标有"+"、"-",不可接错。

(3) 根据待测电流或电压的大小,选择合适的量程。若量程选得太小,过大的电流或电压将会损坏电表;量程选得太大,则指针偏转太小,读数相对误差大。对于多量程的电表,在不知道测量值的范围时,为了安全起见,一般先接大量程,在得出测量值的范围后,

应换成与测量值接近的量程,以减少测量值的相对误差。

(4) 电表必须正确读数,测量前应将电表指针对准零线。读数时若电表标尺上带镜子,应以指针与镜中的像重合时指针所指读数为准。若标尺上没有镜子,应以刀形指针正面看去与刻度线重合为准,即注意消除视差。记录时应遵守有效数字规定。

三、电阻

为了改变电路中的电流的电压,或作为特定电路的组成部分,在电路中经常需要接入各种大小不同的电阻。电阻的种类很多,下面仅介绍常用的几种。

(一) 滑线变阻器

它的构造如图 2-12 所示。把电阻丝(如镍铬丝)密绕在绝缘瓷管上,两端分别与接线柱 A、B 相联。A、B 之间的电阻为总电阻。电阻丝上涂有绝缘物,使圈与圈之间互相绝缘。瓷管上方装有一根与瓷管平行的金属棒,一端联有接线柱 C。棒上还套有滑动接触器,它紧压在电阻圈上。接触器与线圈接触处的绝缘物已被刮掉。当接触器沿金属棒滑动时,就可以改变 AC 或 BC 之间的电阻。滑线变阻器有两个主要技术参数:总电阻和额定电流。总电阻,即 A、B 间电阻;额定电流,即允许通过的最大电流。

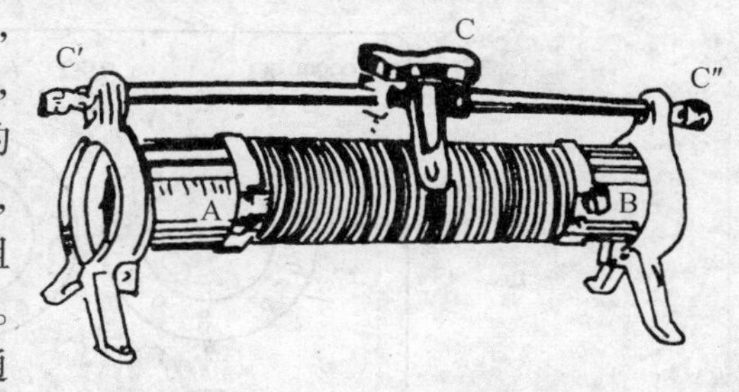

图 2-12　滑线变阻器

滑线变阻器在电路中有两种接法。

(1) 限流接法。用滑块变阻器改变电流的接法如图 2-13 所示,即将变阻器中任一个固定端 A(或 B)与滑块端 C 串联在电路中,当滑块接头 C 向 A(B)移动时,AC(或 BC)间的电阻减小;当滑动接头 C 向 B(或 A)移动时,AC(或 BC)间的电阻增大。可见,移动滑动接头 C 就改变了 A(或 B)C 间的电阻,也就改变了电路中的总电阻,从而改变了电路中的电流。

(2) 分压接法。用滑线变阻器改变电压的接法如图 2-14 所示,即变阻器的两个固定端 A、B 分别与电源的两极相联,由滑动端 C 和任一固定端 B(或 A)将电压引出来,由于电流通过变阻器的全部电阻丝,故 A、B 之间任意两点都有电位差。当滑动接头 C 向 A 移动时,C、B 间电压 V_{CB}增大。当滑动头 C 向 B 移动时,C、B 间的电压 V_{CB}减小。可见,改变滑动头 C 的位置,就改变了 C、B(或 A、C)间的电压。必须注意:开始实验前,在限流接法中,变阻器的滑动端应放在电阻最大的位置;在分压接法中,变阻器的滑动端应放在分出电压最小的位置。

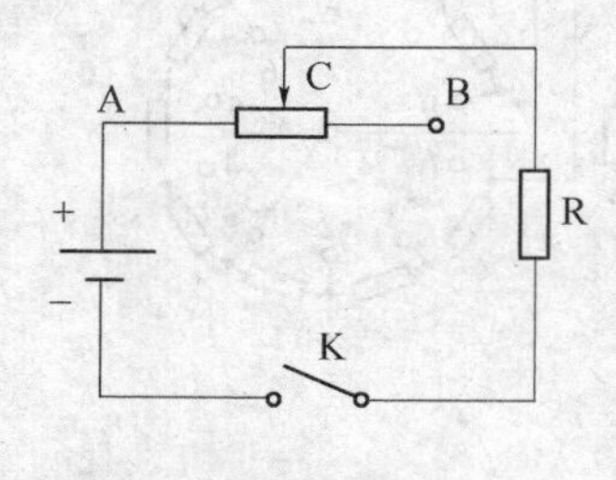

图 2-13　制流电路

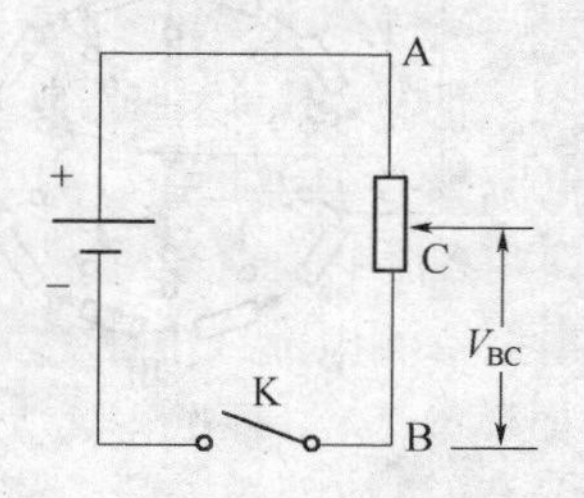

图 2-14　分压电路

（二）电位器

小型变阻器通常称为电位器。其原理与滑线变阻器相似。外形如图 2－15 所示。A、B 为固定端，C 为滑动端。电位器的额定功率很小，只有零点几瓦到数瓦，视体积大小而定。根据电位器使用的材料不同，又分为电阻丝绕制成的线绕电位器和用碳质薄膜制成的碳膜电位器，前者阻值较小，后者阻值较大，可达千欧（kΩ）到兆欧（MΩ）。电位器在电子线路中应用极为广泛。

图 2－15　小型变阻器

（三）电阻箱

常用的旋转式电阻箱外形如图 2－16(a)所示。它是由若干个准确的固定电阻，按照一定的组合方式接在特殊的换向开关上而构成。其内部电路如图 2－16(b)所示。

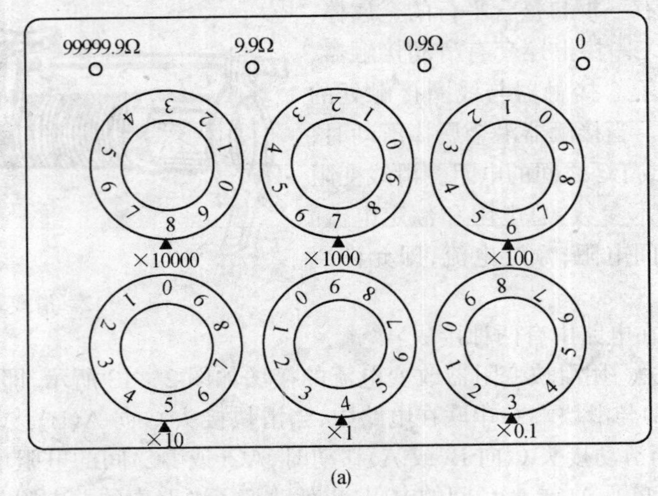

(a)

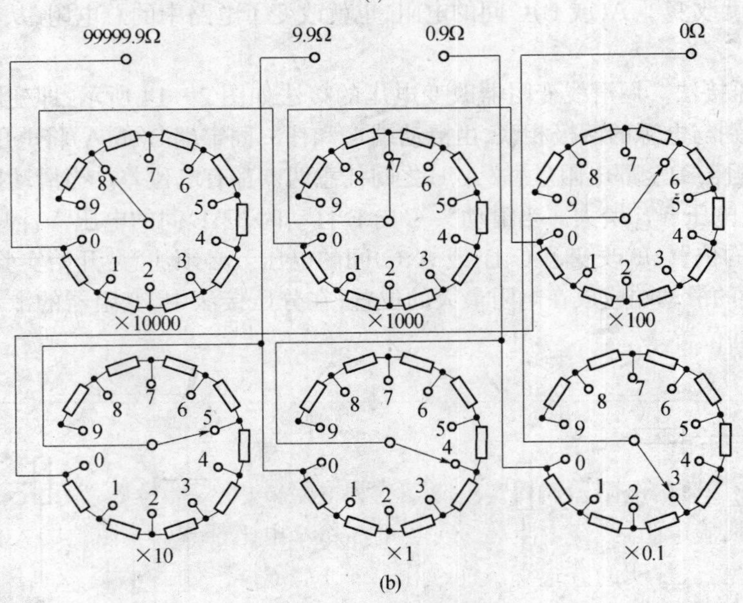

(b)

图 2－16　电阻箱

由图 2-16(a)可见,在箱面上有六个旋钮和四个接线柱。每个旋钮的边缘上都标有 0、1、2、3…9 等数字。旋钮下面的面板上刻有×0.1、×1、×10…×10000 等字样,这些字样也称倍率。

当某个旋钮上的数字旋到对准其所示的倍率时,用倍率乘上旋钮上的数字,即为所对应的电阻。在图 2-16(a)中,电阻箱面板上每个旋钮所对应的电阻分别为 3×0.1、4×1、5×10、6×100、7×1000、8×10000,总电阻为 3×0.1+4×1+5×10+6×100+7×1000+8×10000=87654.3(Ω)。四个连线柱上标上 0、0.9Ω、9.9Ω、99999.9Ω 等字样,表示 0 与 0.9Ω 两接线柱的阻值调节范围为 0.1Ω~9×0.1Ω;0 与 9.9Ω 两接线柱的阻值谓节范围为 0.1Ω~9×(0.1+1)Ω;0 与 99999.9Ω 两接线柱的阻值调节范围为 1Ω~9×(0.1+1+10+100+1000+10000)Ω。在使用时,如只需要 0.1Ω~9×0.1Ω 或 9.9Ω 的阻值变化,则将导线接到"0"和"0.9"或"9.9Ω"两接线柱。这种接法可以避免电阻箱其余部分的接触电阻和导线对低阻带来不可忽略的误差。电阻箱各挡电阻允许通过的电流是不同的,现以 ZX21 型电阻箱为例,见表 2-3。

表 2-3 旋钮倍率

旋钮倍率	×0.1	×1	×10	×100	×1000	×10000
允许负载电流/A	1.5	0.5	0.15	0.05	0.015	0.005

与直读式仪表相似,电阻箱也根据其误差的大小分为若干个准确度等级。按原机械工业部的电工标准(D)36-61,将测量用电阻箱的准确度分为 0.02、0.05、0.1、0.2 和 0.5 等级。电阻箱的仪器误差通常用下面公式计算

绝对误差

$$\Delta R_{仪} = \pm(R\alpha + bm)\%$$

相对误差

$$\frac{\Delta R_{仪}}{R} = \left(\alpha + b\frac{m}{R}\right)\%$$

式中,α 为电阻箱的准确度等级;R 为电阻箱指示值;b 是与准确度等级有关的系数;m 是所使用的电阻箱的旋钮数。表 2-4 为不同等级的电阻箱的相对误差的大小。

表 2-4 不同等级电阻箱的相对误差

电阻箱等级	0.02	0.05	0.1	0.2
$\Delta R/R$	$\pm\left(0.02+0.1\frac{m}{R}\right)\%$	$\pm\left(0.05+0.1\frac{m}{R}\right)\%$	$\pm\left(0.1+0.2\frac{m}{R}\right)\%$	$\pm\left(0.2+0.5\frac{m}{R}\right)\%$

(四)固定电阻

阻值不能调节的电阻器叫固定电阻。这种电阻体积小,造价低,应用广泛。一般分为碳膜电阻、金属膜电阻、线绕电阻等多种类型。每个电阻都注明了阻值的大小和允许通过的电流(或功率)。注明的方式有两种,如图 2-17 所示,一种是将参数直接写在电阻上,另一种是将不同颜色的色环按一定顺序印在电阻上,表示阻值的大小。颜色与数字的对

应关系见表2－5，不同位置上的色环表示不同的含义，前三个色环表示这个电阻的阻值，其大小为

$$R = (m \times 10 + n) \times 10^t (\Omega)$$

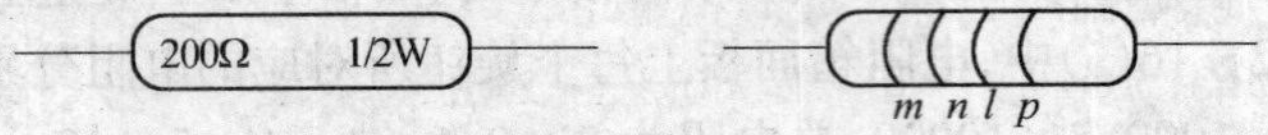

图2－17　固定电阻

表2－5　颜色与数字的对应关系

颜色	黑	棕	红	橙	黄	绿	蓝	紫	灰	白	金	银
数字	0	1	2	3	4	5	6	7	8	9	5%	10%

例如，有一个色环电阻，其前三个色环颜色分别为红、黑、红，则该电阻的阻值为

$$R = (2 \times 10 + 0) \times 10^2 = 2000(\Omega)$$

第四环表示误差，金色为5%，银色为10%。

使用电阻时应注意以下几点：

(1) 每个电阻都有其允许通过的最大电流，使用时切勿超过此限制。

(2) 滑线变阻器限流时，实验前，应将其(有效)电阻放在最大位置，分压时应放在最小位置。

(3) 滑线变阻器作限流器或分压器用时，要注意其阻值与负载的配比关系。

四、开关

开关是电学实验中不可缺少的元件，常用来接通和断开电路，或用来换接部分电路及元件。常见的开关有单刀单向、单刀双向、双刀双向和双刀换向等各种开关，其符号如图2－18所示。

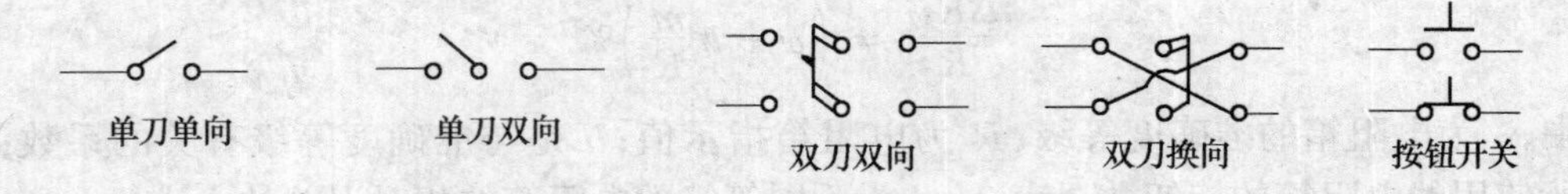

图2－18　不同类型的开关

五、光源

发光的物体称为光源。按光的激发方式来区分，利用热能激发的光源叫热光源；利用化学能、电能或光能激发的光源称为冷光源。实验室常用的光源有以下几种：

(一) 白炽灯

白炽灯是具有热辐射连续光谱的复色光源，例如，钨丝灯、碘钨灯、溴钨灯等都是。白炽灯以钨丝为发光物体，灯泡内充有惰性气体，在钨丝中通以电流后，由于热效应，使钨丝炽热发光。发出的光谱成份和光强与灯丝的温度有关。根据不同的使用要求，白炽灯又分为普通灯泡、汽车灯泡、标准灯泡等，它们有各自所需的额定电压和功率，应按规定使用。

（二）汞灯（又名水银灯）

汞灯是一种利用汞蒸汽放电发光的气体放电光源，点燃稳定后发出绿白色光，在可见光范围内的光谱成份是几条分离的谱线见表 2－6。按其工作时汞蒸汽气压的高低，汞灯又可分为低压、高压、超高压三种。光源稳定工作时，这三种汞灯灯泡内所含的水银蒸汽分别为 1.3Pa～13Pa；30kPa～300kPa；300kPa～2MPa。

表 2－6　常用光源的谱线滤长　　单位：mm

汞灯	颜色	橙	黄	黄	绿	绿蓝	蓝	蓝紫
	波长	623.44	570.07	576.96	546.07	491.60	435.83	404.66
钠光灯	颜色	黄(D_1)	黄(D_2)					
	波长	589.592	588.995					
氢放电管	颜色	红	绿蓝	蓝	蓝紫	蓝紫		
	波长	656.28	486.13	434.05	410.17	379.01		
氦放电管	颜色	红	红	黄(D_3)	绿	绿蓝	蓝	蓝
	波长	706.32	667.82	587.56	501.57	492.19	471.31	447.16

因为汞灯在常温下需很高的电压才能点燃，因此灯管内还充有辅助气体，通电时辅助气体首先被电离而放电，使灯管温度升高，汞逐渐气化而产生水银蒸汽有弧光放电。弧光放电的伏安特性有负阻现象，要求电路接入一定的阻抗以限制电流，否则，电流的急剧增长会将灯管烧坏。一般在交流电 220V 电源与灯管间串入一个扼流圈镇流，其电路见图 2－19。不同的汞灯电流的额定值不同，所需扼流圈的规格也不同，不能互用。汞灯点燃后一般需要经 5min～15min 后发光才能稳定。点燃后如遇突然断电，灯管温度仍然很高，如果又立即接通电源往往不能点燃，必须等灯管温度下降，水银蒸气压降低到一定程度后才能再度点燃，一般需等 10min。

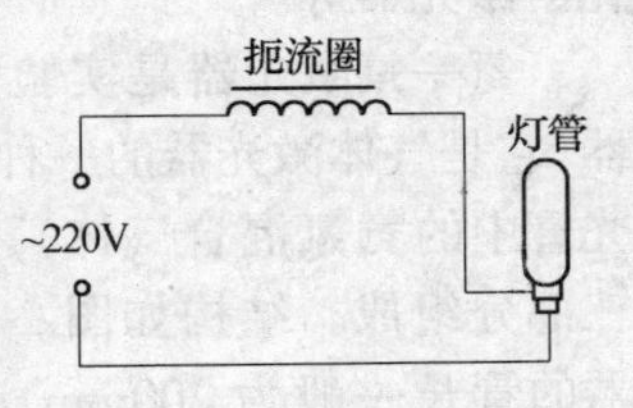

图 2－19　汞灯电路

汞灯除发出可见光外，还辐射较强的紫外线，为防止眼睛受伤，必须注意不要用眼睛直接注视点燃的汞灯。

（三）钠光灯

钠光灯也是一种气体放电光源，是目前所知发光效率较高的电光源。在可见光范围内钠光灯发出两条波长非常接近的强谱线，见表 2－6。通常取它们的中心近似值 589.3nm 作为黄光的标准参考波长。它是实验室内常用的单色光源。

钠光灯是将金属钠封闭在抽真空的特殊玻璃泡内、泡内充以辅助气体氩而成。其工作原理是以含氩气的钠蒸气在强电场的激发作用下发生游离放电，其发光过程类似汞灯。使用时与汞灯一样在线路中必须串入一个符合灯管要求的扼流圈。

钠光灯与汞灯使用时灯管应处于铅直位置，灯脚朝下，使用完毕，需待冷却后才能颠倒摇动。

（四）氢灯

氢放电管为气体放电光源，其构造如图 2－20(a)所示。一根与大玻璃管相通的毛细管内充以氢，放电时发出粉红色的光，除了原子光谱外还包含有氢分子光谱，两者往往同时出现,制作时可根据需要采取措施突出一种。氢灯工作电流约 15mA,启辉电压在 8kV 左右,供电电源如图 2-20(b)所示。电源用霓虹灯变压器,其输出端可直接接到氧灯两端,但霓虹灯变压器的输入电压应控制在 50V~100V。所以,市电 220V 应通过一调压变压器后再接到霓虹灯变压器的输入端,因此控制其输出电压。使用氢放大管要注意安全,不能将它接于其他高压电源上。

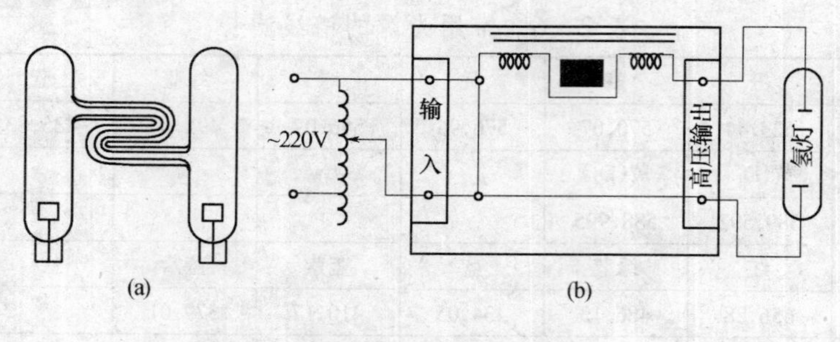

图 2-20　氢灯

(五) 激光器

激光器的发光原理是受激发射而发光。它具有发光强度大,方向性好,单色性强和相干性好等优点。激光器的种类很多,按工作物质分类,可分为固体、气体、半导体、液体和化学激光器等。

氦—氖激光器是实验室中最常用的一种激光器,它是气体激光器的一种,它由激光工作物质(激光管中的氦氖混合气体),激励装置和光学谐振腔三部分组成。结构如图 2-21 所示。氦—氖激光器的管长一般为 200mm~300mm,所需管压约为 1500V~8000V,发出的光波波长为 632.8nm,输出功率在几毫瓦到十几毫瓦之间。其最佳工作电流约为 4mA~5mA,不同管子的最佳工作电流不同,使用时电流太大或太小都会影响输出功率。激光束的能量高度集中,切勿迎着激光束直接观看。

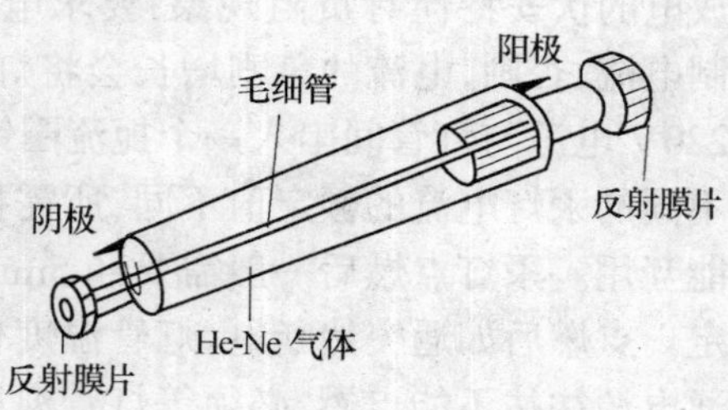

图 2-21　激光管

高压电源的电路中一般都有大电容,切断电源后必须使输出端短接放电,否则高压会维持相当时间,有造成触电的危险。接线时注意判断管子的正负极不要接错。

第三节　基本调整技术

物理实验中,实验仪器的调整是正确进行实验的前提。仪器的调整,应按有关规定进行。仪器未调整好会产生系统误差。因此,仪器调整正确与否会直接影响实验结果的精确度。调整的操作技术内容相当广泛,这里仅介绍一些常用仪器的基本调整技术。

(一) 零位调整

一个初学的实验者,往往不注意仪器或量具的零位是否正确。当仪器出厂时,一般总是调整好的,但由于环境变化、运输途中的振动、使用后的磨损、消耗等原因,它们的零位往往已经发生了变化。因此，在实验前首先需要检查及校正仪器的零位。校正的方法一般有两种，一种是测量仪器有零位校正器的，如电表等，对于这类仪器，则应使用校正器使仪器在测量前处于零位；另一种是仪器本身不能进行零位校正，如端点已经磨损的米尺和螺旋测微计等，对于这类仪器，则应先记下初读数，以便在测量结果中加以修正。

（二）水平、铅直调整

在实验中往往遇到要对仪器进行水平和铅直调整，如平台的水平或支柱的铅直状态。这种调整可利用水准仪和悬锤。凡需要作水平或铅直状态调整的实验装置或仪器，几乎在其底座上都设有三个调节螺钉，三个螺钉的连线是等边三角形或是等腰三角形。欲调整立柱的铅直，只要机械加工的垂直度和平整度有保证，则立柱的铅直调整就可化为三个螺钉的水平调整。

调整时，首先将水准仪与螺钉1、2连线平行放置（AB 位置），如图2－22所示。调节螺钉1或2使水泡居中，这说明1与2已大致在同一水平面上。然后将水准仪放置于与 AB 垂直的方向 CD 位置，只要调节螺钉3，使水泡再居中，此时说明3与1、2大致在同一水平面，同时也说明立柱已大致处于铅直状态。经过反复调节，最后使水准仪在任意位置上水泡居中，则立柱也就处于铅直状态了。

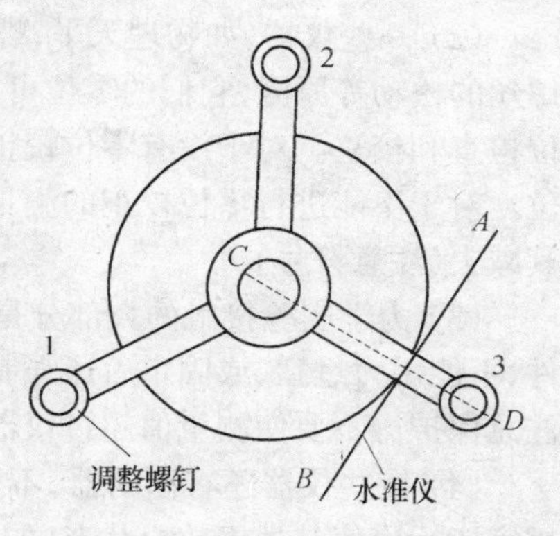

图2－22　水平与铅直调节

（三）等高共轴调整

光学实验需要通过光学仪器对物理现象观察和测量。在实验前光学仪器所处的状态是至关重要的，将直接影响实验，甚至由于仪器没有调整好，致使实验无法进行下去。在光学仪器的所有基本调节中，光学元件之间的等高共轴调节，又是基本调节的基础。对光学仪器的调节，一般分粗调和细调两步。

粗调：利用目测判断，将光源和各光学元件的中心调成等高。这样，各光学元件的光轴已大致接近重合。

细调：利用光学系统本身或其他光学仪器进行。一般方法是移动光学元件，使像没有上下左右偏移，而且要反复调节。调节的具体过程见本书“分光计的调整与使用”部分。

（四）消除视差

在力学与电学实验中，视差所产生的读数不准，往往是由于不能按照正确的方法进行读数所致，只要严格遵照正确的方法去读数，视差是可控制在最小范围内的。

光学实验中的视差问题，较前者复杂得多，除了遵照正确方法读数外，由于仪器没有调整好，这样所带来的视差往往很大。光学实验一般是对被测对象进行精密测量，视差对实验结果的影响是举足轻重的，因此实验时必须尽量消除或减少视差。

自准直法在测量中应用较为普遍，在一个光学系统中用自准直法调节像与物完全重合（成像的质量好）并不是轻而易举的，因此，使视差减至最小限度是要十分细心调节的。

由于像和物没有完全重合，也就是说像和物之间有一极小的距离。由于该距离的存在，随着眼睛在目镜前的上下移动（即使是极微的）所观察到的像也会在准丝（或标尺）上移动（这种移动也是很小的），这就使观察者很难确定像在准丝上的准确位置，因此就使读数不准确。所以实验中一定要细心调整，尽可能消除视差或减至最小。

第四节　基本操作规程

一、力热学实验

(1) 许多仪器在使用前必须进行水平或铅直调整。如平台的水平调整或支柱的铅直调整。水平调节常借助水准器、铅直状态的判断一般则用重锤。

几乎所有需要调整水平或铅直状态的仪器都在底坐上装有三个调节螺丝(或一个固定脚，两个可调脚)，调节可调螺丝，借助水准器或重锤，可将仪器调整到水平或铅直状态。

(2) 一些仪器(如物理天平，螺旋测微计，秒表等)由于环境变化，使用中的磨损，紧固螺丝的松动等原因，它们的零位可能已经发生了位移。因此在实验前必须对仪器进行零位检查和校正。对于设有零位校正器的测量仪器，应调整校正器，使仪器在测量前处于零位。对于不能进行零位校正的测量仪器，则在测量前记下零点读数，实验后从测量值中将其减去(注意符号)。

(3) 力学实验接触的大部分是金属制成的仪器，使用时注意旋钮、转动部分等机械配件，不能用力过猛，或固定后还强制扭动，以免损坏仪器。尤其是仪器的刀口、钳口，更应注意保护。不要使测量值超过仪器的量程。

(4) 有些仪器还有制动器，不进行测量时，应使仪器处于制动状态。还有些仪器，使用完毕后应使其处于放松状态(如停表、螺旋测微计)，然后放入仪器盒中。

(5) 热学实验使用的温度计、气压计等各类玻璃器皿，操作时应小心谨慎，另外，在接触电源、热源时，注意操作安全，以免出意外。

(6) 不是测量的需要，若不明确操作规则，则不要乱动仪器，实验后要将仪器归整、恢复到实验前的状态。

二、电磁学实验知识

(1) 准备。实验前必须进行必要的准备。要明确本次实验要测量哪些物理量，需要哪些仪器、仪表，其规格和量程是什么？采用什么电路图？要搞清电路图上各符号代表什么意义，并列出数据表格，然后有目的地进行实验。

(2) 电路联接。在正确理解电路的基础上，再按照电路图将仪器大致摆好，并将需要调整和读数的仪表放在近处。使用电压不同的几种电源时，应将高压电源远离人身。联接电路时，应从电源正极开始(或此头先空着不接)，然后通过开关，再按电流的流向联接其他电器，最后回到电源负极。对于复杂电路，可将电路分解成几个回路，然后按回路法一个回路一个回路逐一联接。联线时应充分利用电路中的等位点。一个接线柱不要超过三个接线片。电路接好后自己仔细检查一遍，确认没有问题后才允许通电做实验。

(3) 实验。开始实验前，先将限流电阻放在最大，分压电阻放在分压最小位置，然后瞬时合上开关(通电)，观察各仪表反应是否正常(如电表量程是否合适；指针是否反转；有无焦臭味等)，并随时准备切断电源，直到一切正常，才可正式实验。实验过程中需要更换电路时，应将电路中各仪器拨到安全位置，然后断开开关，拆去电源，再改接电路，并重新检查,确认正确后,才能继续做实验。

(4) 安全。实验前,对所使用的不同电源要搞清楚,严禁乱插电源。一定要分清高压、低压、直流、交流。另外,不管电压高低,都要养成安全用电的习惯,切忌用手或身体直接接触电路中的导体部分。做高压实验时,要穿绝缘鞋,并用一只手操作,以防万一不慎出问题。

(5) 归整。实验完毕,应将电路中仪器拨到安全位置,打开开关,经检查实验数据无问题时,才允许拆线。要养成"先接电路,后接电源;先断电源,后拆电路"的用电习惯。

三、光学实验

光学实验是普通物理实验的一个重要部分,初学者在做光学实验以前,应认真阅读这些内容,并且在实验中遵守有关规则。

(一) 光学元件和仪器的维护

透镜、棱镜等光学元件大多数是用光学玻璃制成的,它们的光学表面都经过仔细的研磨和抛光,有些还镀有一层或多层薄膜。对这些元件或其材料的光学性能(例如折射率、反射率、透射率等)都有一定的要求,而它们的机械性能和化学性能可能很差,若使用和维护不当,则会降低光学性能甚至损坏报废。造成损坏的常见原因有摔坏、磨损、污损、发霉、腐蚀等。为了安全使用光学元件和仪器,必须遵守以下规则:

(1) 必须在了解仪器的操作和使用方法后再使用。

(2) 爱护光学表面。"光学表面"是指光学元件中光线透射、折射、反射等的表面,一般均经过精细抛光或镀有薄膜,为便于区别,一般非光学表面均被磨成毛面。使用中应做到:

① 切勿用手触摸光学表面,拿取时只能触及毛面,如透镜的侧面,棱镜的上、下底面等,正确的拿取方法如图 2-23 所示。

② 注意保持光学表面的清洁,不要对着光学元件说话、打喷涕、咳嗽,使用完毕应加罩隔离,以免沾污灰尘。

③ 如果光学表面有沾污,切忌用手帕、衣服等擦拭,应先了解表面是否镀有薄膜,若无薄膜,可在老师指导下用洁净的擦镜纸轻轻拂拭或用清洁干燥的专用毛笔轻轻掸刷,也可用橡皮球吹拂表面。若表面镀有薄膜,应报告老师进行处理。

④ 除实验规定外,不允许任何溶液接触光学表面。

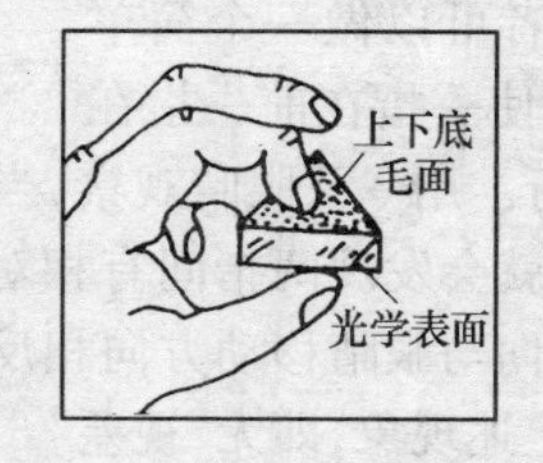

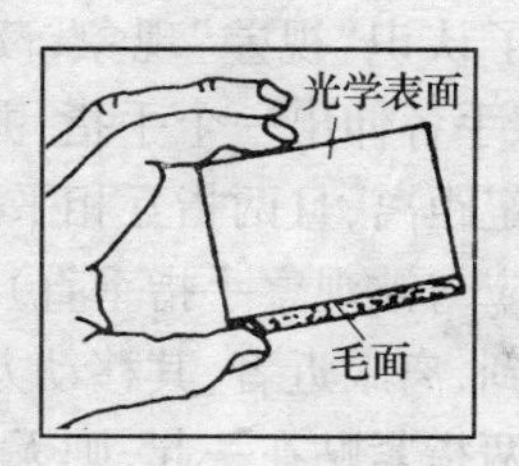

图 2-23 光学元件的正确拿取方法

(3) 轻拿轻放仪器。使用前必须先了解仪器的结构、正确使用方法和操作要求,操作时动作要轻、缓,旋动螺钉等可动零件时切忌用力过大,速度过快。对于狭缝等精密零件要注意保护刀口，勿使其碰坏。

(4) 光学仪器装配极为精密，拆卸后难以复原，使用中严禁私自拆卸。各种旋钮不可随意乱拨，以免造成严重磨损。

(5) 进入暗室操作时首先应熟悉各种仪器、用具安放的位置，在黑暗环境下摸索仪器、用具，应养成手贴桌面、动作轻缓的习惯，以免撞倒或带落仪器及光学元件。

(6) 暂时不用的元件，应随时放回原处，不得随便乱放。仪器用毕应放回箱内或加罩隔离。

(7) 保护光源。各种光源均有各自所需的额定电源电压值，有的在电路上还必须串联适合灯管要求的限流器，应事先了解，正确使用，不可随便乱插，以免导致损坏；各种光源均有一定的使用寿命，且每燃灭一次对寿命有很大影响，因此使用时不要过早点燃，使用中抓紧时间操作，用毕立即熄灭。为保护灯丝，切断电源后不要立即拔下灯管。

(二) 光学仪器的调节

1. 像的亮度

光经过介质(玻璃、空气、液体等)时由于反射、吸收、散射，光能量受损失而使光强减弱或使成像模糊。如果成像太暗、不易看清，可从以下几个方面加以改善：

(1) 增加光源亮度，改进聚光情况，尽量消除或减少像差。

(2) 降低背景亮度，尽可能清除杂散光的影响，如加光阑、改善暗室遮光情况等。

(3) 光源和电源电压是否稳定将影响光源发光的强度，因而当像的亮度有变化时亦应考虑光源的电源电压的稳定性。

如果对被观察物体光照过强或不均匀，则其所在的像亮度亦不理想，也会产生不好的效果，因此，为使亮度适中必须注意用光。

2. 消视差

光学实验中经常要测量像的位置和大小，见图2-24。经验告诉我们，要测准物体的大小，必须将量度标尺与被测物体紧贴在一起。如果标尺远离被测物体，读数将随眼睛的位置不同而有所改变，难以测准。可是在光学实验中被测物往往是一个看得见摸不着的像，怎样才能确定标尺和待测像是否紧贴在一起的呢？利用"视差"现象可以帮助我们解决这个问题。为了认识"视差"现象，读者可以做一个简单的实验：双手各伸出一个手指，并使一指在前一指在后相隔一定距离，且两指互相平行。用一只眼睛观察，当左右(或上下)晃动眼睛时(眼睛移动方向应与被观察手指垂直)，就会发现两指间有相对移动，这种现象称为"视差"。而且还会看到，离眼近者，其移动方向与眼睛移动方向相反；离眼远者则与眼睛移动方向相同。若将两指紧贴在一起，则无上述现象，即无"视差"。由此可以利用视差现象来判断待测像与标尺是否紧贴。若待测像和标尺间有视差，说明它们没有紧贴在一起，则应该稍稍调节像或标尺位置，并同时微微晃动眼睛观察，直到它们之间无视差后方可进行测量。这一调节步骤，我们常称之为"消视差"。在光学实验中，"消视差"常常是测量前必不可少的操作步骤。

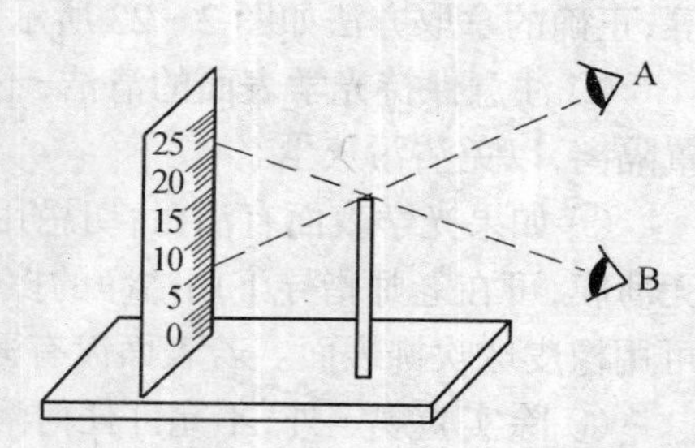

图2-24　因视差影响读数不准

3．调焦

实验中往往发现成像平面进退一段距离时，像的清晰度看不出有显著的变化，因而不易判断像的准确位置。这时可将成像平面（或透镜）进退几次，找出像开始出现模糊的两个临界位置，取其中点，多调节几次即能得到较准确的结果。

4．共轴调节

光学实验中经常要用到一个或多个透镜成像。为了获得质量好的像，必须使各个透镜的主光轴重合（即共轴），并使物体仅次于透镜的主光轴附近。此外利用透镜成像公式中的物距、像距都是沿主光轴计算长度的，为了测量准确，必须使透镜的主光轴与带有刻度的导轨平行。达到上述要求的我们统称为共轴调节。调节方法如下：

(1) 粗调。将光源、物和透镜靠拢，调节它们的取向和高低左右位置，凭眼睛观察，使它们的中心处在一条和导轨平行的直线上，使透镜的主光轴与导轨平行，并且使物（或物屏）和成像平面（或像屏）与导轨垂直。这一步因单凭眼睛判断，调节效果与实验者的经验有关，故称为粗调。通常应再进行细调（要求不高时可只进行粗调）。

(2) 细调。这一步骤要靠其他仪器或成像规律来判断和调节，不同的装置可能有不同的具体调节方法。

下面介绍物与单个凸透镜共轴的调节方法。使物与单个凸透镜共轴实际上是指将物上的某一点调到透镜的主光轴上。要解决这一问题，首先要知道如何判断物上的点是否在透镜的主光轴上，根据凸透镜成像规律即可判断。如图 2－25 所示，当物 AB 与像屏之间的距离 b 大于 $4f$（f 为凸透镜的焦距）时，将凸透镜沿光轴移到 O_1 或 O_2 位置都能在屏上成像，一次成大像 A_1B_1，一次成小像 A_2B_2。物点位于光轴上出两次像的 A_1 和 A_2 点都在光轴上而且重合。物点 B 不在光轴上，则两次像的 B_1 和 B_2 点一定都不在光轴上，而且不重合。但是，小像的 B_2 点总是比大像的 B_2 点更接近光轴。据此可知，若要将 B 点调到凸透镜光轴上，只需记住像屏上小像的 B_2 点位置（屏上贴有坐标纸供记录位置时作参照物），调节透镜（或物）的高低左右，使 B_1 向 B_2 靠拢。这样反复调节几次直到 B_1 和 B_2 重合，即说明 B 点已调到透镜的主光轴上了。

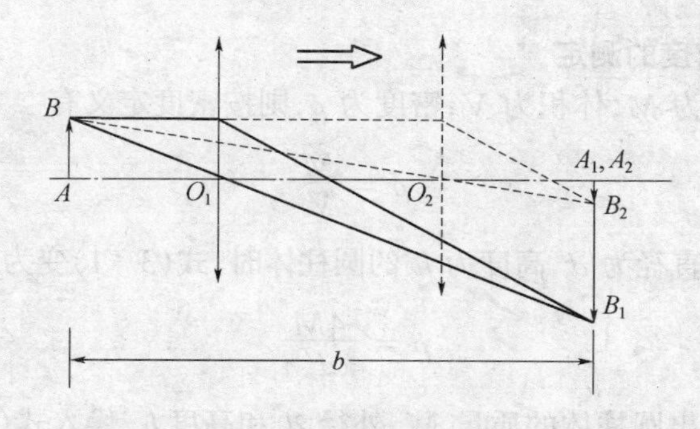

图 2－25　共轴调节的光路图

若要调多个透镜共轴，则应先将物上 B 点调到一个凸透镜的主光轴上，然后，同样根据轴上物点的像总在轴上的道理，逐个增加待调透镜，调节它们使之逐个与第一个透镜共轴。

第三章　基础物理实验

实验 3.1　长度、密度测量

长度是基本物理量，大部分物理量的测量最终都可归结为长度的测量。例如，水银温度计是用水银柱面在温度标尺上的位置来读取温度的；电压表或电流表也是利用指针在表盘的位置来读数的。因此，长度的测量是一切测量的基础，是最基本的物理测量之一。

质量也是基本物理量。天平是测量物体质量的仪器，也是物理实验的基本仪器之一。密度表征了单位体积中所含物质的多少，是物质的一种基本属性。

本实验通过对物体密度的测量来熟悉游标卡尺、螺旋测微计、物理天平的使用方法。

[实验目的]

(1)了解误差和有效数字的基本概念。

(2) 学习游标卡尺、螺旋测微计、物理天平的正确使用方法。

(3) 掌握测定规则物体密度的方法。

(4) 了解用流体静力称量法测定不规则固体密度的方法(选做)。

[实验仪器]

物理天平、游标卡尺、螺旋测微计、烧杯、待测物等。

[实验原理]

(一) 规则物体密度的测定

若一物体的质量为 M，体积为 V，密度为 ρ，则按密度定义有

$$\rho = \frac{M}{V} \tag{3-1}$$

当待测物体是一直径为 d、高度为 h 的圆柱体时，式(3-1)变为

$$\rho = \frac{4M}{\pi d^2 h} \tag{3-2}$$

在实验中只要测出圆柱体的质量 M、外径 d 和高度 h，代入式(3-2)就可算出该圆柱体的密度 ρ。

一般说来，待测圆柱体各个断面的大小和形状都不尽相同。从不同方位测量它的直径，数值会稍有差异，圆柱体的高度各处也不完全一样。为此，要精确测定圆柱体的体积，必须在它的不同位置测量直径和高度，求出直径和高度的算术平均值。测圆柱体的直径时，可选圆柱体的上、中、下三个部位进行测量，每测得一个数据后，应转动一下圆柱再测

下一个数据。最后利用测得的全部数据求直径的平均值。同样,高度也应在不同位置进行多次测量。

(二)不规则固体密度的测定

1. 密度大于水的不规则固体密度的测定

首先称出待测物在空气中的质量 m_0,如图 3-1(a),然后将物体完全浸没于水中,称出其在水中的质量 m_1,如图 3-1(b)所示,则物体在水中所受浮力为

$$F = (m_0 - m_1)g \tag{3-3}$$

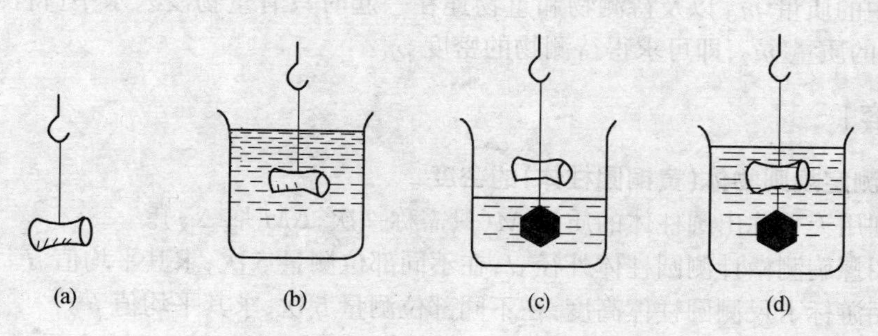

图 3-1 不规则固体的密度测定

根据阿基米德定律,浸没在液体中的物体所受浮力的大小等于其所排开的同体积液体的质量,即

$$F = \rho_0 \cdot Vg \tag{3-4}$$

式中,ρ_0 为水的密度,V 为排开水的体积,即固体的体积,联立式(3-3)和式(3-4)得待测物的体积为

$$V = \frac{m_0 - m_1}{\rho_0}$$

因此,待测物体的密度为

$$\rho = \frac{m_0}{V} = \frac{m_0}{m_0 - m_1}\rho_0 \tag{3-5}$$

水的密度 ρ_0 已知,只要测得物体在空气中的质量 m_0 和它在水中的质量 m_1,即可求得固体的密度 ρ。

2. 密度小于水的不规则固体密度的测定

如果物体的密度小于水,用上述方法物体将无法浸没在水中。这时,可将另一重物用细丝绳悬挂在待测重物下面。先将重物浸入水中,使待测物体在液面之上,用天平称得质量为 m_2,见图 3-1(c),再将重物连同待测物体一同浸入水中,用天平称得质量为 m_3,见图 3-1(d)。则可求得待测物浸入水中所受的浮力为

$$F = (m_2 - m_1)$$

又因为

$$F = \rho_0 Vg$$

则得待测物体积为

$$V = \frac{m_2 - m_3}{\rho_0}$$

此时物体的密度为

$$\rho = \frac{m_0}{V} = \frac{m_0}{m_2 - m_3}\rho_0 \tag{3-6}$$

式中，m_0 为待测物在空气中称衡的质量。

水的密度 ρ_0 已知，只要测得待测物在空气中的质量 m_0、待测物和重物连在一起时一同浸入水中的质量 m_3 以及待测物和重物连在一起时只有重物浸入水中（待测物处在液面之上）时的质量 m_2，即可求得待测物的密度 ρ。

[实验内容]

(一) 测定规则物体（黄铜圆柱体）的密度

(1) 利用天平称出圆柱体的质量 M（只需称一次，ΔM 取 $\Delta_{仪}$）。

(2) 用螺旋测微计测圆柱体外径 d，在不同部位测量 5 次，求其平均值 $\bar{d}$。

(3) 用游标卡尺测圆柱体高度，在不同部位测量 5 次，求其平均值 $\bar{h}$。

(4) 根据式(3-2)计算圆柱体的密度 $\bar{\rho}$ 和误差 $\overline{\Delta\rho}$。

(5) 写出测量结果 $\rho \pm \Delta\rho$。

（提示：$\overline{\Delta\rho} = \bar{\rho} \cdot Er$，$Er = \frac{\overline{\Delta\rho}}{\bar{\rho}}$，根据微分法或误差传递公式可求得）

测量数据填入表 3-1 中。

表 3-1 测量规则物体密度记录表

M=________ g，ΔM=________ g

物理量 数据 次数	d	$\bar{d}$	Δd	$\overline{\Delta d}$	h	$\bar{h}$	Δh	$\overline{\Delta h}$
1								
2								
3								
4								
5								

(二) 测定不规则金属块的密度（以下各量只需测量一次，测量误差取 $\Delta_{仪}$）

(1) 测定金属块在空气中的质量 m_0。

(2) 测定金属块浸没在水中的质量 m_1。

(3) 室温下纯水的密度 ρ_0 可取 1g/cm^3。

(4) 根据式(3-5)计算金属块的密度 ρ 和误差 $\Delta\rho$。

(5) 写出测量结果 $\rho \pm \Delta\rho$。

（提示：$\Delta\rho = \rho \cdot Er$，$Er = \frac{\Delta\rho}{\rho}$根据微分法或误差传递公式可求得）

(三) 测定不规则蜡块的密度（以下各量只需测量一次，测量误差取 $\Delta_{仪}$）

(1) 测定蜡块在空气中的质量 m_0。

(2) 将蜡块下系一重物,测定只有重物浸没在水中时,两者的共同质量 m_2。

(3) 将蜡块与重物一同浸入水中,测定此时两者的共同质量 m_3。

(4) 室温下纯水的密度 ρ_0 可取 $1g/cm^3$。

(5) 根据式(3-6)计算蜡块的密度 ρ 和误差 $\Delta\rho$。

(6) 写出测量结果 $\rho \pm \Delta\rho$。

[思考题]

1. 为何要多次测量圆柱体的直经 d 和高度 h?
2. 天平在使用前要作哪些调整?使用中应遵守哪些规定?
3. 本实验中哪些是给出值?哪些是直接测得量?哪些是间接测得量?
4. 怎样利用微方法推导规则物体和不规则固体密度的误差公式?

[仪器介绍]

(一) 游标卡尺

游标卡尺简称卡尺,是一种比米尺精密的常用测长仪器。用它可以测量物体的长、宽、高、深和圆环的内、外直径及孔深等,测量的准确度至少可达 0.1mm。(规格不同精度不同)

1. 构造

游标卡尺的构造如图 3-2 所示,它由主尺和附加在主尺上的一段能自由滑动的副尺所构成。主尺是个毫米分度尺,主尺头上有钳口 A 和刀口 A'。副尺上装有钳口 B、刀口 B' 和尾尺 C,其上刻有游标 E。当钳口 A 与 B 靠扰时,游标上的零刻度线刚好与主尺上的零刻度线对齐,这时的读数是“0”。测量物体的外部尺寸时,可将物体放在 A、B 之间,用 A、B 钳口(也称外卡)轻轻夹住物体,这时,游标零刻度线所对的位置就是被测物体的长度在主尺上的读数,被测物体的精确长度还需利用游标读出。同理,测物体的内径时,可用 A'、B' 刀口(也称内卡);测物体内部尺寸和小孔深度时,可用尾尺 C。

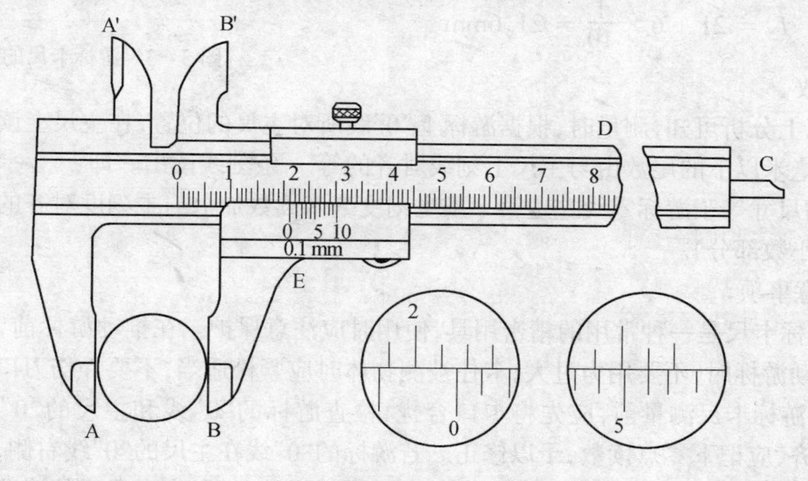

图 3-2 游标卡尺

2. 原理

游标 E 上有 m 个分格,它的总长度与主尺上 $(m-1)$ 个分格的总长度相等。设主尺

的每个分格的长度为 a（一般为毫米），游标上每个分格的长度为 b，则有

$$(m-1)a = mb$$

则

$$b = \frac{m-1}{m}a$$

这样，主尺最小分度与游标上最小分度的长度差为

$$a - b = a - \frac{m-1}{m}a = \frac{a}{m} \tag{3-7}$$

式（3-7）中（$a-b$）是游标的最小读数，称游标的分度值，即游标卡尺的精度，用 δ_x 表示。因此，游标卡尺的精度 $\delta = \frac{a}{m}$，其中 a 为主尺时分度值，m 为游标的分度数（即分格数）。

游标上分度（分格）数为 m 的游标卡尺称为 m 分度游标卡尺。比如有 10 分度、20 分度、30 分度、50 分度等的游标卡尺，其精度 $\left(\frac{a}{m}\right)$ 分别为 $\frac{1}{10}$mm、$\frac{1}{20}$mm、$\frac{1}{30}$mm、$\frac{1}{50}$mm（主尺的分度值一般是 1mm）。

在测量时，被测物的尺寸就是游标零线在主尺上的读数。包括主刻度整毫米数和尾数（主刻度线到游标零线之间的距离）。

如在图 3-3 中，被测物尺寸 $L = y + \Delta x$。假设游标上第 n 条刻线与主尺上某条刻线对齐，则

$$\Delta x = Ka - Kb = K(a-b) = K\frac{a}{m}$$

图 3-3 中，$m = 10$，$a = 1$mm，$K = 6$，$y = 21$mm，故被测物尺寸

$$L = 21 + 6 \times \frac{1}{10} = 21.6\text{mm}$$

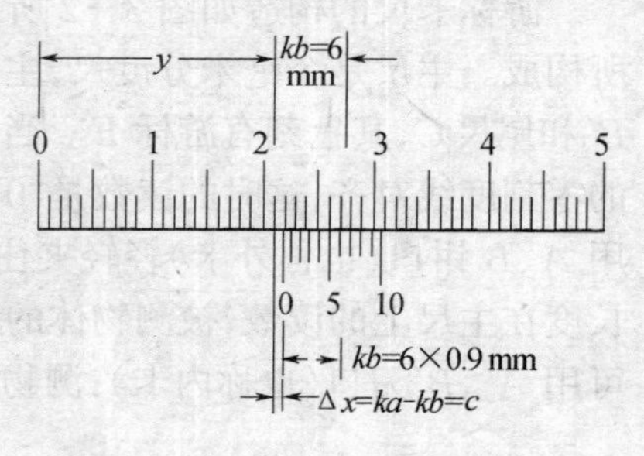

图 3-3　游标卡尺的读数

3．读数

通过以上分析可知，测量时，根据游标上“0”线所对主尺的位置，在主尺上读出毫米位的准确数，毫米以下的尾数由与主尺上刻线对齐的等 n 条刻线读出。即：

被测物尺寸等于游标零线左边第一条主刻度毫米读数加上与主刻度对齐的游标刻度读数（作为小数部分）。

4．注意事项

（1）游标卡尺是一种常用的精密用具，使用时应注意保护。在推动游标前，应拧松固定螺丝；推动游标时，不要用力过大；卡住被测物体时应紧松适当；不要弄伤刀口和钳口。

（2）用游标卡尺测量前，应先将卡口合拢，检查游标的“0”线和主尺的“0”线是否对齐，如不对齐，应记下零点读数，予以修正。若游标的“0”线在主尺的“0”线右侧，应在最后的读数中将该读数减去；若游标的“0”线在主尺的“0”线的左侧，应在最后的读数中加上该读数的“补数”。

（3）测量结束后应立即将游标卡尺放回盒内，不许随便将卡尺放在桌上，更不许放在

潮湿的地方，只有这样才能保住卡尺的准确度，延长其使用期限。

（二）螺旋测微计

螺旋测微计又称千分尺，是比游标卡尺更精密的测长仪器。在实验中常用它来测量小球的直径、金属丝的直径和薄板的厚度等，其准确度至少可达 0.01mm。

1. 构造

螺旋测微计最主要的部分由测微螺旋、精密测微螺杆和螺母套管构成（如图 3－4 所示）。螺母外套管 A 为主尺，主尺上有一条横线，是圆周刻线读数准线，准线上面刻有表示毫米数的刻线，下面是表示半毫米的刻线。螺杆套筒 B 上的刻线为副尺，它与螺杆 D 相连，此套筒上的刻线为 50 分度。螺杆套筒又称鼓轮，或微分筒。副尺的圆周线与主尺读数准线垂直相交，是固定标尺的读数准线。螺杆的伸缩是靠旋转副尺来实现的。在螺旋测微计上，有一弓形架，其一端安装了量砧 C，另一端连接测微螺杆 D，C、D 间两平面称量面，被测物体 G 放于其间。E 为锁紧手柄，用来固定两量面间的距离。F 为棘轮（或摩擦帽），靠摩擦力与螺杆相连，旋转 F 可使螺杆或进或退。在测量物件时，先将螺杆退开，把待测物体放于 C、D 之间，然后旋转棘轮，使螺杆和量砧的量面刚好与待测物体接触，这时，只要听到旋转棘轮发出“咔咔”的响声，螺杆便不能再前进，也就应该进行读数了。

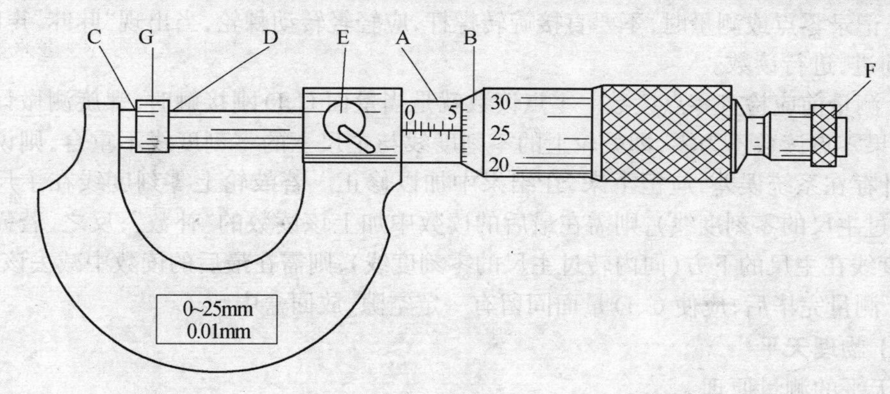

图 3－4　螺旋测微计

2. 原理

螺旋测微计内螺母套管的螺距为 0.5mm，当螺杆套筒旋转一周时，测微螺杆就会在螺母套管内沿轴向前进或后退 0.5mm，因而套筒每旋转一格，螺杆就相应前进或后退 $\frac{0.5}{50}=0.01$mm。当转动棘轮使两量面 C、D 刚好接触，套筒锥面的端面就应与固定套管上的零刻线对齐，同时微分筒上的零线也应与固定套管上的水平准线对齐，这时读数是 0.000mm，如图 3－5(a)。当 C、D 量面间放待测物体时，轻旋棘轮，使 C、D 两量面正好与物体接触，这时在固定套管的标尺上和微分筒锥面上的读数就是待测物体的长度。

3. 读数

读数时，观察固定主尺读数准线的位置，在主尺上读出整数部分（读到半毫米），从微分筒上读出小数部分（估计到最小分度的十分之一，即千分之一毫米），然后再相加即为被测物的尺寸。如图 3－5(b)中的读数是 5.383mm；图 3－5(c)中的读数是 5.883mm。

因为，根据微分筒锥面的位置，前者没有超过 5.5mm，而后者超过了 5.5mm。

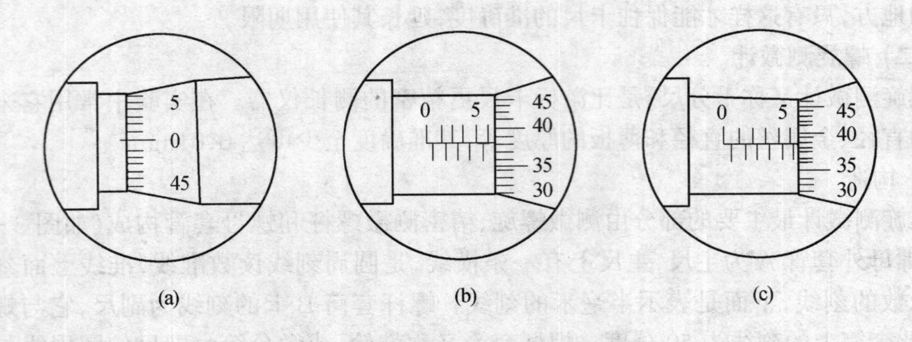

图 3-5 螺旋测微计的读数

螺旋测微计的装置,在很多精密仪器上都能见到,它们的螺距可能是不一样的,通常有 0.5mm 和 1mm 的,也有 0.25mm 的。在微分筒上的分度也不相同,上面三种螺旋的微分筒分度,一般是 50 分度、100 分度和 25 分度。使用螺旋测微计之前,一定要先考查螺杆、螺距和微分筒的分度,以确定读数关系。

4. 注意事项

(1) 记录零点或测量时,不要直接旋转螺杆,应轻轻转动棘轮,当出现"咔咔"声时,即应停止前进,进行读数。

(2) 测量前应检查零点读数。零点读数就是当量面 C、D 刚接触时,螺旋测微计上的读数,如果零点读数不为零,即鼓轮上的零刻度线与主尺上的零刻度线不重合,则说明螺旋测微计存在系统误差,应记下来,在结果中加以修正。若鼓轮上零刻度线在主尺上方(向外转过主尺的零刻度线),则需在最后的读数中加上该读数的"补数";反之,若鼓轮上的零刻度线在主尺的下方(向内转过主尺的零刻度线),则需在最后的读数中减去该读数。

(3) 测量完毕后,应使 C、D 量面间留有一定空隙,放回盒中。

(三) 物理天平

1. 天平的测量原理

天平是一种按等臂杠杆原理做成的称衡质量的仪器。它的基本结构如图 3-6 所示,杠杆 AB 正中是支点 O,等臂杠杆两端挂有托盘 P、Q。当未负重时,杠杆和托盘相对支点对称,平衡时指针指零;而当两托盘负载相同 $m=m_0$ 时,天平处于平衡状态指针又指为零。我们在其中一个托盘中放上待测物,另一个托盘中放上已知质量的砝码,于是平衡时可由比较法测得待测物的质量就是砝码的质量。

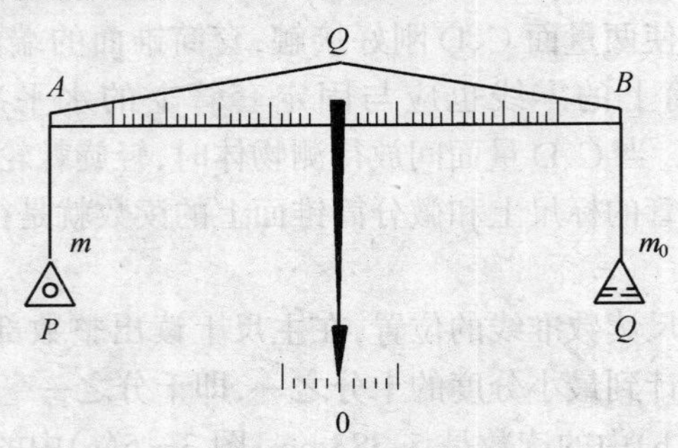

图 3-6 天平原理示意图

天平可分为物理天平和分析天平，另外还有电子天平等。物理天平精确度较分析天平低一些，但基本原理是一样的。最大称量和感量是天平的两个重要的技术指标。天平的最大称量(极限负载)是指天平允许称衡的最大质量，感量定义为空载时天平的指针从平衡位置偏转一格所加的质量多少，即

$$\delta m = \frac{\Delta m}{\Delta n}$$

式中，Δm 为所加微质量；Δn 为加 Δm 微质量对应天平指针变化的格数。

2. 物理天平简介和使用

物理天平的构造如图 3－7 所示。

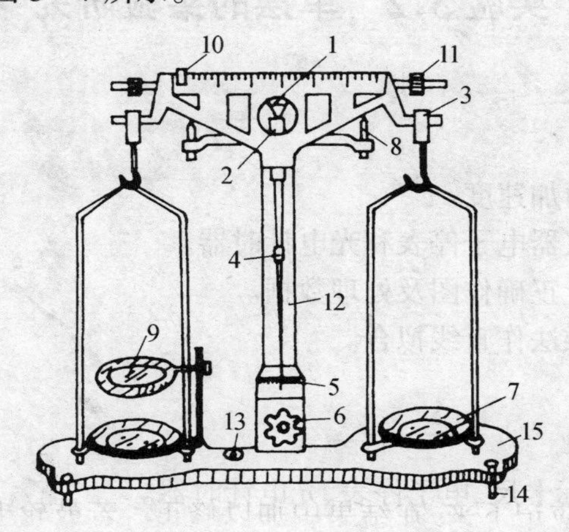

图 3－7 物理天平

1—横梁；2—中央支撑刀口。一般下部是平面玛瑙垫，上部是金属刀口；3—托盘悬挂支撑刀口。上部是倒三角空腔玛瑙，下部是金属刀口。2、3 中所用刀口目的是支撑点窄，用玛瑙的目的是摩擦力小；4—平衡指针。固定在横梁上；5—平衡标尺；6—制动旋钮。可使横梁上升下降，上升时中间玛瑙垫与中央支撑刀口接触；下降时刀口与刀垫脱离，以免刀口磨损刀垫；7—秤盘；8—制动支架；9—固定于底座上的托盘；10—游码；11—配平砝码(由螺母制成)；12—支柱；13—水平仪；14—调水平螺钉；15—底盘。

物理天平操作步骤如下：

(1) 水平调节。调节水平螺钉，用底座上的水平仪监视使之水平。

(2) 零点调节。将游码拨到刻度“0”处，两秤盘悬挂到刀口上，顺时针旋转制动旋钮，支起中间支点，观察指针平衡与否。当指针在标尺的中线位置，即可认为零点调好，否则逆时针旋回制动旋钮使之处于制动位置，调整配平砝码，直至调好零点。

(3) 称衡。将待测物放入左盘，在右盘中放入砝码，旋转制动旋钮试探平衡与否，不平衡旋回制动处，调右盘砝码和游码，调到平衡。此时测得质量就是右盘砝码与游码质量之和。

(4) 称衡完毕，将制动旋钮放到制动处，托盘挂口摘离刀口，记录砝码并放回砝码盒中。

3. 使用天平时应注意以下几点：

(1) 天平的载荷量不能超过天平的最大称量，取放物体、砝码和移动游码或调节天平时，必须切记应在天平制动后进行，以免损坏刀口和其他部件。开动制动旋钮，应小心均匀地旋转，并应在天平指针接近标尺中间分度时进行。

(2) 被称物放入左盘，砝码放入右盘，并均应分别放在秤盘中央。取放砝码时必须用

镊子,砝码使用完毕应立即放回盒内。

(3) 每台天平均附有本台的秤盘和砝码,相互间不得混淆。

(4) 加砝码的次序应先确定被称物体质量的最大位数,然后逐次确定下一位数,按此次序可节约称衡时间。

(5) 天平各部分和砝码均需防潮、防锈、防蚀。高温物、液体、腐蚀性化学药品严禁直接放入秤盘内称衡。

(6) 用完天平应使横梁处于制动处,两端秤盘挂口应摘离刀口。

实验 3.2 单摆的实验研究

[实验目的]

(1) 用单摆测定重力加速度。

(2) 学习使用计时仪器电子停表和光电计时器。

(3) 学习在坐标纸上正确作图及处理数据。

(4) 学习用最小二乘法作直线拟合。

[实验仪器]

单摆装置、米尺、游标卡尺、电子停表、光电计时器。

[实验原理]

把一个金属小球拴在一根很长的细线上,如果细线的质量很小,与小球的质量相比可以忽略不计,而球的直径与细线的长度相比也小很多,则此装置可看做是单摆,如图 3-8 所示。略去空气的阻力和浮力以及线的伸长不计,在摆角很小时,可以认为单摆作简谐振动,其振动周期为

$$T = 2\pi\sqrt{\frac{l}{g}} \tag{3-8}$$

式中,l 是摆长,就是从悬点到小球球心的距离;g 是重力加速度。因而单摆周期 T 只与摆长 l 和重力加速度 g 有关。如果我们测出单摆的 l 和 T,就可以计算出重力加速度 g。

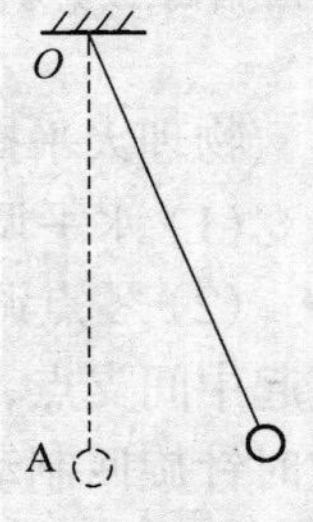

O
A

图 3-8 单摆

[实验内容]

(一) 固定摆长,测定 g

1. 测定摆长(摆长取 100cm 左右)

先用米尺测量悬点到小球最低点的距离,再用游标卡尺多次测量小球沿摆长方向的直径,摆长由此两量决定。数据填入表 3-2、表 3-3,根据数据先估计 l_1 的极限不确定度 e_l,计算出标准不确定度 $\sigma_{l_1} = e_{l_1}/\sqrt{3}$,再求出 $\overline{d}$ 和 $\sigma_{\overline{d}}$,摆长为 $l_1 = l - \dfrac{\overline{d}}{2}$,$\sigma_1 =$

$\sqrt{\sigma_{l_1}^2+\left(\frac{\sigma_d}{2}\right)^2}$,则摆长结果表示为 $l=$______±______cm。

表 3-2 摆长测定数据

悬点 O 的位置 x_1/cm	小球最低点 A 的位置 x_2/cm	$L_1=\|x_1-x_2\|$/cm

表 3-3 小球直径数据(注意记下卡尺零点值______)

次数	1	2	3	平均	修正零点后的平均值
d/cm					

2. 测定单摆周期

使单摆作小角度摆动,待摆动稳定后,用电子秒表测量摆动 30 次所需的时间 $30T$,并重复测量多次,求平均值。数据记入表 3-4。

表 3-4 单摆周期

	1	2	3	4	5	平均
$30T$/s						

求出$\overline{30T}$和$\sigma_{\overline{30T}}$,则

$30T=$______±______s.

由

$$g=\frac{4\pi^2 l}{T^2}=\frac{4\pi^2 l}{(30T/30)^2}=\frac{\pi^2 l\times 3600}{(30T)^2},\quad \frac{\sigma_g}{g}=\sqrt{(\frac{\sigma_l}{l})^2+(\frac{2\sigma_{\overline{30T}}}{30T})^2}$$

3. 计算 g 和标准不确定度 σ_g(计算时可把 $30T$ 作为一个数,而不必求出 T)。

$g=$______±______[ ](写出单位符号)。

(二) 改变摆长,测定 g

使 l 分别为 60,70,80,90,100,110cm 左右,测出不同摆长下的 $30T$。

(1) 用直角坐标纸作 $1-(30T)^2$ 图。如果是直线,说明什么?由其斜率求 g。

(2) 以 l 及相应的$(30T)^2$ 数据用最小二乘法作直线拟合,求其斜率,并由此求出 g。

(三) 固定摆长,改变摆角 θ,测定周期 T(选做)

表格自行设计。

[注意事项]

(1) 用停表测量周期时,应选择摆球通过最低位置处计时,为了避免视差,应在标尺中央放一个竖直刻线的平面反射镜,每当摆线、刻线及摆线在镜中的像三者重合时进行计时。

(2) 要注意小摆角的实验条件,例如,控制摆角 $\theta<5^\circ$。

(3)要注意使小球始终在同一个竖直平面内摆动,防止形成“锥摆”。

实验 3.3　制流与分压电路特性研究

[实验目的]

(1) 学习根据电路图正确连接电路的基本电学实验操作能力。

(2) 了解制流与分压电路的基本结构,通过实验研究分析这两种电路的特点。

(3) 测量不同负载电阻对分压电路分压比的影响,了解如何根据电路要求选择变阻器。

[实验仪器]

直流稳压电源、变阻器、电阻箱、多圈电位器(1000Ω,带电阻比显示)、数字万用电表,开关和连接导线等。

[实验原理]

常用的可变电阻有电阻箱、滑线变阻器、多圈电位器等。电阻箱有电阻示数,比较精确,但阻值不能连续变化,且额定电流较小。滑线变阻器不能提供准确的阻值,但是其阻值可以连续变化,而且一般额定电流较大,因此在电路里常用于构成控制电路。

(一) 变阻器

1. 滑线变阻器

滑线变阻器的常用电路符号如图 3-9 所示,电阻丝的两端与固定接线柱 A、B 相连,A、B 之间的电阻为总电阻,可以通过改变滑动头 C 的位置来改变 AC 或 BC 之间的电阻值。滑线变阻器的参数主要包括:全电阻,即 AB 间的全部电阻值,记做 R_0;额定电流,即滑线变阻器允许通过的最大电流。

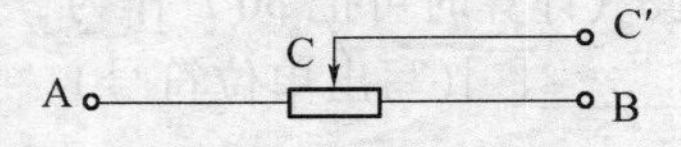

图 3-9　滑线变阻器电路符号

2. 多圈电位器

常用的电位器有碳膜电位器和线绕电位器两类。线绕电位器中又分为单圈电位器和多圈电位器。可以旋转多圈电位器的调节旋钮,使触点 C 从变阻器的一个固定端调节到另一个固定端。多圈电位器能够提供准确的电阻比为

$$K(x) = R_{AC}/R_{AB} = R(x)/R_0$$

实验中我们使用的多圈电位器为双针结构,当长针指示“0”,短针指示“1”时,表示

$$K(x) = R_{AC}/R_{AB} = 1/10 = 0.1$$

多圈电位器可对电阻数值做精细调节,电阻比显示直观,但成本较高,同时在使用时应注意保护,避免过大电流通过。

变阻器的最大用处是控制和调节电路中的电流、电压,常用的变阻器控制电路是制流

电路和分压电路。

（二）制流电路

制流电路如图 3－10 所示，将滑线变阻器串接在电路中，一个接线端为滑动点 C、另一个可从滑线变阻器的两个固定接线柱 A、B 中任取一个。当改变滑动接头 C 的位置时，AC 间的电阻改变，从而改变了回路总电阻，也就改变了回路的电流，在电源电压不变的情况下，变阻器起到了限制（调节）线路电流的作用。

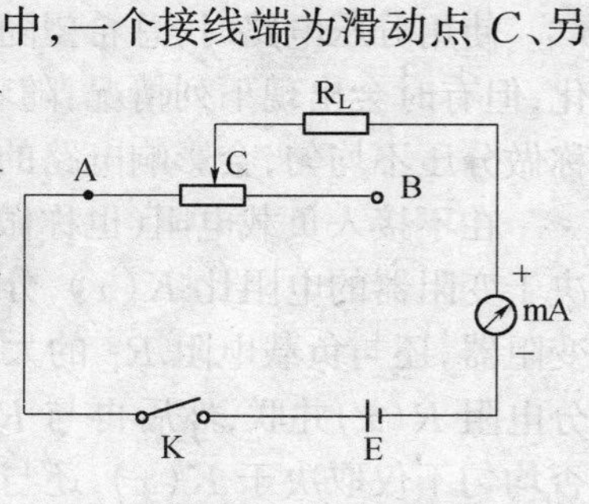

图 3－10 制流电路

制流电路中的电流为

$$I = \frac{E}{R_{AC} + R_{AL}} \tag{3-9}$$

当接头 C 滑动到 A 端时，$R_{AC}=0$，相当于负载电阻 R 直接和电源连接，回路电流最大，即

$$I_{\max} = \frac{E}{R_L} \tag{3-10}$$

当接头 C 滑动到 B 端时，$R_{AC}=R_{AB}=R_0$，回路电流最小，即

$$I_{\min} = \frac{E}{R_0 + R_L} \tag{3-11}$$

制流电路不可能调节变阻器使回路电流为零，只能使电流在某一范围内变化，电流的调节范围为

$$\Delta I = I_{\max} - I_{\min} = \frac{E}{R_L} - \frac{E}{R_0 + R_L} \tag{3-12}$$

分析式(3－12)可知，调节范围 ΔI 与变阻器阻值 R_0 有关。R_0 越大，ΔI 越大。

用变阻器连接制流电路实验时，必须注意电路安全，在接通电源前必须先将 C 滑至 B 端，使回路中电阻 R_{AC} 为最大值，相应的回路中电流最小；然后逐步减小 R_{AC} 值，使电流增至所需要的值。

（三）分压电路

分压电路如图 3－11 所示，在电学实验工作中有着十分广泛的应用。在分压电路中，变阻器的两个固定端 A、B 通过开关 K 与电源的正负极相连；负载 R_L 与滑动接头 C 和变阻器的一个固定端 A 相连。接通电源后，变阻器 AB 两端的电压 U_{AB} 等于电源电压 E，输出电压 U_{AC} 是 U_{AB} 的一部分，随着接头 C 的位置改变，R_{AC} 在 R_{AB} 中的比值也相应地发生变化，因此 U_{AC} 也随之改变。当滑动头 C 移至 A 端时，输出电压 $U_{AC}=0$；当滑动头 C 移至 B 端时，输出电压最大，$U_{AC}=U_{AB}=E$。

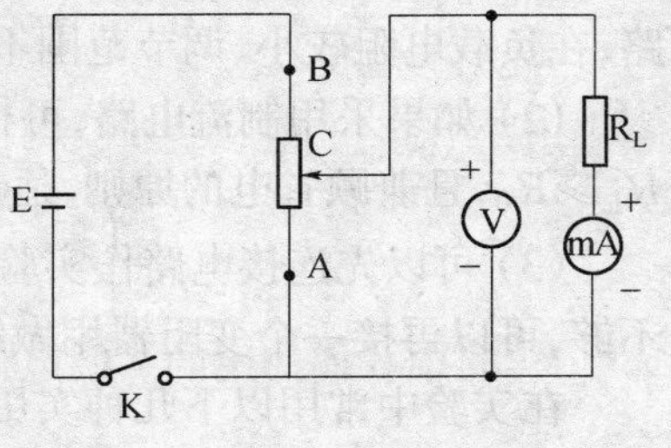

图 3－11 分压电路

同样，在用变阻器连接分压电路实验时，也必须注意电路安全，接通电源前，一般应先使输出电压 U_{AC} 为零，然后逐步增大，直至满足测量

需要。

(四) 分压电路的分压比与负载电阻的关系(研究性实验内容,自行设计实验方案)

使用分压电路时,总希望随着变阻器阻值的均匀调节,负载电阻上的电压 U_L 均匀变化,但有时会出现下列情况:随着变阻器的调节,U_L 变化不大或变化太快,这两种情况都称做分压不均匀,会影响电路的细调程度,不利于做实验。

在不接入负载电阻(也称做空载)时,分压电路的分压值的输出电压(即 U_{AC}/E)仅取决于变阻器的电阻比 $K(x)$,分压均匀。接入负载电阻 R_L 后,AC 两端电阻不仅取决于变阻器,还与负载电阻 R_L 的大小有关,分压电路可以看做是负载电阻 R_L 与变阻器的部分电阻 $R(x)$并联,然后再与 $R_0-R(x)$串联。因此,负载电阻上的电压 $U_L(x)$调节是否均匀不仅取决于 $K(x)$,还与负载电阻和变阻器阻值比例有关。设负载电阻与变阻器全电阻值比 $\beta=R_L/R_0$。

定义分压电路的分压比为负载电阻上的电压 $U_L(x)$与电源电压 E 之比。通过系统的分析计算,可以得出

$$Y=\frac{U_L(x)}{E}=\frac{K(x)\beta}{K(x)[1-K(x)]+\beta} \tag{3-13}$$

式(3-13)表明,带负载的分压电路的分压比 Y 与变阻器的电阻比 $K(x)$及负载电阻和变阻器全电阻之比 β 密切相关。通过分析可以得出 β 取不同值情况下,分压比 Y 与变阻器电阻比 $K(x)$的关系曲线。当 $\beta=0.1$ 时,调节很不均匀;在 $K(x)$较小时,曲线较平,即电压 $U_L(x)$增长缓慢,可以调节得很细;但在 $K(x)$较大时,曲线很陡,使得 $U_L(x)$调节困难。当 $\beta=10$ 时,图形基本是直线,说明这种情况下的调节比较均匀。当 $\beta=2$ 时,图形已经很接近于直线,因此只要 $R_L\geqslant 2R_0$,调节就已经比较均匀了。看起来 R_0 越小,分压越均匀,但是对于一定的 R_L 和 E,R_0 越小,流经变阻器的电流越大,即电源消耗的功率越大,这显然不经济。因此在选择变阻器时,需要权衡考虑。

(五) 如何选用变阻器电路

在安排变阻器电路时,一般并不要求设计出一个最佳方案,只要求根据现有的设备条件设计出满足实验要求,安全、省电的电路就可以了。设计时不一定进行复杂计算,只需有一个初步设想,可以边实验边改进。

(1) 根据负载电阻 R_L 和要求调节的范围,先确定电源电压为 E,然后经综合比较,考虑决定采用制流电路还是分压电路。一般负载电阻较大、调节范围较宽时,采用分压电路;在负载电阻较小、调节范围不大时,采用制流电路。

(2) 如果采用制流电路,可根据相关公式计算变阻器 R_0;如果采用分压电路,可根据 $R_L\gg R_0$,且兼顾省电的原则,适当选取 R_0。

(3) 可以先连接电路作实验,观察在调节范围内细调是否满足要求。如果精细程度不够,可以再接一个变阻器用做细调。

在实验中常用以下几种实用控制电路:

(1) 带有限流电阻的制流电路。为了避免由于变阻器调到零时引起电路电流陡增而超过负载的允许值,常在电路中再串联一个阻值合适的定值电阻(称做限流电阻)以起到限流保护的作用。

(2) 由定值电阻组成的固定分压比的分压电路。分压电路的核心是将一个固定电压

通过电阻进行分压，得到所需要的电压数值。并非只有变阻器才能构成分压电路，用定值电阻同样也可以构成分压器，不同的是，后者电路的分压比为固定数值。这种固定分压比的分压电路在实际工作中的使用十分普遍。

(3) 用两个变阻器可以组成制流细调电路和分压电路。通常为了改善控制电路的细调程度，可以在电路中再接入一个较小的变阻器，以满足细调的要求。

[实验内容]

(一) 学习使用变阻器

(1) 用数字式万用电表测量变阻器的阻值变化。选择数字万用电表合适的电阻量程，先将两个表笔分别接到变阻器的两个固定端，测量变阻器的全电阻值；再将表笔分别接到滑动端和一个固定端，调节滑动头，观察阻值变化。

(2) 连接制流电路，如图3-10所示，电源电压为$E=1.5V$。选用全电阻值为$R_0=1000\Omega$的变阻器，用电阻箱作为负载电阻$R_L(R_L=100\Omega)$；选用数字万用电表直流电流20mA量程，注意将红表笔插到A插孔。按照电磁学实验操作规程的要求，认真检查电路，在闭合开关之前应检查变阻器的滑动接头是否在安全位置。

改变滑动接头的位置，观察电路电流变化，并记录最大电流和最小电流。

(3) 选用的$R_0=100\Omega$变阻器连接制流电路，观察电路的最大、最小电流是否有变化。

(二) 连接分压电路

(1) 如图3-11所示，连接分压电路。电源电压为$E=1.5V$，选用$R_0=100\Omega$的变阻器，用电阻箱作为负载电阻$R_L(R_L=1000\Omega)$。认真检查电路，并在闭合开关之前应检查变阻器的滑动接头是否在安全位置。

(2) 改变滑动接头的位置，观察负载电阻上电压、电流的变化，记录最大电压和最小电压。

以下为研究性实验内容，自行设计实验方案(选做)。

(三) 描绘分压电路的分压比与负载电阻的关系

通过数值计算，分别描绘在$\beta=0.1$、$\beta=2$、$\beta=10$等三种情况下，分压比Y随变阻器电阻比$K(x)$变化的关系曲线。并分析其特点。

(四) 测量不同负载电阻的分压比 Y 与变阻器电阻比 $K(x)$ 的关系曲线

选用$R_0=1000\Omega$的多圈电位器作分压器。

(1) 检测多圈电位器的电阻比$K(x)$调节是否线性。先使用数字万用电表测量多圈电位器的全电阻值R_0，再调节旋钮改变电位器的阻值，记录表盘刻度$K(x)$为整数值时的阻值$R(x)$。

(2) 测量空载时的分压调节是否线性。如图3-11所示，连接分压电路。电源电压为$E=1.5V$，在不接负载电阻时测量分压器的输出电压。

(3) 定性观察改变负载电阻(即值不同)对分压比的影响。采用全电阻值为$R_0=1000\Omega$的变阻器，以电阻箱作为负载电阻R_L接入电路，先取$R_L=100\Omega$，调节分压器的输出电压为$U_L(x)=0.8V$，改变R_L的阻值，观测负载电阻上的电压$U_L(x)$的变化。

(4) 改变负载电阻R_L，测量不同β值情况下分压比Y与变阻器电阻比$K(x)$的关系曲线。取 R_L 分别为 100Ω,2000Ω,10000Ω(即 β 分别为 0.1,2,10),并依次取电阻比 $K(x)$为 0.1, 0.2,…,1,测量 $U_L(x)$。为了减小调节误差,可采用如下测量方法:对于一个确定的电阻比 $K(x)$值,改变 R_L 的取值,记录 $U_L(x)$。

(五) 数据处理

(1) 记录实验仪器的主要规格和误差。

(2) 整理制流电路的实验数据,说明电路特点以及电流的调节范围与什么因素有关。

(3) 整理分压电路的实验数据,说明电路特点。

(4) 作多圈电位器的 $R(x)-K(x)$关系曲线,说明对多圈电位器的电阻比 $K(x)$的调节是否是成线性变化。

(5) 作带有负载电路的分压电路分压比 $Y-K(x)$关系曲线,将对应三种 β 值的曲线作在同一张图上,说明 Y 与$K(x)$和 β 值的关系,由此体会对于某一个确定阻值应如何选取分压器的全电阻值 R_0。

[思考题]

1. 在连接分压电路时,有人将电源的正、负极经过开关分别连到变阻器的一个固定端和滑动端。这种连接方法对吗? 会有什么问题?

2. 设计固定分压比的分压电路,电源电压为 1V,$R_L=1000\Omega$,要求分压比为 $Y=0.1$。如果要求分压比为 $Y=0.001$,电路应如何调整?

实验 3.4 万用表的使用

[实验目的]

(1)了解数字万用电表的特点和基本性能指标。

(2) 学习数字万用电表的使用,能完成电压、电流、电阻等基本电学物理量的测量。

(3) 学习使用电阻箱、定值电阻、直流电源等常见的电学仪器,学习连接电路,掌握电学实验操作规程。

(4) 初步训练使用万用表进行电路故障的检查。

[实验仪器]

数字万用电表、直流稳压电源、干电池、电阻、电阻箱、变阻器。

[实验原理]

(一) 测量直流电压

(1) 选择 DCV 量程。

(2) 将红表笔插入 VΩ 孔,黑表笔插入 COM 孔内,并保证接触良好。

(3) 测量时,表笔应接在被测电阻或电源两端。

(4) 在显示测值大小时,同时显示红表笔的极性。

(5) 使用时如只在最高位显示“1”,表示被测值超过量程,应换用更大的量程进行测量。

（6）不得接入高于 1000V 的直流电压或 750V 以上的交流电压！

（7）测量时（特别是测量高压时），双手不得接触表笔的金属部分。

（二）测量直流电流

（1）选择 DCA 量程。

（2）将红表笔插到 A 孔。如果电流大于 2A，则应插到 10A 插孔。

（3）电流表应串联接入被测电路。

（4）电流量程各挡的内阻并非很小，应注意查看说明书。一般 200μA 挡的内阻约为 1000Ω；2mA 挡的约为 100Ω；20mA 挡的约为 10Ω。

（5）使用数字万用电表测量直流电流前，一定要进行核算，避免电流过大造成损坏。切忌用电流量程去测量电压！

（三）测量电阻

（1）选择 Ω 量程。

（2）将红表笔插入 VΩ 孔，黑表笔插入 COM 孔内，并保证接触良好。

（3）测量时，表笔应接在被测电阻两端。

（4）使用电阻挡测量时，会接通表内电源，而且各挡电流不同（应注意查看说明书），因此不得测量带电电阻。在测量额定电流较小的元器件时，也应特别注意，避免烧坏被测元件。

（5）红表笔为高电压，黑表笔为低电压。

（6）使用电阻量程两表笔断开时，电表示值为“1”，说明这时电阻为无穷大。将两电表表笔短接，电表示值应该为零；如果不为零，所显示的是短路电阻值，以后测量作为系统误差扣除。

（7）测量时，双手不要同时接触表笔的金属部分，以免影响测量精度，在测量高阻时尤其要注意。

（四）测量交流电压和交流电流

（1）将功能开关（或功能键）置于 AC 处。

（2）检测交流电压不得高于 750V。

（3）检测频率一般为 45 Hz～1000Hz。

（4）表笔位置和测试方法与测量直流电压与直流电流时相同。

（五）用万用电表检查电路故障

实验中有时会遇到以下情况：电路连接没有错误，但合上开关后却不能正常工作。这说明电路可能存在故障，例如，电路某处断线，开关或接线柱不良，或者电表、元件内部损坏或使用不当。有些故障可以根据发生的现象来判断，例如，从仪表显示异常、指示灯不亮等现象分析判断；有的故障则需要使用万用电表来检查。

通常采用万用电表的直流的直流电压量程进行检测。首先要了解电路原理，了解电路各点电压的正常分布，然后在接通电源的情况下，从电源两端开始沿电流方向（或其逆向）逐一检查各点电压分布。然后在接通电源的情况下，从电源两端开始沿电压表的黑笔固定在电源负极，红表笔从电源正极开始，沿电路导线连接顺序逐点进行检测，找到电压分布异常点，这种方法的优点是快速、安全。

迅速查清并排除电路故障是电磁学实验的基本训练内容之一，在以后的实验中，应继续使用万用表检查电路，以培养分析问题和解决问题的独立工作能力。

（六）使用完毕，关闭电源开关

[实验内容]

（一）学习使用数字万用电表测量直流电压

（1）选择合适的量程，测量干电池电动势（1号干电池的电动势约为1.5V）。

（2）测量直流电源的输出电压，使用直流电压的20V量程进行测量，将表笔接到直流的输出接线端上。打开电源开关，将电源电压由零至10V慢慢增大，观察电表示值的变化。

（二）学习使用数字万用电表测量电阻

（1）测量电阻箱阻值，先将电表笔短接，观察短路电阻；再将表笔接到电阻箱的接线端，改变电阻箱阻值，观察电表示值的变化。改变电阻量程，测量同一阻值，体会应如何选择合适量程。

（2）选择合适电阻量程，测量定值电阻。

（三）学习数字万用电表测量直流电流

使用数字万用电表测量电流时，应注意检查表笔是否接对位置，测量前要核算，避免电流过大造成损坏，切忌不得用电流量程去测量电压！

（1）测量串联电路中电阻两端电压和电流的关系。用一个定值电阻和电阻箱组成串联电路，实验电路见图3-12，其中电源电压为$E=1.5$V，用一块数字万用电表测量电阻上的电压，另一块万用电表测量电路电流。先调整电阻箱的阻值与定值电阻相同，测量串联电路中电阻两端电压分布和电流的关系。将电阻箱的阻值增大一倍，电压分布和电流有变化吗？将电源电压提高，令$E=3$V，电压分布有变化？改变电路参数时，注意改变电表的相关量程。

（2）同样，可以将一个定值电阻和电阻箱组成并联电路，实验电路见图3-13，设计实验步骤，测量并联电路中总电流和分路电流的关系以及电压和电流的关系。

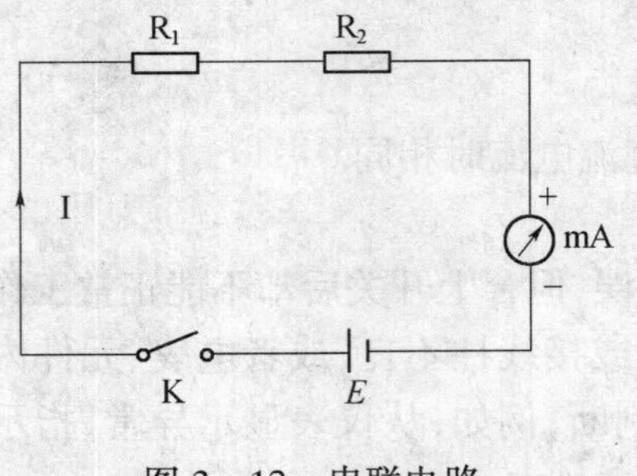

图3-12　串联电路

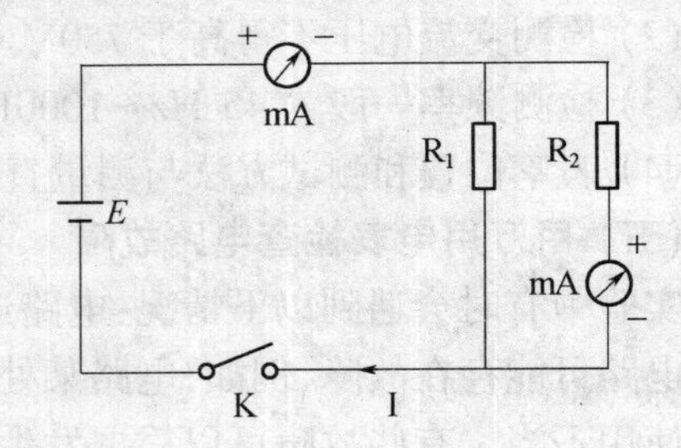

图3-13　并联电路

[思考题]

1. 为什么不宜用数字万用电表的电阻挡测量表头内阻？
2. 为什么不宜用数字万用电表的电阻挡测量电源内阻？

[仪器介绍]

主要介绍数字万用表的工作原理和使用方法。

数字万用电表是在直流数字电压表(Digital Voltmeter,简称 DVM)的基础上配接各种变换器构成的。它通过模拟—数字(A/D)转换器将连续变化的模拟量变为离散的数字量,经过处理,再通过数码显示器以十进制方式显示测量结果,数字式电表具有磁电式电表不可比拟的特点和优势。近年来,以数字测量为基础的智能检测迅猛发展,在各个领域得到了广泛应用。

数字万用电表是一种功能强、精度高、测量速度快、使用方便的数字仪表,在工作、学习中的应用十分普遍,也是物理实验中使用的主要仪器之一。它可以测量直流电压、直流电流、电阻、交流电压、交流电流,还可以测量二极管的正向压降,也可以进行电路或器件通断测试(用蜂鸣音响表示)。有些数字万用电表还可以测量电容、三极管 hEF 参数、温度、频率等物理量。数字万用电表一般具有误操作报警及过载保护功能,使用时更加方便。

(一) 数字万用电表的特点和主要技术指标

由于结构组成的特点,数字万用电表的主要技术指标以及误差表示与磁电式电表不同。以我们所用的数字万用——直流电压表的 200mV 和 2V 量程为例,其主要规格见表 3-5。

表 3-5　三位半直流数字电压表的主要性能参数

位数	量程	输入阻抗/MΩ	准确度	分辨率/mV
$3\frac{1}{2}$	200mV	10	±(0.5%×读数±1个数字)	0.1
$3\frac{1}{2}$	2V	10	±(0.5%×读数±1个数字)	1

数字万用电表的特点和主要技术指标如下:

(1) 数位显示,测量结果以十进制数字显示,读数清楚,消除了磁电式电表的读数误差。

(2) 位数,即数字电压表能显示数字的位数,由整数位和分数位组成,能显示 0~9 所有数字的是整数位;反之称为分数位。分数位的数值是以最大显示值的最高位数字为分子,以满量程时的最高位数字为分母。例如,对于规格如表 3-5 介绍的数字万用电表,其最大显示值是 1999,最高位只能是 0 或 1,满量程数值为 2000,因此分数位是 1/2,称为 $3\frac{1}{2}$(也称做三位半)。

(3) 准确度高是数字万用表的主要优点之一,数字万用电表的准确度由两部分组成:

$$\Delta U = \pm \alpha\% U_X \pm \text{几个字} \tag{3-14}$$

式中,U_X 为读数值,$\alpha\% U_X$ 称为读数误差,而"几个字"则表示使用该量程时的最小误差。第一部分误差反映了 A/D 转换器和功能转换器的综合误差,而第二部分误差反映了数字化(量化)处理带来的误差。例如,表 3-5 用的量程为 200mV 的直流数字电压表测量 100mV 的电压,其读数为 100.0mV,因而误差为 0.5mV+0.1mV=0.6mV。可见,数字万用电表的准确度要高于磁电式电表。由式(3－14)可知,误差的第一部分与读数值有关,而第二部分与读数值无关。如果选用2V量程测量100mV电压,读数为100mV,其误差则是0.5mV＋1mV＝1.5mV。这显然要比选用200mV量程的误差大。因此使用时应选取略大于被测值的量程,以减小误差。

(4) 分辨率是指数字电压表能够显示被测电压的最小变化值,即最小量程显示器末位跳变一个字所对应的最小输入电压。分辨率反映了仪表的灵敏度。要注意分辨率和准确度是两个不同的概念,不要混淆。

(5) 输入阻抗相当于电表内阻,输入阻抗高是数字万用电表的又一优点。直流数字电压表的输入阻抗一般都高于10MΩ,而且与量程无关,因此使用时电表的接入误差一般可以忽略不计。需要注意的是,直流电流表的内阻并不是非常小,例如,上述数字万用电表200μA量程的内阻约为1kΩ。使用时应查看说明书或进行检测。

(6) 测量速度快,自动化程度高。直流数字电压表完成一次测量的时间很短,可小于几微秒;但是在测量高阻时,测量时间稍长,大约要几秒种。有的数字万用电表内使用了微处理器,仪表有很强的数据存储、计算、自检等功能,可通过接口和计算机连接智能检测系统。

(7) 功能多样,使用数字万用电表进行交流测量时,应注意了解仪表的频率响应范围。

(二) 数字万用表的使用方法及注意事项

(1) 数字万用表功能强,量程多。使用前应阅读说明书,了解仪器的性能、使用方法及注意事项。

(2) 使用前应检查电表电源。便携式数字万用电表一般使用内置9V的电池。按下电源键,如果显示电池电压不足的图形,则必须更换电池。还要注意测试表笔插口旁的警示符号,它提示使用者留意测试电压或电流不要超过指示数字。

(3) 选择合适的功能量程进行测量。首先要看清所用数字万用电表的功能和量程,根据被测量的种类(交流或直流;电压、电流或电阻)及大小将选择开关调到合适位置。如果不清楚被测量大小,应选择最大量程进行试测。

实验3.5 示波器的使用

[实验目的]

(1)了解示波器的主要组成部分,了解示波器的基本原理。

(2) 学习使用示波器观察波形、测定电压和频率。

(3) 通过观察李萨如图形,学会一种测量正弦振动频率的方法,并巩固对互相垂直谐振动合成的理解。

[实验仪器]

示波器、信号发生器、实验电源等。

[实验原理]

示波器又称阴极射线(即电子射线)示波器,主要由示波管和电子线路组成。用示波器可以直接观察电压波形，并测定电压的大小。因此，一切可转化为电压的电学量(如电流、电功率、阻抗等)、非电学量(如温度、位移、速度、压力、光强、磁场、频率等)以及它的随时间的变化过程，都可以用示波器来观察和测量。由于电子射线的惯性小，又能在荧光屏上显示出可见的图像，所以示波器特别适用于观察瞬时变化过程，这是一种用途非常广泛的测量仪器。

(一) 示波器的基本结构及各部分的作用

如图 3-14 所示，示波器主要由示波管及与其配合的电子线路所组成。

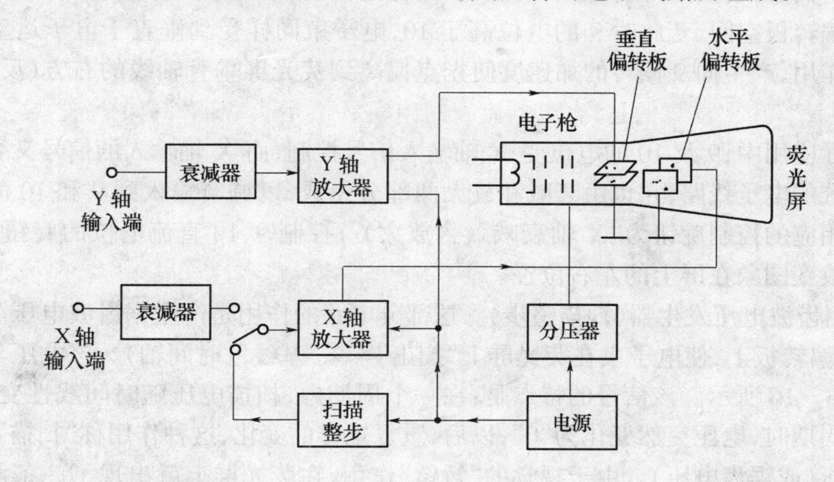

图 3-14 示波器原理示意图

1. 示波管

示波管是一种特殊的电子管，由电子枪、偏转板和荧光屏三部分组成，如图 3-15 所示。其中电子枪是示波管的核心部件，由阴极、栅极、加速阳极、聚焦电极等组成。阴极发射的电子束，经加速、聚焦、偏转后，射到荧光屏上，以亮点形式显示出来。

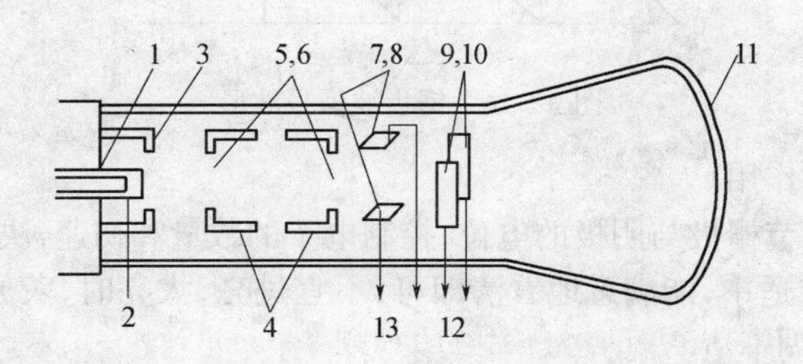

图 3-15 示波管结构示意图

1—灯丝；2—阴极；3—控制栅极；4—加速阳极；5,6—加速聚焦电场；7,8—垂直偏转板；9,10—水平偏转板；11—荧光屏；12—X 输入；13—Y 输入。

2. 相配合的电子线路和相应控制旋钮

(1) Y 轴输入(垂直)偏转系统。它由 Y 轴偏转板 7、8 及相应的电子线路组成。当电子以一定的速度沿着示波管轴线向前运动，进入垂直偏转板空间，若此时 7 的电位(U_3)高于 8(U_4)，即 $U_3>U_4$，电子束则受到垂直于电子运动方向的电场的作用，产生向上偏转的加速度，改变了原来的运动方向。当电子到达荧光屏时，偏离到荧光屏水平轴线的上方(反之，则在下方)。

在实际应用中，7 及 8 电位 U_3 与 U_4 受 Y 轴输入信号的控制，而 Y 轴输入的电信号又受偏转系统电子线路控制，它由衰减和放大两部分组成，以调节输入到 7 和 8 的信号强弱适当。相应的控制旋钮为“Y 轴衰减”(含放大)。控制 7、8 直流电位的旋钮为“Y 轴移位”，以改变图像在屏上的上下位置。

(2) X 轴输入(水平)偏转系统。它由 X 轴偏转板及相应的电子线路组成。当电子进入水平偏转板空间，若此时 9 的电位高于 10，电子束同样受到垂直于电子运动方向的电场力的作用，产生向 9 偏转的加速度使光点偏离到荧光屏垂直轴线的右方(反之，则向左方)。

在实际应用中，9 及 10 的电位受 X 轴输入信号控制，而 X 轴输入的信号又受控于水平偏转系统的电子线路，它也由衰减和放大两部分组成，以调节输入到 9 和 10 的信号强弱适当。相应的控制旋钮为“X 轴衰减”(含放大)。控制 9、10 直流电位的旋钮为“X 轴移位”，以改变图象在屏上的左右位置。

(3) 锯齿波电压发生器(扫描整步)。这部分电路的作用是产生锯齿波电压。该电压加到 X 轴偏转板上，使电子束在荧光屏上“扫出”一条“基线”(时间轴)。该电压与时间的关系如图 3-16 所示。该信号的特点是：在一个周期内，扫描电压随时间线性变化，而当完成一个周期时，电压突然变化为“0”，以后，重复这样的变化，这种作用称“扫描”，其电压称扫描电压(或锯齿电压)。由于视觉的“暂留”作用，在荧光屏上就出现了一条水平的扫描线。锯齿波的扫描频率用“扫描范围”和“扫描微调”旋钮进行调节。当触发信号极性开关“+ -外接”指向“+”或“-”时，示波器的 X 轴输入即与扫描电路接通。

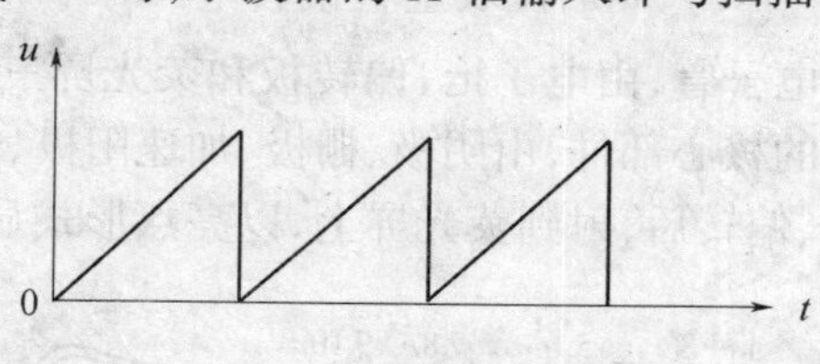

图 3-16　锯齿波信号波形

(4) 其他旋钮的作用。

① 辉度：用于调节栅极与阴极的电位，控制电子的数量和初速，决定荧光屏上光点的亮度。一般亮度要求适中，能满意地看清即可，不宜过亮，太亮时，荧光屏寿命缩短，且会引起散焦，使图像模糊不清。

② 聚焦。调节聚焦电极的电位，可改变电场的分布，使电子束聚成很细的一条线，打在荧光屏上成清晰的光点。

③ 同步选择：选择同步的方式，有“+”、“-”、“外接 X”之分，使用时应按实际情况进行选择。

④ 扫描范围：选择锯齿波扫描电压的频率。所选范围应与从 Y 轴输入的电信号频率同步(即成整数倍关系)。

(二) 示波器显示图象的基本原理

要在示波器的屏上出现由 Y 轴输入的周期性电信号图形(电压波形)，只把信号送到

Y 轴偏转板上是无法实现的，此时，电子束虽已受到信号的控制，但它只能使电子束在垂直方向运动，其结果在屏上只能出现一条垂直线。若在 Y 轴输入周期性电信号的同时，在 X 轴输入上述锯齿波扫描电压，此时由 Y 轴输入的电信号波形就能在屏上显示出来。其波形形成原理如图 3－17 所示。

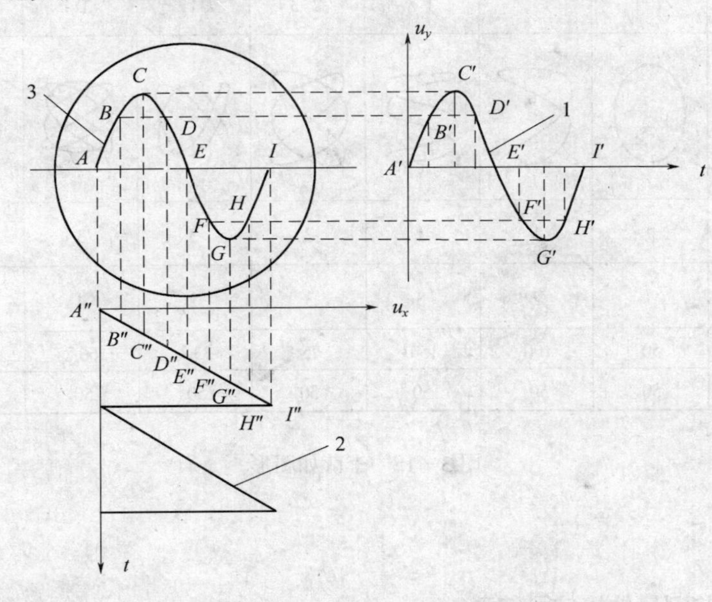

图 3－17　示波器示波原理示意图

在图 3－17 中，设 u_y 和 u_x 分别代表垂直偏转电压和水平偏转电压（u_y 为被观察电压、u_x 为扫描电压），则在荧光屏上光点沿垂直方向和水平方向的位移，将分别与 u_y 和 u_x 成正比，光点的具体位置由两者的合成决定。如在 u_y 上相当于 B' 的值与 u_x 相当于 B'' 的值两者合成的结果，在屏上显示为 B 点，其余各点依次类推。这样就逐点地将被测电压的波形在屏上展开。

从图 3－17 不难理解，当 Y 轴信号频率与扫描频率为整数比时，屏上出现的图形才是稳定的。为了保证稳定的图形，可以调节“扫描微调”旋钮。

（三）李萨如图形

示波器除可用来观察、测试电信号外，还可用于两种电信号的合成，此时，X 轴输入的信号不再是锯齿波扫描电压。此时，必须把“触发信号极性开关”放在“外接 X”上。在此情况下，锯齿波发生器便不再作用于 X 轴偏转板。

示波管内的电子束受 X 偏转板上正弦电压的作用时，屏上亮点作水平方向的谐振动。X 与 Y 偏转板同时加上正弦电压时，亮点的运动将是两个相互垂直振动的合成。X 方向振动频率 f_x 与 Y 方向振动频率 f_y 相同时，亮点合成运动的轨迹一般是一个椭圈。一般情况，如果 $f_y:f_x$ 成整数比时，合成运动的轨迹是一个稳定的封闭曲线，此曲线称为李萨如图形，如图 3－18 所示。

李萨如图形与振动频率之间有一个简单的关系：

$$\frac{f_y}{f_x}=\frac{X\text{ 方向切线对图形的切点数 }N_x}{Y\text{ 方向切线对图形的切点数 }N_y}$$

如果上式中 f_y 为已知(如市电频率为 50Hz),即可由李萨如图形的切点数来计算未知频率 f_x。图 3-18 中列举了比值 $f_y:f_x$ 不同比数时的李萨如图形。

$f_y:f_x$	1:1	1:2	1:3	2:3	3:2	3:4	2:1
李萨如图形				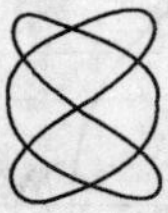			
N_x	1	1	1	2	3	3	2
N_y	1	2	3	3	2	4	1
f_x(Hz)	50	100	150	75	33.3	66.7	25
f_y(Hz)	50	50	50	50	50	50	50

图 3-18　李萨如图形

[实验内容]

(一) 观察并测量外接信号波形

把信号发生器的"输出"接到示波器的"Y 轴输入"端。接通信号发生器的电源,屏上将出现杂乱的波形,调节信号频率为 1000Hz 左右,电压输出为 6V 左右,调节示波器有关旋钮,使图形幅面大小适当。调节"扫描微调"旋钮,使屏上依次出现 1、2、3 个周期的稳定波形。分别观察屏上光点所扫描的轨迹(即波形),并测出其幅值和频率。

(二) 利用李萨如图形测量频率

信号发生器产生的信号由 X 轴输入,实验电源电压(为 $f=50$Hz 的市电电压)由 Y 轴输入。这时,X 轴和 Y 轴都有信号输入,因此,"触发信号极性开关"应放在"外接 X"上,此时示波器上的频率调节旋钮已不起作用。然后调节二信号在屏上的幅度,同时调节信号发生器的频率在 25Hz～150Hz 范围内改变,分别形成 $f_y:f_x$ 为 1:1、1:2、1:3、2:3、3:2、3:4、2:1 的李萨如图形,再由李萨如图形来测定信号发生器的输出频率。

实际操作时,因为两个信号的位相差的微小改变,图形不可能很稳定,故只要调到变化最缓慢即可。

[数据处理]

本实验是以熟悉示波器、使用和观察各种波形为主的实验,应将实验中观察到的各种波形认真描绘出来。

(1) 画出外接信号波形图,并标明其振幅和频率的大小。

(2) 由各李萨如图形来测量信号发生器的输出频率,并与信号发生器指示的频率作比较。将各数据填入表 3-6 中。

表 3-6　用李萨如图形测信号频率数据表

$f_y = 50\text{Hz}$

$f_y : f_x$	1:1	1:2	1:3	2:3	3:2	3:4	2:1
李萨如图形							
水平切点 N_x							
垂直切点 N_y							
求得的频率________							
信号源频率________							

实验 3.6　薄透镜焦距的测量

透镜是光学仪器中最基本的元件,反映透镜特性的一个重要参数是焦距。由于使用目的和条件的不同,需要选择不同焦距的透镜或透镜组,为了在实验中能正确选用透镜,必须学会测定透镜的焦距。常用的测定透镜焦距的方法有自准法和物距像距法。对于凸透镜还可以用位移法(共轭法)进行测定。

光具座是光学实验中的一种常用设备。它由光具座架(导轨型、船型等)及光凳、夹具架等组成。可根据不同实验的要求,将光源、各种光学部件装在夹具架上进行实验。在光具座上可进行多种实验,如焦距的测定,显微镜、望远镜的组装及其放大率的测定、幻灯机的组装等,还可进行单缝衍射、双棱镜干涉、阿贝成像与空间滤波等实验。

进行各种光学实验时,首先应正确调好光路。正确调节光路对实验成败起着关键的作用,学会光路的调节技术是光学实验的基本功。

[实验目的]

(1) 学习测量薄透镜焦距的几种方法。

(2) 掌握透镜成像原理,观察薄凸透镜成像的几种主要情况。

(3) 掌握简单光路的分析和调整方法。

[实验仪器]

光具座(全套)、照明灯、凸透镜、凹透镜、平面镜、箭屏、像屏等。

[实验原理]

(一) 薄透镜成像公式

由两个共轴折射曲面构成的光学系统称为透镜。透镜的两个折射曲面在其光轴上的间隔(即厚度)与透镜的焦距相比可忽略或者称为薄透镜。透镜可分为凸透镜和凹透镜两类。凸透镜具有使光线会聚的作用,即当一束平行于透镜主光轴的光线通过透镜后,将会聚于主光轴上的一点,此会聚点 F 称为该透镜的焦点,透镜光心 O 到焦点 F 的距离称为

焦距 f，见图 3－19。凹透镜具有使光束发散的作用，即当一束平行于透镜主光轴的光线通过透镜后将偏离主光轴成发散光束，见图 3－20。发散光的延长线与主光轴的交点 F 称为该透镜的焦点。

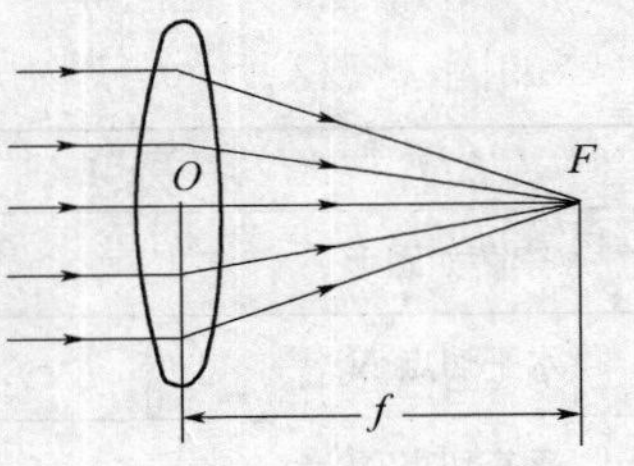

图 3－19　凸透镜焦点

近轴光线是指通过透镜中心部分与主轴夹角很小的那一部分光线。在近轴光线条件下，薄透镜成像的规律可表示为

$$\frac{1}{u}+\frac{1}{v}=\frac{1}{f} \tag{3－15}$$

式中，u 为物距；v 为像距；f 为透镜的焦距。u、v 和 f 均从透镜光心 O 点算起。物距 u 恒取正值，像距 v 的正负由像的虚实来决定。当像为实像时，v 的值为正；虚像时，v 的值为负。对于凸透镜，f 取正值；对于凹透镜，f 取负值。

由式(3－15)可知，如果一个薄透镜的焦点位置已知，其成像性质就是确定的，就能对不同物距与物的大小求出像距和像的大小。反之，对于一个未知焦距的透镜，也可以根据它的物像关系，或选用特殊的物距、像距，利用式(3－15)把焦点位置计算出来。

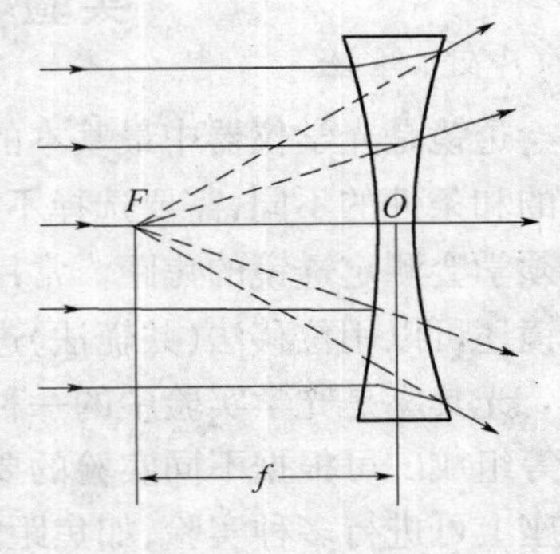

图 3－20　凹透镜焦点

必须注意，薄透镜成像公式只有在近轴光线的条件下才能成立。为了满足这一条件，应选用一小物体，并把它的中点调到透镜的主光轴上，或在透镜前适当位置上加一光阑以挡住边缘光线，使入射到透镜的光线与主光轴夹角很小。对于由几个透镜等元件组成的光路，应使各光学元件的主光轴重合，才能满足轴光线的要求。各光学元件主光轴的重合及使其平行于光具座导轨，称为“同轴等高”。“同轴等高”的调节是光学实验中必不可少的步骤，在今后的光学实验中均应注意满足此要求。

（二）凸透镜焦距的测量原理

1．自准法

如图 3－21 所示，当物体处在凸透镜的焦平面上时，物体上各点发出的光线经过透镜折射后成为平行光，此时如果在透镜 L 的另一侧放置一个与主光轴垂直的平面镜代替像屏，平面镜将此平行光反射回去，反射光再次通过透镜后仍会聚于透镜的焦平面上，其会聚点将在物体各点相对于光轴的对称位置上。此时物与透镜之间的距离即为该透镜的焦距 f。这种测量透镜焦距的方法称为自准法，能比较迅速、直接测得焦距的数值。自准法也是光学仪器调节中常用的重要方法，在今后的光学实验，例如“分光计的调整”中就有应运。

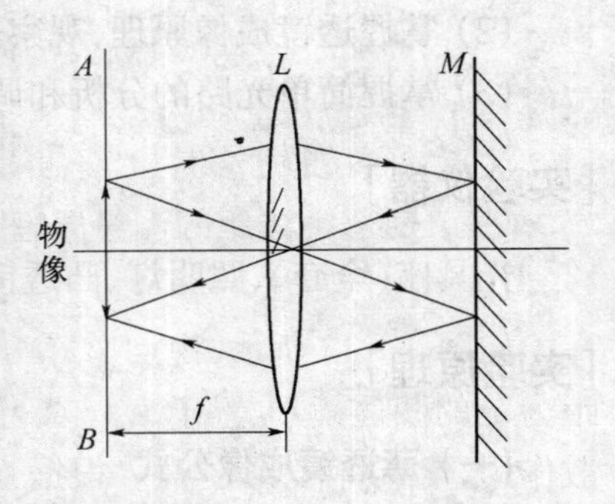

图 3－21　自准法测凸透镜焦距

2．物距像距法

根据式(3－15)，只要测出物距 u 和像距 v，即可求出透镜的焦距。

3．位移法(共轭法)

如图3-22所示,使物屏与像屏之间的距离 L 大于 $4f$,沿光轴方向移动透镜,当其光心位于 O_L 和 O_2 位置时,在像屏上将分别获得一个放大的和一个缩小的像。以 O_1、O_2 之间的距离为 e,根据透镜成像公式(3-15)。

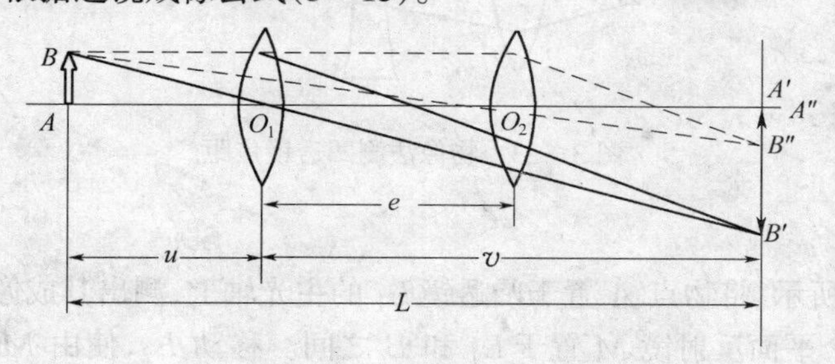

图3-22 共轭法成像光路图

在 O_1 处,有

$$\frac{1}{u}+\frac{1}{L-u}=\frac{1}{f} \tag{3-16}$$

在 O_2 处,有

$$\frac{1}{u+e}+\frac{1}{v-e}=\frac{1}{f} \tag{3-17}$$

因为 $v=L-u$,故可解得

$$u=\frac{L-e}{2} \tag{3-18}$$

$$v=\frac{L+e}{2} \tag{3-19}$$

将式(3-18)、式(3-19)代入式(3-15)得

$$\frac{2}{L-e}+\frac{2}{L+e}=\frac{1}{f}$$

$$f=\frac{L^2-e^2}{4L} \tag{3-20}$$

注意,采用此方法时,L 不可取得太大,否则,缩小像过小而不易准确判断成像位置。

(三) 凹透镜焦距的测量原理

1．物距像距法

如图3-23所示,物点 A 发出的光线经过凸透镜 L_1 之后会聚于像点 B。将一个焦距为 f 的凹透镜 L_2 置于 L_1 与 B 之间,然后移动经 L_2 至合适的位置,由于凹透镜具有发散作用,像点将移到 B' 点。根据光线传播的可逆性原理,如果将物置于 B' 点处,则由物点发出的光线 L_2 折射后所成的虚像将落在 B 点。

令 $\overline{O_2B'}=u$,$\overline{O_2B}=v$,又考虑到凹透镜的 f 和 v 均为负值,由式(3-15)可得

$$\frac{1}{u}-\frac{1}{v}=-\frac{1}{f},\ f=\frac{uv}{u-v} \tag{3-21}$$

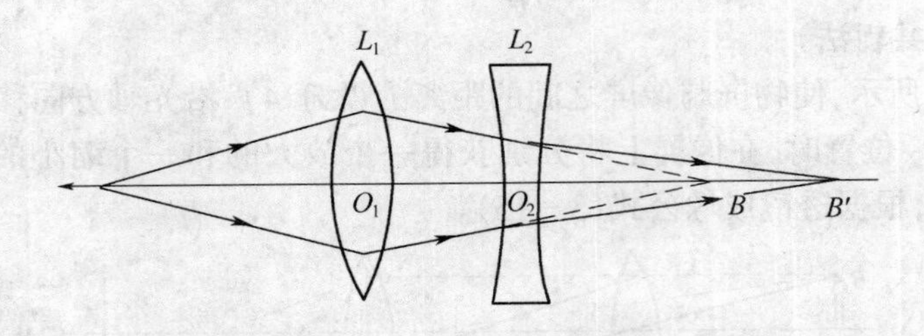

图 3-23　物像法测凹透镜焦距

2. 自准法

如图 3-24 所示，将物点 A 置于凸透镜 L_1 的主光轴上，测出其成像位置 B。将待测凹透镜 L_2 和一个平面反射镜 M 置于 L_1 和 B 之间。移动 L_2，使由 M 反射回去的光线经 L_2、L_1 后，仍成像于 A 点。此时，从凹透镜射到平面镜上的光将是一束平行光，B 点就是由 M 反射回去的平行光束的虚像点，也就是 L_2 的焦点。测出 L_2 的位置，间距 $\overline{O_2B}$ 就是待测凹透镜的焦距。

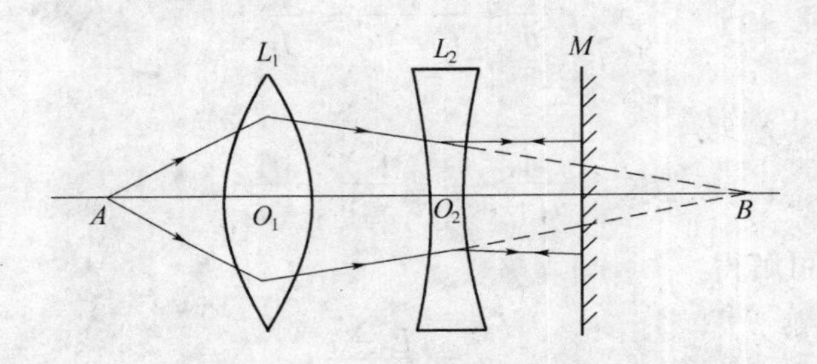

图 3-24　自准法测凹透镜焦距

[实验内容]

(一) 光学元件同轴等高的调节

由于应用薄透镜成像公式，必须满足近轴光线条件，因此应使各光学元件的主光轴重合，而且在使该光轴与光具座导轨平行。这一调节称为“同轴等高”调节。它是光学实验工作的基本技能，必须很好掌握，调节方法如下。

1. 粗调

将透镜、物屏、像屏等安置在光具座上并将它们靠拢，调节高低、左右，使光源、物屏、像屏与透镜的中心大致在一条和导轨平行的直线上，并使各元件的平面互相平行且垂直于导轨。

2. 细调

主要依靠其他仪器或成像规律来进行判断和调节，本实验利用共轭原理进行调节。如图 3-22 所示，当 $L>4f$ 时，移动透镜，在像屏上分别获得放大和缩小的像。如果物屏上 A 点位于主光轴上，则其两次成像时相应的像点 A' 和 A'' 位置应在像屏上重合，即均在主光轴上。若不重合，可根据其两次成像 A'' 和 A'' 的位置进行分析，调节物点 A 或透镜的位置，使经过透镜后两次成像的位置重合，系统即达到同轴等高。

（二）凸透镜焦距的测定

1. 自准法

将照明灯 S、带箭矢的物屏 P、凸透镜 L、平面镜 M 按图 3－21 所示依次安置在光具座上，按粗调的方法将各元件基本调整为同轴等高。改变凸透镜至物屏的距离，直至物屏上箭矢附近出现一个清晰的倒置像为止。调节凸透镜的高低、左右位置，观察像位置的变化，若倒像与物（箭矢）大小相等完全重合且图像清晰（实际上，为便于判断，使像与物紧靠），刚表明透镜中心与物中心已处于同轴等高的位置，且其连线平行于光具座导轨，记下屏 P 与透镜 L 所在位置，其间距即为凸透镜 L 的焦距。重复测量三次，求出平均值 f 及其误差，正确表示测量结果。

在实际测量时，由于对成像刚清晰程度的判断不准确，可导致测量值产生一定的误差。为了减小误差，常采用左右逼近法读数，即先使透镜由左向右移动，当像刚清晰时停止，记下透镜位置的读数；再使透镜自右向左移动，在像清晰时又得一读数，取这两次读数的平均值作为成像清晰时凸透镜的位置。

2. 观察凸透镜成像规律并用物距像距法测凸透镜焦距

(1) 依次使物距 $u>f$、$u=2f$、$u>2f$ 或处于 $f<u<2f$ 范围，观察成像的位置及像的特点（大小、正倒、虚实），记入表 3－9 中，并画出相应的光路图。总结物距变化时相应的像距变化规律。根据放大镜、幻灯机、照相机的成像原理，说明各应使用哪一种光路。

(2) 使物距约等于 $2f$，用左右逼近法测出相应的成像位置，按式（3－15）计算透镜焦距 f，重复测量三次，求出平均值及其误差，正确表示测量结果。

3. 位移法

按图 3－22 将被光源照明的物屏、透镜、像屏放置在光具座上，调成同轴等高。取物屏与像屏之间的距离 $4f<L$；移动透镜，当像屏上分别出现清晰的放大像和缩小像时，也用左右逼近的方法，记录透镜位置 O_1、O_2 的左右读数值，共测三次，计算每组 O_1、O_2 的距离 e，根据式（3－20），分别计算出对应于每一组 L、e 值的焦距 f，然后求出焦距的平均值和误差，正确表示测量结果。

（三）凹透镜焦距的测定（选做）

参阅“凹透镜焦距的测量原理”，自己拟定具体步骤。

［数据记录与处理］

测量数据填入表 3－7 至表 3－10 中。

表 3－7　自准法测凸透镜焦距

物屏位置读数：________ m

测量次数	透镜位置读数/m			f/m	δf_i/m
	左	右	平均		
1					
2					
3					
平均值/m				$\bar{f}=$	$\delta f=$

$$f=\bar{f}\pm\delta_f=\_\_\_\_\_\_\_\_\ \text{m}$$

表 3-8 位移法测焦距

物屏位置读数:________ m　　像屏位置读数:________ m

测量次数	透镜位置读数/m						f/m	δf_i/m
	Q_1 位置			Q_2 位置				
	左	右	平均	左	右	平均		
1								
2								
3								

$\bar{f}=$________ m, $\delta_f=$________ m, $E_f=\frac{\delta_f}{\bar{f}}\times 100\%$　　$f=\bar{f}\pm\delta_f=$________ m

表 3-9 观察凸透镜成像规律

物的位置	成像范围	像的特点	光路图	用途
$2f<u$				
$u=2f$				
$f<u<2f$				
$u<f$				

表 3-10 物距像距法测凸透镜焦距

物距 $u=$________ m　$\delta_u=$________ m(按单次测量求)

测量次数	像 距 v/m			δv/m
	左	右	平均	
1				
2				
3				
平均				

$\bar{f}=$________ m

$E_f=\frac{\delta_f}{\bar{f}}$, $\delta_f=$________ m

$f=\bar{f}\pm\delta_f=$________ m

[思考题]

1. 在光学实验中,对光学系统各部件为什么要进行同轴等高调节?如何判断光学系统各部件已满足同轴等高要求?

2. 在自准法测凸透镜焦距中,物与像的关系如何?

3. 什么是位移法(共轭法)?公式(3-20)中的 L 和 e 各表示什么?

4. 怎样利用物距像距法测量凹透镜的焦距?

5. 自准法测凹透镜焦距的实验光路有何特点?

实验 3.7 气垫导轨上物体运动的研究

在力学实验中,由于物体间存在摩擦力,产生的误差往往很大。采用了气垫导轨装置后,由于“气垫”的飘浮作用,物体在导轨上运动时所受的摩擦阻力基本消除,从而可以对一些较精密的力学实验进行定量的研究。

[实验目的]

(1) 学习使用气垫导轨和计时计数测速仪。

(2) 在气轨上观察匀速直线运动。

(3) 在气轨上测量物体运动的速度和加速度。

(4) 通过测量加速度,验证牛顿第二定律。

[实验仪器]

气垫导轨、计时计数测速仪、天平。

[实验原理]

(一) 观察匀速直线运动

调整气轨,使之处于水平状态。打开气源后,放在导轨上的滑块受到的合外力为零,此时滑块将静止或作匀速直线运动,只要轻轻推动滑块,滑块将作匀速直线运动。

(二) 速度的测量

在滑块上装一窄的挡光片,当滑块经过设在气轨上某位置处的光电门时,则挡光片将挡住光电门中照在光电元件上的光,其挡光时间 Δt 和挡光宽度 Δ_x 均可测得,则利用式(3-22)即可求得滑块速度为

$$\overline{V} = \frac{\Delta x}{\Delta t} \tag{3-22}$$

由于 Δx 很小,则在 Δx 范围内滑块的速度变化也较小,故可以把平均速度 V 看成是滑块经过光电门的瞬时速度,即

$$V = \lim_{\Delta t \to 0} \frac{\Delta x}{\Delta t} \approx \frac{\Delta x}{\Delta t} \tag{3-23}$$

利用 MUJ-5C 型计时计数测速仪可直接测得速度 V。

(三) 加速度的测量

调整气轨,使之处于某一倾斜状态,则打开气源后,放在导轨上的滑块将受一恒力作用而作匀加速度运动(见图 3-25)。在气轨上任选一段距离 S,并在 S 两端处设置两个光电门,则滑块经过两光电门的速度 V_1、V_2 均可测得,再利用下列运动学公式即可求得滑块运动的加速度为

$$V_2^2 = V_1^2 + 2as$$

可求得

$$a = \frac{V_2^2 - V_1^2}{2S} \qquad (3-24)$$

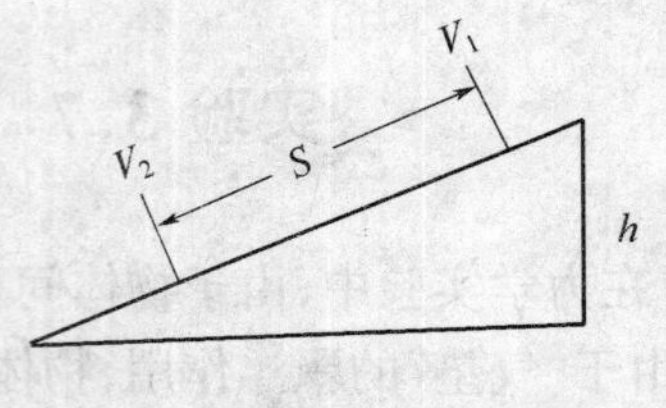

图 3-25　滑块在斜面上的运动

由　$V_2 = V_1 + at$,又可求得

$$a = \frac{V_2 - V_1}{t} \qquad (3-25)$$

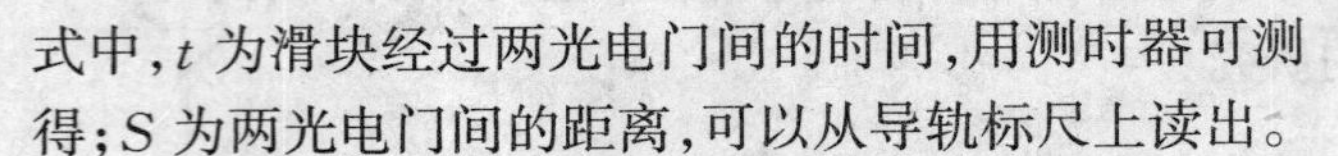

式中,t 为滑块经过两光电门间的时间,用测时器可测得;S 为两光电门间的距离,可以从导轨标尺上读出。

利用 MUJ-5C 型计时计数测速仪可直接测得加速度 a。

(四) 验证牛顿第二定律

如图 3-26 所示,气垫导轨调水平后,质量为 m_1 的滑块用胶带跨过气垫滑轮与物体 m_2(盘与砝码的总质量为 m_2)相连,胶带张力为 T,设各种阻力不计。

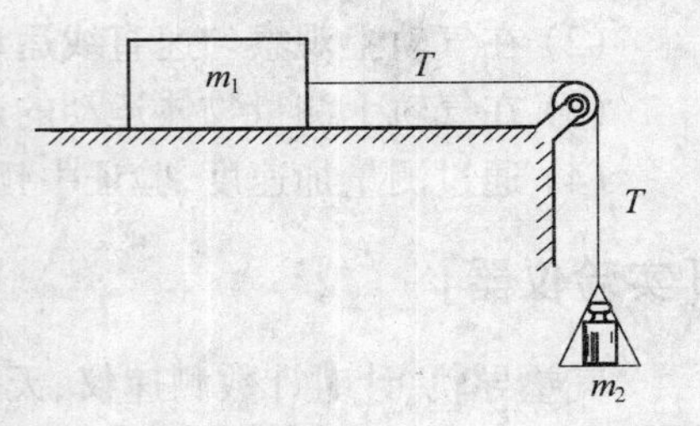

图 3-26　验证牛顿第二定律装置图

m_1、m_2 作为一个系统,并视为质点,根据牛顿第二定律则有

$$F = m_2 g = (m_1 + m_2)a \qquad (3-26)$$

式中,$M = m_1 + m_2$ 为系统的总质量,$m_2 g$ 为系统所受的合外力。

因此,要验证牛顿第二定律,只要验证式(3-26)是否成立。也就是只要验证如下关系:

合外力 F 一定时,a 与 M 成反比;总质量 M 一定时,a 与 F 成正比。

[实验内容]

(一) 在气轨上观察匀速直线运动

(1) 接通气源,观察滑块(已装上挡光片)的运动情况。

(2) 调节气轨的单、双脚螺钉,使之处于水平状态。

(3) 轻轻推动滑块,使之在气轨上向左或向右运动,用 MUJ-5C 型计时计数测速仪分别测出其通过两光电门的时间 Δt_1、Δt_2,并比较大小。将各数据填入表 3-11 中。

表 3-11　滑块在气轨上作匀速直线运动的数据表

$\Delta x =$ ______ cm

功能选择	滑块向左运动			滑块向右运动		
计时	Δt_1/ms	Δt_2/ms	$\Delta t_2 - \Delta t_1$/ms	Δt_1/ms	Δt_2/ms	$\Delta t_2 - \Delta t_1$/ms
注:Δt_1、Δt_2 为挡光片分别经过第一个光电门(先)和第二个光电门(后)的时间						

(二) 在气轨上测滑块运动的速度和加速度

(1) 接通气源,调整气轨,使之处于某一倾斜状态。

(2) 让滑块(已装上挡光片)从高的一端下滑(初速任意),则滑块作匀加速运动。

(3) MUJ－5C 计时计数测速仪选择不同的功能,分别测出滑块运动的速度和加速度。将各数据填入下列表 3－12 中。

表 3－12　测滑块运动的速度和加速度数据表

F 一定,Δx = ________ cm, S = ________ cm

功能选择	V_1/mm/s	V_1/mm/s	V_1/mm/s²
加速度 (a)			
注:V_1、V_2 为滑块分别经过第一光电门(先)和第二光电门(后)的速度			

(三) 通过测量加速度,验证牛顿第二定律

打开气源,将气轨调水平。然后将系有物体的轻胶带通过气垫滑轮与滑块相连,再将滑块移至远离滑轮的一端,松手后滑块便从静止开始作匀加速运动,通过测量加速度,验证牛顿第二定律(参看原理图 3－26)。

1. 验证物体所受合外力 $F(=m_2g)$ 一定时,a 与 M 成反比

表 3－13　验证物体所受外力不变时,物体的加速度与质量成反比的数据表

m_2 = ________ g, Δx = ________ cm

次数	m_1/g	$M=m_1+m_2$/g	A/mm/s²	$a \sim M$ 关系
1				
2				
3				
注:m_1 的改变是通过在滑块上加、减加重块来实现的				

2. 验证物体总质量 $M=m_1+m_2$ 一定时,a 与 F 成正比

测量数据填入表 3－14 中。

表 3－14　验证物体质量不变时,物体的加速度与所受外力成正比的数据表

$M=m_1+m_2$ = ________ g, Δx = ________ cm

次数	m_2/g	$F=m_2g/\times10^{-3}$N	a/mm/s^{-1}	$a \sim F$ 关系
1				
2				
3				
注:m_2 的改变是通过把 m_1 上的加重块移到 m_2 上来实现的				

[思考题]

如何调节气垫导轨(水平、倾斜)？当滑块在气轨上经过两个光电门的时间完全相同，则是否可以认为导轨已真正调平？为什么？

实验 3.8　杨氏模量的测量

[实验目的]

(1) 观察金属丝的弹性形变规律,学习用静力拉伸法测杨氏模量。

(2) 学习用光杠杆法测量微小长度。

(3) 学习用逐差法和作图法处理数据。

[实验仪器]

杨氏模量测量仪、米尺、螺旋测微计、被测细钢丝。

[实验原理]

固体材料,例如用钢制成的棒材或线材,在其两端施加一个拉力或压力(常称为加载或负载)时,它会像弹簧一样地伸长或压缩。在弹性极限内,伸长量与负载成正比,这就是同学们非常熟悉的虎克定律。这个弹性极限也常称为“虎克定律极限”。再增加负载,固体就会达到它的“弹性极限”。超过弹性极限,固体就会失去弹性,即撤去负载后,固体不能恢复其原有形状,形成永久形变。

人们在研究材料的弹性性质时,希望存在这样的物理量,它对各种尺寸、形状的试样及其所加的力都适用,这样就引入了物理量——杨氏模量 E,它定义为

$$E = \frac{\dfrac{F}{S}}{\dfrac{\Delta L}{L}} \tag{3-27}$$

式中,$\frac{F}{S}$称为应力,是力与力所作用的面积之比,表示单位面积所受的力;$\frac{\Delta L}{L}$称为应变,是长度或尺寸的变化量与原来的长度或尺寸之比。在虎克弹性极限内,应力与应变之比,即杨氏模量 E 是一个常数。

杨氏模量 E 是表征材料性质的一个物理量,与试样的尺寸、外形和所施加的外力无关。使一种材料发生一定形变所需要的应力越大,该材料的杨氏模量就越大,杨氏模量的大小标志了材料的刚性。

根据式(3-27),测出等式右边各量后,便可算出杨氏弹性模量 E。其中 F、L、S 可用一般的方法测得,唯有伸长量 ΔL 之值甚小,用一般工具不易测准确,可用下面将要介绍的光杆法测量。

研究材料的弹性性质及弹性极限,在工程技术中有十分重要的意义,实验表明,当加载到弹性极限以上的某一点时,固体材料会表现出很大的易变性,这一点就是“屈服点”。

达到“屈服点”后不久，材料即发生断裂。在固体材料中传播的机械纵波，其波速也与 E 有关。

本实验采用拉伸法测定钢丝的杨氏模量，仪器装置如图 3-27 所示。金属丝 L 的上端固定于架 A 上，下端装有一个环，环上挂着砝码钩（图中未画出），C 为中间有一小孔的圆柱体，金属丝可从其中穿过。实验时应将圆柱体一端用螺旋卡头夹紧，使其能随金属丝的伸缩面移动。G 是一个固定平台，中间开有一孔，圆柱体 C 可在孔中自由移动。光杠杆 M（平面镜）下面的两尖脚放在平台的沟内，主杆尖脚放在圆柱体 C 的上端。将水平仪放置在平台 G 上，调节支架底部的三个调节螺丝可使平台成水平。望远镜 R 和标尺 S 是测伸长量 ΔL 用的测量装置。

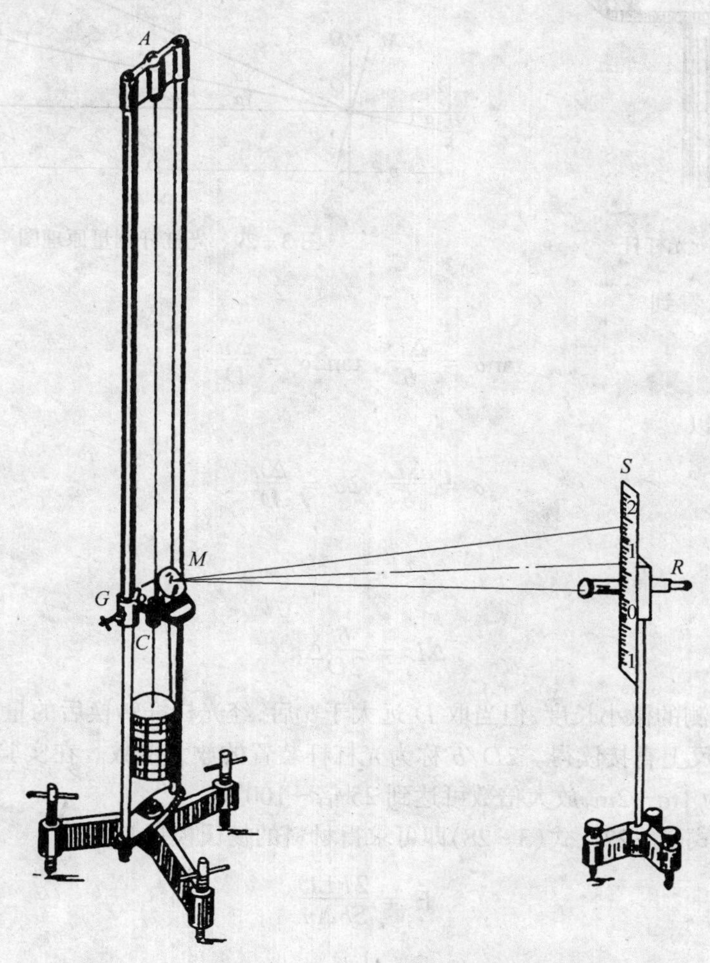

图 3-27　用光杠杆法测量金属丝杨氏模量装置图

当砝码钩上增加（或减少）砝码后，金属丝将伸长（或缩小）ΔL，光杠杆 M 的主杆尖脚也随圆柱体 C 一道下降（或上升），使主杆转过一角度 α，同时平面镜的法线也转过相同角度 α。根据下述光杠杆法用望远镜 R 和标尺 S 测得 α 角，即可算出 ΔL。

用光杠杆法测微小长度的装置如图 3-28 所示，它的原理图如图 3-29 所示。假定开始时平面镜 M 的法线 On_0 在水平位置，则标尺 S 上的标度线 n_0 发出的光通过平面镜

M 反射,进入望远镜,在望远镜中形成 n_0 的像而被观察到。当金属丝伸长后,光杠杆的主杆尖脚 b 随金属丝下落 ΔL,带动 M 转角 α 而至 M',法线 On_0 也转同一角度 α 至 On_1。根据光的反射定律,从 n_0 发出的光将反射至 n_2,且$\angle n_0On_1 = \angle n_2On_1 = \alpha$。由光线的可逆性,从 n_2 发出的光经平面镜反射后进入望远镜而被观察到。

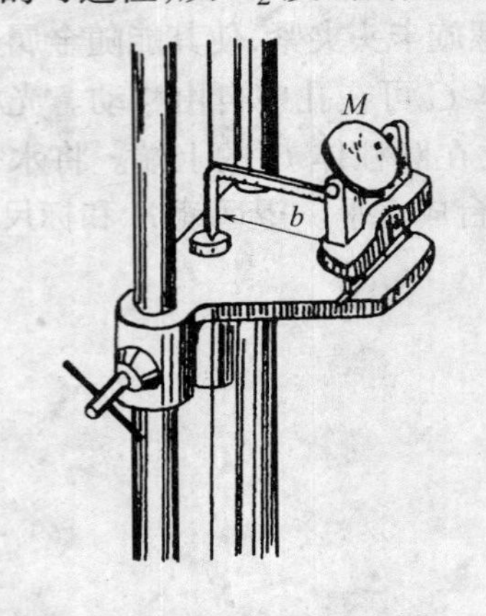

图 3-28　光杠杆

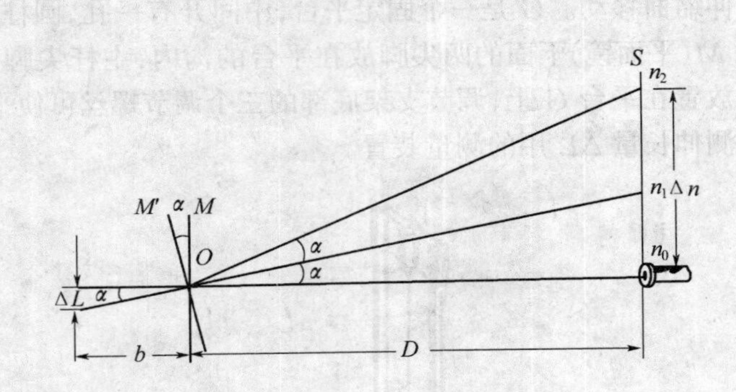

图 3-29　光杠杆测量原理图

从图 3-29 可以看到

$$\tan\alpha = \frac{\Delta L}{b},\ \tan 2\alpha = \frac{\Delta n}{D}$$

由于 α 很小,所以

$$\alpha = \frac{\Delta L}{b},\ 2\alpha = \frac{\Delta n}{D}$$

消去 α,得

$$\Delta L = \frac{b}{2D}\Delta n \tag{3-28}$$

ΔL 原是难测的微小长度,但当取 D 远大于 b 后,经光杠杆转换后的量 Δn 却是较大的量,可以从标尺上直接读得。$2D/b$ 称为光杠杆装置的放大倍数。在实验中,通常 b 为 4cm～8cm,D 为 1m～2m,放大倍数可达到 25 倍～100 倍。

因此,根据式(3-27)、式(3-28)即可求得材料的杨氏模量为

$$E = \frac{2FLD}{Sb\Delta n} \tag{3-29}$$

[实验内容]

在动手做实验前,首先熟悉实验用的仪器,了解仪器的构造、仪器上各个部件的用途和调节方法,以及实验中要注意的问题。只有这样,在实验时才能较主动地掌握仪器的使用,顺利地进行实验。

1. 调节仪器

(1) 调节支架底脚螺丝使仪器平正,以平台上的水平气泡居中为准。

(2) 调节平台的高低,使光杠杆的臂基本水平,即镜面基本竖直,调节时注意用手小心托住平台,防止光杠杆倾跌。

(3) 放好望远镜和标尺,使望远镜基本水平,正对平面镜镜面,镜尺距离 D 约为 1m 左右。

(4) 调节望远镜目镜使叉丝清晰。

(5) 调节望远镜焦距使通过平面镜反射观察到标尺的像清晰,并与叉丝像位于同一平面(无视差)。同时细调平台和望远镜、标尺,使平面镜镜面竖直,镜组的标尺竖直,望远镜水平地对准平面镜。这一步是调整仪器的关键。

2. $\overline{\Delta n}$的测量

(1) 砝码钩上不加法码,码钩的质量为 F_0,记录望远镜中标尺的读数 n_0。

(2) 在码钩上逐次加 500g 砝码,直至 3500g,观察每增加 500g 时望远镜中标尺上的读数 n_i 然后再将砝码逐次减去,每次仍为 500g,记下对应的读数 n_i',取两组对应数据的平均值得到$\overline{n_i}$。将各根据填入表 3-15 中。

表 3-15 用逐差法求 Δn

i	F_i/g	n_i/mm	n_i'/mm	$\overline{n}_i$/mm	Δn/mm
0	F_0				
1	F_0+500				
2	F_0+1000				
3	F_0+1500				
4	F_0+2000				
5	F_0+2500				
6	F_0+3000				
7	F_0+3500				

(3) 用逐差法求得 $F=2\times9.8$N 时标尺上的读数差$\overline{\Delta n}$。

$$\Delta n=\frac{1}{4}(\Delta n_1+\Delta n_2+\Delta n_3+\Delta n_4)=$$
$$\frac{1}{4}[(\overline{n_4}-\overline{n_0})+(\overline{n_5}-\overline{n_1})+(\overline{n_6}-\overline{n_2})+(\overline{n_7}-\overline{n_3})]$$

3. 相关数据的测量

(1) 用米尺测量平面镜到标尺之间的距离 D。

(2) 用米尺测量臂长 b。方法是取下光杠杆,将光杠杆的三个足尖印在一张纸上,得到 f_1、f_2、f_3 三个印痕,用细铅笔作 f_1 到 f_2、f_3 联线的垂线,即为 b。

(3) 用米尺测量金属丝的原长 L。

(4) 用螺旋测微计测金属丝直径 d。上、中、下部各测两次共 6 次,然后取平均值

$$\bar{d}=\frac{d_1+d_2+\cdots+d_6}{6}$$

则可计算出金属丝的截面积为 $\bar{S}=\frac{\pi}{4}\overline{d^2}$。

4. 数据处理

(1) 用逐差法处理数据。

将测得(求得)的数据 D、b、$\bar{S}$、$\overline{\Delta n}$以 $F = 2000\text{g} = 19.6\text{N}$ 代入式(3-28),即可得杨氏模量的平均值 $\bar{E}$。再利用微分法(或误差传递公式)求得其误差$\overline{\Delta E}$。测量结果为:

$$E = \bar{E} \pm \overline{\Delta E}$$

(2) 用作图法处理数据。

取 $F = F_0$ 时望远镜中观察到的标尺的位置为原点,砝码及码钩重为 F 时望远镜的相对读数为 n,则公式(3-28)可改写成 $n = \frac{2DL}{SbE}F = mF$,其中 $m = \frac{2DL}{SbE}$,在给定实验条件下,m 是一个常量。

若以 n 为纵坐标,F 为横坐标,从上述实验数据可得一直线。由直线得出其斜率 m,再根据下列公式即可求得杨氏模量 E。

$$E = \frac{2DL}{Sbm}$$

[注意事项]

(1) 在光杠杆和镜尺组调整好以后,整个实验过程中都要防止光杠杆的前足和望远镜及标尺的位置有任何变动,特别是在加减砝码时要格外小心,轻放轻取。

(2) 调节望远镜进行读数时,要注意避免视差,即当视线略作上下移动时,所看到的标尺刻度像和叉丝之间没有相对变动。

(3) 最后计算时,要将各个量化为国际单位制:长度为 m,力为 N,测得 E 的单位为 $\text{N} \cdot \text{m}^{-2}$。

[思考题]

1. 本实验中,各个长度量用不同的仪器进行测量,这是怎样考虑的?为什么?

2. 试一试加砝码后立即读数和过一会再读数,读数值有无区别?从而判断弹性滞后对测量有没有影响?由此可得出什么结论?

3. 如果在调节光杠杆和镜尺组时,标尺调得不竖直,有 $\alpha = 5°$的倾斜,其他都按要求调节。问对结果有没有影响?影响有多大?如果标尺调得竖直,没加砝码或码钩时,小镜有 $\alpha = 5°$的倾斜,问对结果有没有影响?

实验 3.9 金属膨胀系数的测定

绝大多数物质都具有热胀冷缩的特性。在一维情况下,固体受热后长度的增加称为线膨胀。在相同条件下,不同材料的线膨胀程度各不相同,我们引入线膨胀系数来表征物质的膨胀特性。线膨胀系数是物质的基本物理参数之一,在道路、桥梁、建筑等工程设计,精密仪器仪表设计,材料的焊接、加工等各种领域,都必须对物质的膨胀特性予以充分的考虑。利用本实验提供的固体线膨胀系数测量仪和温控仪,能对固体的线膨胀系数予以准确测量。

在科研、生产及日常生活的许多领域，常常需要对温度进行调节、控制。温度调节的方法有多种，PID调节是对温度控制精度要求高时常用的一种方法。物理实验中经常需要测量物理量随温度的变化关系，本实验提供的温控仪针对学生实验的特点，让学生自行设定调节参数，并能实时观察到对于特定的参数，温度及功率随时间的变化关系及控制精度。加深学生对PID调节过程的理解。

[实验目的]

(1) 测量金属的线膨胀系数。

(2) 学习PID调节的原理并通过实验了解参数设置对PID调节过程的影响。

[实验仪器]

金属线膨胀实验仪、PID温控实验仪、千分表。

[实验原理]

(一) 线膨胀系数

设在温度为 t_0 时固体的长度为 L_0，在温度为 t_1 时固体的长度为 L_1。实验指出，当温度变化范围不大时，固体的伸长量 $\Delta L = L_1 - L_0$ 与温度变化量 $\Delta t = t_1 - t_0$ 及固体的长度 L_0 成正比，即

$$\Delta L = \alpha L_0 \Delta t \tag{3-30}$$

式中，比例系数 α 称为固体的线膨胀系数，由式(3-30)知

$$\alpha = \Delta L / L_0 \cdot 1/\Delta t \tag{3-31}$$

可以将 α 理解为当温度升高1℃时，固体增加的长度与原长度之比。多数金属的线膨胀系数在$(0.8\sim2.5)\times10^{-5}$/℃之间。

线膨胀系数是与温度有关的物理量。当 Δt 很小时，由式(3-31)测得的 α 称为固体在温度为 t_0 时的微分线膨胀系数。当 Δt 是一个不太大的变化区间时，我们近似认为 α 是不变的，α 称为固体在 t_0—t_1 温度范围内的线膨胀系数。

由式(3-31)可知，在 L_0 已知的情况下，固体线膨胀系数的测量实际归结为温度变化量 Δt 与相应的长度变化量 ΔL 的测量，由于 α 数值较小，在 Δt 不大的情况下，ΔL 也很小，因此准确地控制 t、测量 t 及 ΔL 是保证测量成功的关键。

(二) PID调节原理

PID调节是自动控制系统中应用最为广泛的一种调节规律，自动控制系统的原理可用图3-30说明。

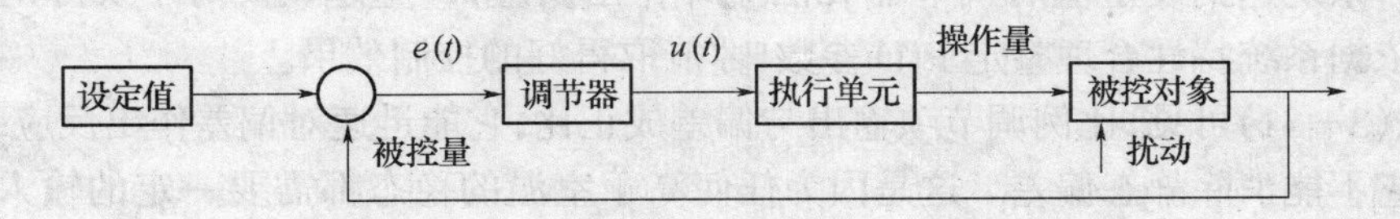

图3-30　自动控制系统框图

假如被控量与设定值之间有偏差 $e(t)=$设定值－被控量，调节器依据 $e(t)$及一定的调节规律输出调节信号 $u(t)$，执行单元按 $u(t)$输出操作量至被控对象，使被控量逼近直至最后等于设定值。调节器是自动控制系统的指挥机构。

在我们的温控系统中，调节器采用 PID 调节，执行单元是由可控硅控制加热电流的加热器，操作量是加热功率，被控对象是水箱中的水，被控量是水的温度。

PID 调节器是按偏差的比例（Proportional），积分（Integral），微分（Differential），进行调节，其调节规律可表示为

$$u(t) = K_P\left[e(t) + \frac{1}{T_I}\int_0^t e(t)\mathrm{d}t + T_D\frac{\mathrm{d}e(t)}{\mathrm{d}t}\right] \tag{3-32}$$

式中，第一项为比例调节，K_P 为比例系数；第二项为积分调节，T_I 为积分时间常数；第三项为微分调节，T_D 为微分时间常数。

PID 温度控制系统在调节过程中温度随时间的一般变化关系可用图 3－31 表示，控制效果可用稳定性，准确性和快速性评价。

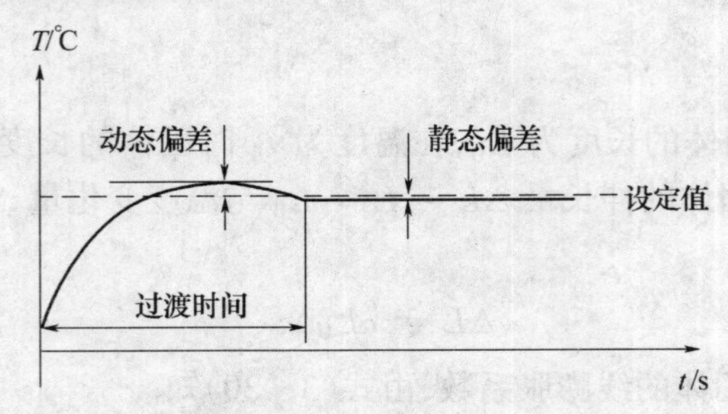

图 3－31　PID 调节系统过渡过程

系统重新设定（或受到扰动）后经过一定的过渡过程能够达到新的平衡状态，则为稳定的调节过程；若被控量反复振荡，甚至振幅越来越大，则为不稳定调节过程，不稳定调节过程是有害的而不能采用的。准确性可用被调量的动态偏差和静态偏差来衡量，二者越小，准确性越高。快速性可用过渡时间表示，过渡时间越短越好。实际控制系统中，上述三方面指标常常是互相制约，互相矛盾的，应结合具体要求综合考虑。

由图 3－31 可见，系统在达到设定值后一般并不能立即稳定在设定值，而是超过设定值后经一定的过渡过程才重新稳定，产生超调的原因可从系统惯性，传感器滞后和调节器特性等方面予以说明。系统在升温过程中，加热器温度总是高于被控对象温度，在达到设定值后，即使减小或切断加热功率，加热器存储的热量在一定时间内仍然会使系统升温，降温有类似的反向过程，这称之为系统的热惯性。传感器滞后是指由于传感器本身热传导特性或是由于传感器安装位置的原因，使传感器测量到的温度比系统实际的温度在时间上滞后，系统达到设定值后调节器无法立即作出反应，产生超调。对于实际的控制系统，必须依据系统特性合理整定 PID 参数，才能取得好的控制效果。

由式(3－31)可见，比例调节项输出与偏差成正比，它能迅速对偏差作出反应，并减小偏差，但它不能消除静态偏差。这是因为任何高于室温的稳态都需要一定的输入功率维持，而比例调节项只有偏差存在时才输出调节量。增加比例调节系数 K_P 可减小静态偏差，但在系统有热惯性和传感器滞后时，会使超调加大。

积分调节项输出与偏差对时间的积分成正比，只要系统存在偏差，积分调节作用就不断积累，输出调节量以消除偏差。积分调节作用缓慢，在时间上总是滞后于偏差信号的变化。增加积分作用（减小 T_I）可加快消除静态偏差，但会使系统超调加大，增加动态偏差，积分作用太强甚至会使系统出现不稳定状态。

微分调节项输出与偏差对时间的变化率成正比，它阻碍温度的变化，能减小超调量，克服振荡。在系统受到扰动时，它能迅速作出反应，减小调整时间，提高系统的稳定性。

PID 调节器的应用已有一百多年的历史，理论分析和实践都表明，应用这种调节规律对许多具体过程进行控制时，都能取得满意的结果。

[实验内容]

（一）检查仪器后面的水位管，将水箱水加到适当值

平常加水从仪器顶部的注水孔注入。若水箱排空后第 1 次加水，应该用软管从出水孔将水经水泵加入水箱，以便排出水泵内的空气，避免水泵空转（无循环水流出）或发出嗡鸣声。

（二）设定 PID 参数

若对 PID 调节原理及方法感兴趣，可在不同的升温区段有意改变 PID 参数组合，观察参数改变对调节过程的影响。

若只是把温控仪作为实验工具使用，则可按以下的经验方法设定 PID 参数：

$$K_P = 3(\Delta T)^{1/2}, \quad T_I = 30, \ T_D = 1/99$$

ΔT 为设定温度与室温之差。参数设置好后，用启控/停控键开始或停止温度调节。

（三）测量线膨胀系数

实验开始前检查金属棒是否固定良好，千分表安装位置是否合适。一旦开始升温及读数，避免再触动实验仪。

为保证实验安全，温控仪最高设置温度为 60℃。若决定测量 n 个温度点，则每次升温范围为 $\Delta T = (60 - \text{室温})/n$。为减小系统误差，将第 1 次温度达到平衡时的温度及千分表读数分别作为 T_0, l_0。温度的设定值每次提高 ΔT，温度在新的设定值达到平衡后，记录温度及千分表读数于表 3-16 中。

表 3-16 数据记录表

次 数	0	1	2	3	4	5	6	7
千分表读数	$l_0=$							
温度/℃	$T_0=$							
$\Delta T_i = T_i - T_0$								
$\Delta L_i = l_i - l_0$								

[数据分析与处理]

根据 $\Delta L = \alpha L_0 \Delta t$，由表 3-16 数据用线性回归法或作图法求出 $\Delta L_i - \Delta T_I$ 直线的斜率 K，已知固体样品长度 $L_0 = 500\text{mm}$，则可求出固体线膨胀系数 $\alpha = K/L_0$。

[仪器介绍]

(一) 金属线膨胀实验仪

仪器外型如图 3－32 所示。金属棒的一端用螺钉连接在固定端，滑动端装有轴承，金属棒可在此方向自由伸长。通过流过金属棒的水加热金属，金属的膨胀量用千分表测量。支架都用隔热材料制作，金属棒外面包有绝热材料，以阻止热量向基座传递，保证测量准确。

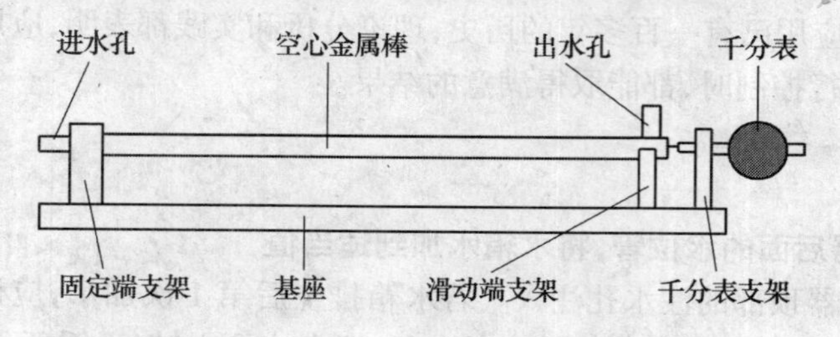

图 3－32　金属线膨胀实验仪

(二) 开放式 PID 温控实验仪

温控实验仪包含水箱，水泵，加热器，控制及显示电路等部分。

本温控试验仪内置微处理器，带有液晶显示屏，具有操作菜单化，能根据实验对象选择 PID 参数以达到最佳控制，能显示温控过程的温度变化曲线和功率变化曲线及温度和功率的实时值，能存储温度及功率变化曲线，控制精度高等特点，仪器面板如图 3－33 所示。

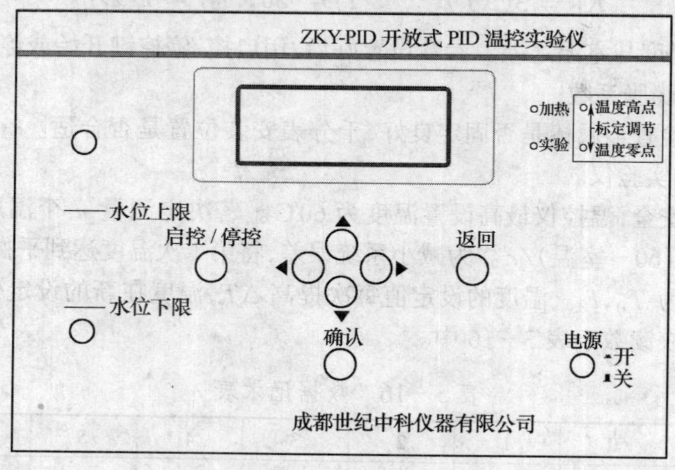

图 3－33　温控实验仪面

开机后，水泵开始运转，显示屏显示操作菜单，可选择工作方式，输入序号及室温，设定温度及 PID 参数。使用◀▶键选择项目，▲▼键设置参数，按确认键进入下一屏，按返回键返回上一屏。

进入测量界面后，屏幕上方的数据栏从左至右依次显示序号、设定温度、初始温度、当前温度、当前功率、调节时间等参数。图形区以横坐标代表时间，纵坐标代表温度(功率)，并可用▲▼键改变温度坐标值。仪器每隔 15s 采集 1 次温度及加热功率值，并将采得的数据标示在图上。温度达到设定值并保持 2min 温度波动小于 0.1°，仪器自动判定达到平衡,并在图形区右边显示过渡时间 ts,动态偏差 σ,静态偏差 e。一次实验完成退出时,仪器自动将屏幕按设定的序号存储(共可存储10幅),以供必要时分析、比较。

(三) 千分表

千分表是用于精密测量位移量的量具,它利用齿条—齿轮传动机构将线位移转变为角位移,由表针的角度改变量读出线位移量。大表针转动1圈(小表针转动1格),代表线位移0.2mm,最小分度值为0.001mm。

实验3.10　落球法测定液体的粘滞系数

当液体内各部分之间有相对运动时,接触面之间存在内摩擦力,阻碍液体的相对运动,这种性质称为液体的粘滞性,液体的内摩擦力称为粘滞力。粘滞力的大小与接触面面积以及接触面处的速度梯度成正比,比例系数 η 称为粘度(或粘滞系数)。

对液体粘滞性的研究在流体力学、化学化工、医疗、水利等领域都有广泛的应用,例如在用管道输送液体时要根据输送液体的流量、压力差、输送距离及液体粘度、设计输送管道的口径。

测量液体粘度可用落球法、毛细管法、转筒法等方法,其中落球法适用于测量粘度较高的液体。粘度的大小取决于液体的性质与温度,温度升高,粘度将迅速减小。例如,对于蓖麻油,在室温附近温度改变1℃,粘度值改变约10%。因此,测定液体在不同温度的粘度有很大的实际意义,欲准确测量液体的粘度,必须精确控制液体温度。

[实验目的]

(1) 用落球法测量不同温度下蓖麻油的粘度。

(2) 了解PID温度控制的原理。

(3) 练习用秒表记时,用螺旋测微器测直径。

[实验仪器]

变温粘度测量仪,温控实验仪,秒表,螺旋测微器,钢球若干。

[实验原理]

(一) 落球法测定液体的粘度

1个在静止液体中下落的小球受到重力、浮力和粘滞阻力3个力的作用,如果小球的速度 v 很小,且液体可以看成在各方向上都是无限广阔的,则从流体力学的基本方程可以导出表示粘滞阻力的斯托克斯公式

$$F = 3\pi\eta v d \tag{3-33}$$

式中,d 为小球直径。由于粘滞阻力与小球速度 v 成正比,小球在下落很短一段距离后(参见附录的推导),所受3个力达到平衡,小球将以 v_0 匀速下落,此时有

$$\frac{1}{6}\pi d^3(\rho - \rho_0)g = 3\pi\eta v_0 d \tag{3-34}$$

式中，ρ 为小球密度，ρ_0 为液体密度。由式(3－34)可解出粘度 η 的表达式

$$\eta = \frac{(\rho - \rho_0)gd^2}{18v_0} \tag{3-35}$$

本实验中，小球在直径为 D 的玻璃管中下落，液体在各方向无限广阔的条件不满足，此时粘滞阻力的表达式可加修正系数 $(1+2.4d/D)$，而式(3－35)可修正为

$$\eta = \frac{(\rho - \rho_0)gd^2}{18v_0(1+2.4d/D)} \tag{3-36}$$

当小球的密度较大，直径不是太小，而液体的粘度值又较小时，小球在液体中的平衡速度 v_0 会达到较大的值，奥西思—果尔斯公式反映出了液体运动状态对斯托克斯公式的影响

$$F = 3\pi\eta v_0 d\left(1 + \frac{3}{16}Re - \frac{19}{1080}Re^2 + \cdots\right) \tag{3-37}$$

式中，Re 称为雷诺数，是表征液体运动状态的无量纲参数。

$$Re = v_0 d\rho_0/\eta \tag{3-38}$$

当 $Re<0.1$ 时，可认为式(3－33)、式(3－34)成立。当 $0.1<Re<1$ 时，应考虑式(3－37)中1级修正项的影响，当 $Re>1$ 时，还须考虑高次修正项。

考虑式(3－37)中1级修正项的影响及玻璃管的影响后，粘度 η_1 可表示为

$$\eta_1 = \frac{(\rho - \rho_0)gd^2}{18v_0(1+2.4d/D)(1+3Re/16)} = \eta\frac{1}{1+3Re/16} \tag{3-39}$$

由于 $3Re/16$ 是远小于1的数，将 $1/(1+3Re/16)$ 按幂级数展开后近似为 $1-3Re/16$，式(3－39)又可表示为

$$\eta_1 = \eta - \frac{3}{16}v_0 d\rho_0 \tag{3-40}$$

已知或测量得到 ρ、ρ_0、D、d、v 等参数后，由式(3－36)计算粘度 η，再由式(3－38)计算 Re，若需计算 Re 的1级修正，则由式(3－40)计算经修正的粘度 η_1。

在国际单位制中，η 的单位是 Pa·s(帕斯卡·秒)，在厘米、克、秒制中，η 的单位是 P(泊)或 cP(厘泊)，它们之间的换算关系是

$$1\text{Pa}\cdot\text{s} = 10\text{P} = 1000\text{cP} \tag{3-41}$$

(二) PID 调节原理

参见实验3.9，金属膨胀系数的测定。

[实验内容]

(一) 检查仪器后面的水位管，将水箱水加到适当值

平常加水从仪器顶部的注水孔注入。若水箱排空后第1次加水，应该用软管从出水孔将水经水泵加入水箱，以便排出水泵内的空气，避免水泵空转(无循环水流出)或发出嗡鸣声。

(二) 设定 PID 参数

若对 PID 调节原理及方法感兴趣，可在不同的升温区段有意改变 PID 参数组合，观

察参数改变对调节过程的影响，探索最佳控制参数。

若只是把温控仪作为实验工具使用，则保持仪器设定的初始值，也能达到较好的控制效果。

（三）测定小球直径

由式(3－37)及式(3－35)可见，当液体粘度及小球密度一定时，雷诺数 $Re \propto d^3$。在测量蓖麻油的粘度时建议采用直径 1mm～2mm 的小球，这样可不考虑雷诺修正或只考虑 1 级雷诺修正。

用螺旋测微器测定小球的直径 d，将数据记入表 3－17 中。

表 3－17　小球的直径

次数	1	2	3	4	5	6	7	8	平均值
d /10^{-3}m									

（四）测定小球在液体中下落速度并计算粘度

温控仪温度达到设定值后再等约 10min，使样品管中的待测液体温度与加热水温完全一致，才能测液体粘度。

用镊子夹住小球沿样品管中心轻轻放入液体，观察小球是否一直沿中心下落，若样品管倾斜，应调节其铅直。测量过程中，尽量避免对液体的扰动。

用秒表测量小球落经一段距离的时间 t，并计算小球速度 v_0，用式(3－35)或式(3－39)计算粘度 η，记入表 3－18 中。表 3－18 中，列出了部分温度下粘度的标准值，可将这些温度下粘度的测量值与标准值比较，并计算相对误差。

将表 3－18 中 η 的测量值在坐标纸上作图，表明粘度随温度的变化关系。

实验全部完成后，用磁铁将小球吸至样品管口，用镊子夹入蓖麻油中保存，以备下次实验使用。

表 3－18　粘度的测定

($\rho = 7.8\times10^3$kg/m^3 $\rho_0 = 0.95\times10^3$kg/m^3 $D = 2.0\times10^{-2}$m)

温度/℃	时间/s						速度/m·s^{-1}	η/Pa·s 测量值	η/Pa·s① 标准值
	1	2	3	4	5	平均			
10									2.420
15									
20									0.986
25									
30									0.451
35									
40									0.231
45									
50									
55									

注：①摘自 CRC Handbook of Chemistry and Physics

[仪器介绍]

(一) 落球法变温粘度测量仪

变温粘度仪的外型如图 3-34 所示。待测液体装在细长的样品管中，能使液体温度较快的与加热水温达到平衡，样品管壁上有刻度线，便于测量小球下落的距离。样品管外的加热水套连接到温控仪，通过热循环水加热样品。底座下有调节螺钉，用于调节样品管的铅直。

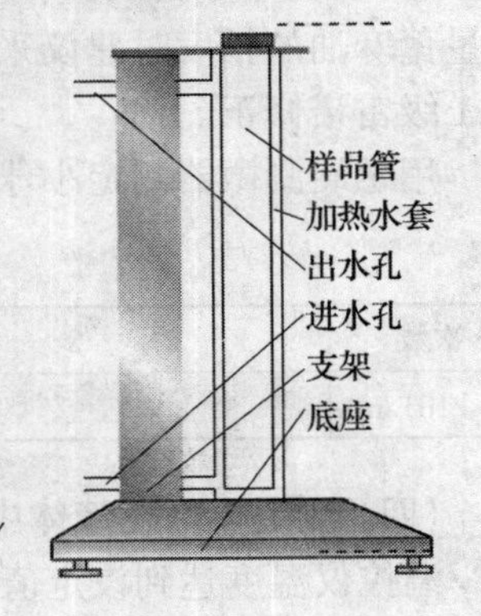

图 3-34 变温粘度仪

(二) 秒表

PC396 电子秒表具有多种功能。按功能转换键，待显示屏上方出现符号 - - - - - 且第 1 和第 6、7 短横线闪烁时，即进入秒表功能。此时按开始/停止键可开始或停止记时，多次按开始/停止键可以累计记时。一次测量完成后，按暂停/回零键使数字回零，准备进行下一次测量。

[附录] 小球在达到平衡速度之前所经路程 *L* 的推导

由牛顿运动定律及粘滞阻力的表达式，可列出小球在达到平衡速度之前的运动方程

$$\frac{1}{6}\pi d^3\rho\frac{\mathrm{d}v}{\mathrm{d}t}=\frac{1}{6}\pi d^3(\rho-\rho_0)g-3\pi\eta\mathrm{d}v \tag{3-42}$$

经整理后得

$$\frac{\mathrm{d}v}{\mathrm{d}t}+\frac{18\eta}{d^2\rho}v=\left(1-\frac{\rho_0}{\rho}\right)g \tag{3-43}$$

这是 1 个一阶线性微分方程，其通解为

$$v=\left(1-\frac{\rho_0}{\rho}\right)g\cdot\frac{d^2\rho}{18\eta}+C\mathrm{e}^{-\frac{18\eta}{d^2\rho}t} \tag{3-44}$$

设小球以零初速放入液体中，代入初始条件($t=0,\ v=0$)，定出常数 C 并整理后得

$$v=\frac{d^2g}{18\eta}(\rho-\rho_0)\cdot\left(1-\mathrm{e}^{-\frac{18\eta}{d^2\rho}t}\right) \tag{3-45}$$

随着时间增大，式(3-45)中的负指数项迅速趋近于 0，由此得平衡速度为

$$v_0=\frac{d^2g}{18\eta}(\rho-\rho_0) \tag{3-46}$$

式(3-46)与正文中的式(3-44)是等价的，平衡速度与粘度成反比。设从速度为 0 到速度达到平衡速度的 99.9% 这段时间为平衡时间 t_0，即令

$$\mathrm{e}^{-\frac{18\eta}{d^2\rho}t_0}=0.001 \tag{3-47}$$

由式(3-47)可计算平衡时间。

若钢球直径为 10^{-3}m，代入钢球的密度 ρ，蓖麻油的密度 ρ_0 及 40℃时蓖麻油的粘度

$\eta=0.231\mathrm{Pa\cdot s}$,可得此时的平衡速度约为 $v_0=0.016\mathrm{m/s}$,平衡时间约为 $t_0=0.013\mathrm{s}$。

平衡距离 L 小于平衡速度与平衡时间的乘积,在我们的实验条件下,小于1mm,基本可认为小球进入液体后就达到了平衡速度。

实验 3.11　用模拟法测绘静电场

自然现象千差万别。有的稍纵即逝,有的延续若干世纪,有的百年不遇,有的不时出现在你眼前。对这些现象的实地测量是很困难的,有时甚至是不可能的。但是,在科学研究和工程建设中又往往必须研究它们。于是,人们在实验室中,模仿实际情况,使现象重现、延缓或加速,并进行测量。这种实验方法叫模拟法。例如,利用风洞来研究飞行器在大气中飞行时的动力学特性,就是一种模拟法。还有一种模拟,如果某个物理量的直接测量有困难,人们就转向另一个物理量,而这两个物理量具有相同的空间(或时间)分布。这样,从比较容易测量的物理量间接得到难于直接测量的物理量的时空分布。本实验就是用电流场来模拟静电场的。

[实验目的]

(1) 学习用电流场模拟静电场的方法。

(2) 测绘几种静电场的等位线。

[实验原理]

静电场的电场强度和电势是描述静电场的两个基本量,这两个量的直接测量是很困难的。首先,难于保持场源电荷电量的持久不变,这是因为电荷总要通过大气或支持物不断地泄漏。其次,在测量时将探针引入静电场的同时,在探针上会感应电荷,这些电荷产生的静电场叠加在原电场,使电场发生显著畸变,测量亦失去了意义。

现以同轴带电圆柱为例,对模拟法作进一步说明。设同轴圆柱面是"无限长"的,内、外半径分别为 R_1 和 R_2,电荷线密度为 $+\lambda$ 和 $-\lambda$,柱面间介质的介电系数为 ε(见图 3-35)。若取外柱面的电势为零,则内柱面的电势 V_0 就是两柱面间的电势差。

$$V_0=\int_{R_1}^{R_2}E\mathrm{d}r=\int_{R_1}^{R_2}\frac{\lambda}{2\pi\varepsilon}\frac{1}{r}\mathrm{d}r=\frac{\lambda}{2\pi\varepsilon}\ln\frac{R_2}{R_1}$$

在两柱面间任一点 $r(R_1\leqslant r\leqslant R_2)$的电势为

$$V(r)=\frac{\lambda}{2\pi\varepsilon}\ln\frac{R_2}{r}$$

比较以上两式,可得

$$V(r)=V_0\frac{\ln\dfrac{R_2}{r}}{\ln\dfrac{R_2}{R_1}}\tag{3-48}$$

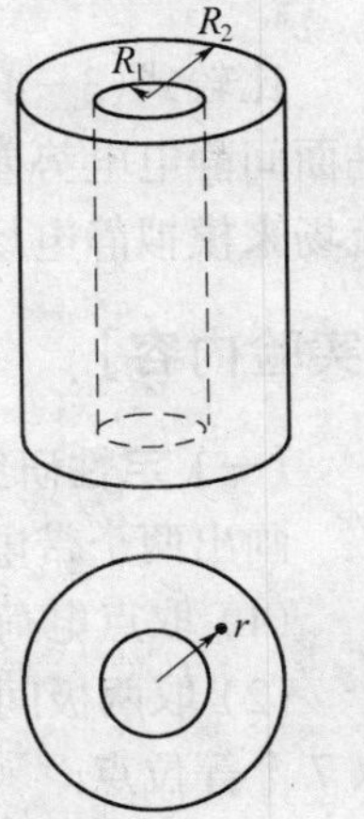

R_1

R_2

r

图 3-35　同轴圆柱

现考察一电流场。若在导体两端维持恒定电势差(电压),在导体内就形成稳恒电流。从场的角度看,在导体内部存在一个电场,正是这个电场的作用才使导体中载流子产生定向运动。这个电场与静电场不同,叫做电流场。在上例中若两圆柱面为导体,其间填充的电阻率为 ρ 的导体,并在两导体柱面间维持恒定电势差 V_0。我们来计算电流场中任一点的电位 $V(r)$,见图 3-36。

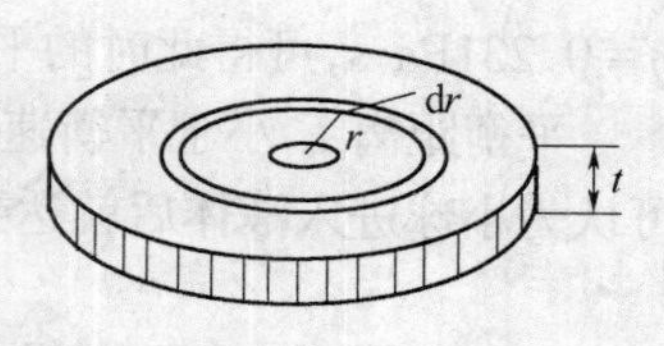

图 3-36 电位计算示意图

设导体厚为 t,在半径 r 处取一薄圆环,宽为 $\mathrm{d}r$,这个薄圆环的电阻为

$$\mathrm{d}R = \rho\frac{\mathrm{d}r}{S} = \rho\frac{\mathrm{d}r}{2\pi r\cdot t}$$

导体的总电阻 R_0 是这些圆环电阻的总和

$$R_0 = \int \mathrm{d}R = \int_{R_1}^{R_2}\frac{\rho\mathrm{d}r}{2\pi t\cdot t} = \frac{\rho}{2\pi t}\ln\frac{R_2}{R_1}$$

导体中的径向电流为

$$I = \frac{V_0}{R_0} = \frac{V_0}{\rho\ln\dfrac{R_2}{R_1}}2\pi t$$

再计算导体中 $r(R_1\leqslant r\leqslant R_2)$ 的电位。在半径 r 和 R_2 之间导体的电阻 R' 是

$$R' = \int_r^{R_2}\mathrm{d}R = \frac{\rho}{2\pi t}\ln\frac{R_2}{r}$$

r 处的电势为

$$V(r) = IR' = \frac{V_0}{\rho\ln\dfrac{R_2}{R_1}}\cdot 2\pi t\cdot\frac{\rho}{2\pi t}\cdot\ln\frac{R_2}{r} = V_0\frac{\ln\dfrac{R_2}{r}}{\ln\dfrac{R_2}{R_1}} \tag{3-49}$$

比较式(3-48)和式(3-49)可知,在同轴圆柱面之间建立一个静电场或电流场,如果柱面间静电电势差和直流电势差相同,则在两种场中对应点有相同的电势。这就是用电流场来模拟静电场的根据。

[实验内容]

(一) 定性研究

画出两个带电系统静电场的等位线。

(1) 取点电荷与带电平面电极板插入电极架下层,接电源。

(2) 取两极间的电位差为 10V,画出 1V、3V、5V、7V、9V 的等位线。每条等位线至少取 7 个等位点。

(3) 将电位相等的点连成光滑曲线即成为一条等位线。共 5 条等位线。

(4) 将电极板改为聚焦电极。重复步骤(2)、(3),再画出 5 条等位线。

(二) 定量研究

(1) 将同轴带电圆柱面电极插入电极架下层,用同步探针记下圆柱面中心的位置。

(2) 接上电源,取电压 $V_0 = 10\text{V}$,画出 $V = 1\text{V}$、2V、3V、4V、5V、6V 等位线。每条等位线至少取 6 个～8 个等位点。

(3) 取下记录纸。根据等位点位置,量得各等位点到中心的距离,计算每个等位面的平均半径 r,填入下表。

(4) 计算两圆柱面的半径 R_1 和 R_2。由式(3-48)可得

$$\frac{V}{V_0} = -\frac{1}{\ln\frac{R_2}{R_1}} \cdot \ln r + \frac{\ln R_2}{\ln\frac{R_2}{R_1}} \tag{3-50}$$

表 3-19　等电势点到中心的距离　$V_0 = 10\text{V}$

V/V	1.0	2.0	3.0	4.0	5.0	6.0
V/V_0	0.10	0.20	0.30	0.40	0.50	0.60
r/mm						
$\ln r$						

可见 V/V_0 与 $\ln r$ 成线性关系。实验给出 V/V_0 与 $\ln r$ 的若干组实验数据,可计算线性关系的斜率 k 和截距 b。设

$$y = V/V_0, \quad x = \ln r$$

$$k = -\frac{1}{\ln\frac{R_2}{R_1}}, \quad b = \frac{\ln R_2}{\ln\frac{R_2}{R_1}}$$

由有关数学知识给出

$$k = \frac{\overline{x} \cdot \overline{y} - \overline{(x \cdot y)}}{(\overline{x})^2 - \overline{(x^2)}}, \quad b = \overline{y} - k\overline{x}$$

根据式(3-50),又知 k、b 与 R_1、R_2 有关

因而　$R_1 = e^{\frac{1-b}{k}}$(计算值)　$R_2 = e^{-\frac{b}{k}}$(计算值)

(5) 用游标卡尺测量柱形电极的半径 R_1(实测值)和 R_2(实测值)。计算误差,得

$$E_1 = \frac{R_1(\text{计}) - R_1(\text{测})}{R_1(\text{测})}$$

$$E_2 = \frac{R_2(\text{计}) - R_2(\text{测})}{R_2(\text{测})}$$

[思考题]

1. “无限长”同轴带电圆柱面间的电场强度和电势是怎样的?
2. 电场强度和电势梯度关系怎样?
3. 怎样根据实验数据来确定两个变量之间的线性相关关系?

[实验装置]

本实验用静电场描绘仪来测量电流场中各点电位。描绘仪分为电源、电极架、同步探

针和各种形状的电极板等几部分，见图 3－37。

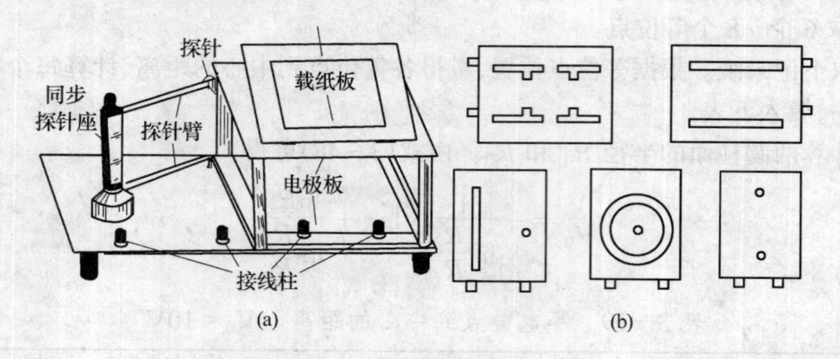

图 3－37　静电场描绘仪结构示意图

（一）仪器介绍

1．电极架

电极架分为上、下两层，见图 3－37(a)。上层用来放记录纸，下层放待测电极板。图 3－37(b)所示的电极板是将不同形状的金属电极固定在铺有导电纸的绝缘板上（或水槽中）而成，金属电极电导率远大于导电纸的电导率。电极板的一端装有一对插头，可与电源的两极相连。实验时，将电极板插头插入电极架下层插座上，插座被连到电源两极。

2．同步探针

同步探针由装在底座上的两根同样长的弹性簧片和两根细而圆滑的镀铬铜针构成。同步探针可在电极架下层水平移动，下探针则在导电纸上（或水槽中）自由移动，由此可以探测电流场中各点电位大小。上、下探针处在同一条垂直线上。当下探针探出等位点时，按上探针按钮，即可在上层的方格纸上打下一个点，记下相应等电位的点。

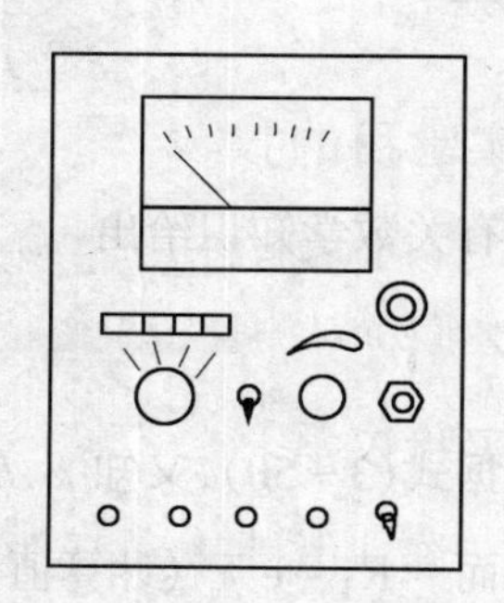

图 3－38　电源

3．描绘仪电源

描绘仪电源，见图 3－38 所示。可提供 0～20V 连续可调稳定电压和最大值为 300mA 的输出电流。若将“电表指示”开关拨向“内”，此时电源可作常规电源使用。电压表指示值是稳压电源输出的电压值。电源附有 5、10、15、20 分段指示电压表。将电表指示开关拨向“外”，此时电压表指标的读数是下探针所测得的导电纸（或水槽）中某点的电位值。

（二）仪器使用方法

(1) 按图 3－39 接好电源与电极架之间的连线。

(2) 打开电源开关，将“电表指示”开关拨向“内”，将“电压选择”开关拨向所需电压范围（例如 5V 或 10V），再调节“电压调节”旋钮，使电压表达到所需电压值（如 5V 或 10V）。

(3) 将“电表指标”开关拨向“外”（此时电压表指示为零）；插入电极板，在电极架上层压入方格纸，将探针接触电极板的导电纸（或水槽）中。这时，电压表指示不为零，若探针紧靠高

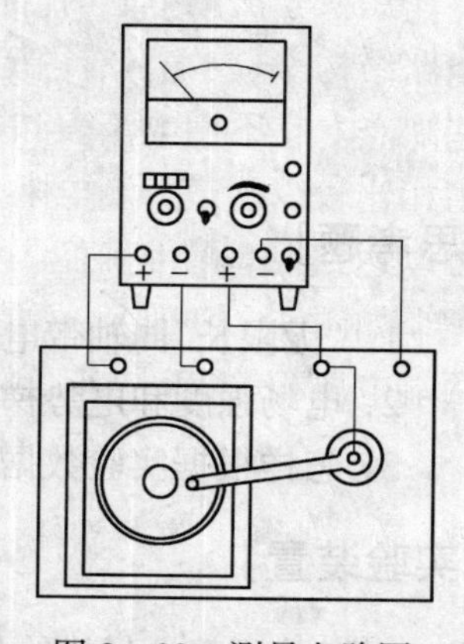

图 3－39　测量电路图

电位电极，此时电压表读数与“电表指示”开关拨向“内”时相等。

(4) 测等电位时，先设定一个电位值(如1V、2V…)，右手握同步探针座在电极架下层作平稳移动，当下针移到某位置时，电表指示等于所设定值，用左手食指轻轻按上探针按钮，在方格纸上打出一个细点。如此继续移动探针座，便可找出一个设定值下的若干等位点。取不同设定值，则可得到不同电位值的等位点。连接相应的等位点就形成不同电位值的等位线。

实验 3.12 用电桥测电阻

电阻是最常用的电学元件，电阻测量是电磁学实验中重要的实验内容。

电桥在电磁测量技术中得到了极其广泛的应用。它是一种用比较法进行测量的仪器，可以测量电阻、电容、电感、频率、温度、压力等许多物理量，也广泛应用于近代工业生产的自动控制中。根据用途不同，电桥有多种类型，其性能和结构也各有特点，但它们有一个共同点，就是基本原理相同。

常用的电桥有单电桥(惠斯登电桥)和双电桥(开尔文电桥)两类。单电桥可测量 $10\Omega \sim 10^6\Omega$ 的电阻，双电桥可用来测量几欧姆以下的电阻。

实验 3.12.1 用惠斯登电桥测电阻

[实验目的]

(1) 掌握用惠斯登电桥测电阻的原理和方法。

(2) 对测量结果进行误差分析。

[实验仪器]

箱式电桥、检流计、电阻箱(2个)、滑线变阻器、电池、开关等。

[实验原理]

用伏安法测电阻时，除了因使用的电流表和电压表准确度不高带来的误差外，还存在电路结构(电表本身有内阻)带来的误差。在伏安法线路上经过改进的电桥线路克服了这些缺点。它不用电流表和电压表(因而与电表的准确度无关)，而是将待测电阻和标准电阻相比较以确定待测电阻是标准电阻的多少倍。由于标准电阻的误差很小，故所测电阻可以达到很高的准确度。

如图 3-40 所示，将待测电阻 R_X 与可调的标准电阻 R_S 并联在一起。因并联时电阻两端电压相等，于是有

$$I_X R_X = I_S R_S$$

或

$$\frac{R_X}{R_S} = \frac{I_S}{I_X} \tag{3-51}$$

这样，待测电阻 R_X 与标准电阻 R_S 就通过电流比 $\frac{I_S}{I_X}$ 联系在一起。

但是，要测得 R_X，还需要测量电流 I_S 和 I_X。为了避免测这两个电流，可采用图 3-41 的线路。图中 R_1、R_2 也是可调的两个电阻。从图 3-41 中看出，R_X 和 R_S 的右端（C 点）仍然连接在一起，因而具有相同的电位，它们的左端（B、D 点）则通过检流计连在一起。当我们调节 R_1、R_2 和 R_S 的阻值使检流计中的电流 I_g 等于零时，则 B、D 两点电位相同，也就是说 R_X 和 R_S 左端虽然分开了，但仍保持同一电位。对于 R_1 和 R_2，同样有

$$I_1R_1 = I_2R_2 \tag{3-52}$$

或

$$\frac{R_1}{R_2} = \frac{I_2}{I_1}$$

又因 $I_g=0$，这时 $I_2=I_X$，$I_1=I_S$，故

$$\frac{I_S}{I_X} = \frac{I_1}{I_2} \tag{3-53}$$

因此，根据式(3-51)、式(3-52)、式(3-53)可得

$$\frac{R_X}{R_S} = \frac{R_2}{R_1}$$

或

$$R_X = \frac{R_2}{R_1}R_S = K_rR_S \tag{3-54}$$

这样，就把待测电阻的阻值用三个标准电阻的阻值表示了出来。式中 $K_r=\frac{R_2}{R_1}$，称为比率臂；R_S 称为比较臂。

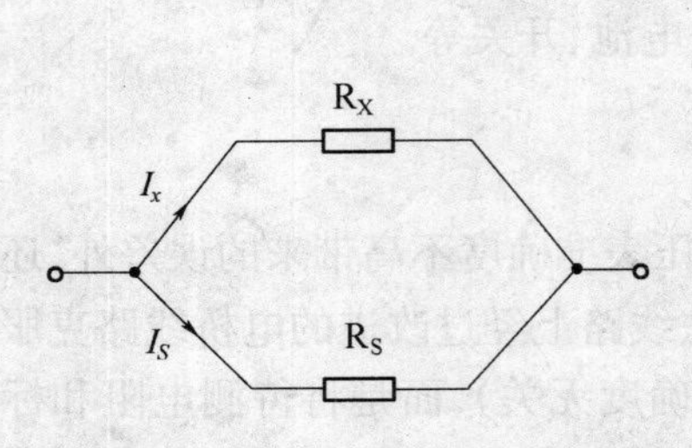

图 3-40 电阻并联时两端电压相等

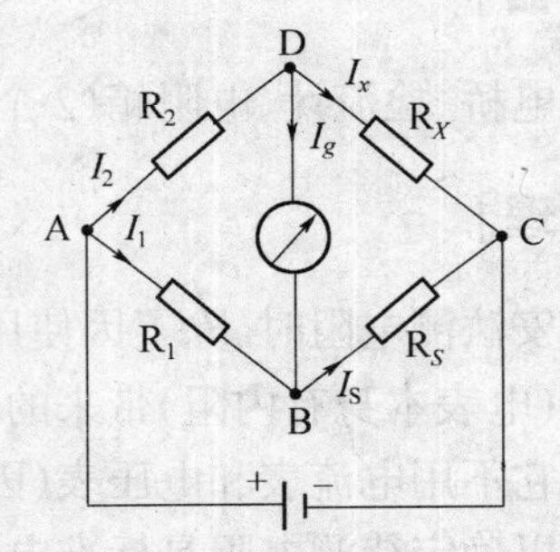

图 3-41 惠斯登电桥原理图

图 3-41 的电路称为惠斯登电桥。一般将电阻 R_1、R_2、R_S 和 R_X 叫做电桥的臂，将接有检流计的对角线 BD 称为“桥”。当“桥”上没有电流通过时（即通过检流计的电流 $I_g=0$），我们称为电桥达到了平衡。$\frac{R_X}{R_S}=\frac{R_2}{R_1}$（即对边电阻的乘积相等）称为电桥的平衡条件。可见，电桥的平衡与工作电流 I 的大小无关。因此，调节电桥达到平衡有两种方法：一是取比率系数 K_r 为某一值（通常称为倍率），调节比较臂 R_S；二是保持比较臂 R_S 不

变，调节比率系数 K_r(倍率)的值。后一种方法准确度很低，几乎不使用。目前广泛采用具有特定比率系数值的前一种电桥调节方法。

下面对本实验中使用的两种电桥作一介绍，并进行误差分析。

(一) 用敞开式电桥测电阻

敞开式电桥的测量线路如图 3-42 所示，实验时需按该原理图自己连线。

其中 R_n 是一滑线变阻器；R_X 是被测电阻；R_S 是箱式电阻箱，阻值可改变，它由六个旋转可变电阻组成，其变化范围为 0.1Ω～99999.9Ω，分度值为 0.1Ω，G 是检流计，用以判断通过它的电流是否为零，使用之前应先调零，使指针指示为零。在运输和不用时，为了使指针不摆动(保证精度)，还有锁定开关，放在红点位置为锁定，放在白点位置为释放。由于检流计是很灵敏的仪器，不能长时间的接入电路中，由按钮(“电计”)控制，按下此按钮检流计接入电路，松开后自动切断。

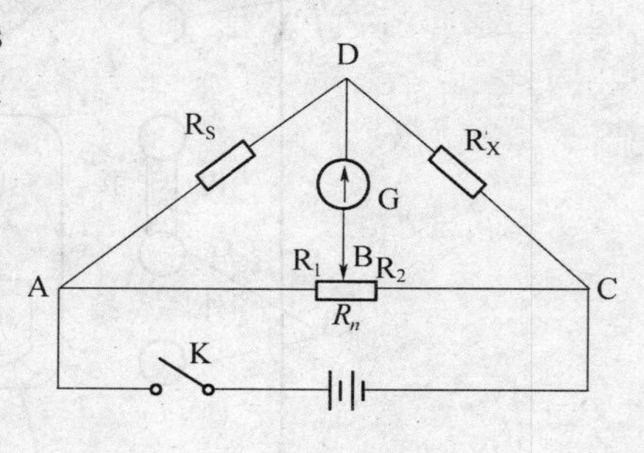

图 3-42 敞开式电桥原理图

利用敞开式电桥测电阻时，首先调节 R_S 或滑线变阻器 R_n 的滑动头 B 点的位置，使检流计指示值为零，即使电桥平衡。R_S 可从电阻箱直接读出，但 R_1、R_2 的比值可根据测量滑线电阻中心抽头与两端间的距离 l_1、l_2 的比值来代替。即

$$K_r = \frac{R_2}{R_1} = \frac{l_2}{l_1}$$

则被测电阻为

$$R_X = K_r \cdot R_S = \frac{l_2}{l_1} R_S \tag{3-55}$$

要求 l_1、l_2 测量数据要准确，否则影响被测电阻的精确度。

(二) 用箱式电桥测电阻

箱式电桥种类很多，在我们实验中用的是 QJ23 型惠斯登电桥。

1. 面板图

QJ23 型惠斯登电桥面板示意图如图 3-43 所示，测电阻时，可直接使用该仪器进行测量。

2. 电原理图

图 3-44 所示为 QJ23 型惠斯登电桥原理图。

3. 各旋钮的作用(参见图 3-43)

① 右边四旋钮(9)：调节 R_S 值。

② 左上角旋钮(8)：调节 K_r 值。

③ “B”按钮(3)：控制总电源的通与断(按下时“通”，松开时“断”且按下顺转可锁住，再反转可松开)。

④ “G”按钮(2)：控制检流计的通与断(按下时“通”，松开时“断”，且同样可以锁住)。

⑤ B± 接线柱(7)：用来外加电源。当被测电阻在 10^4Ω 以下时，不需外加电源，只要

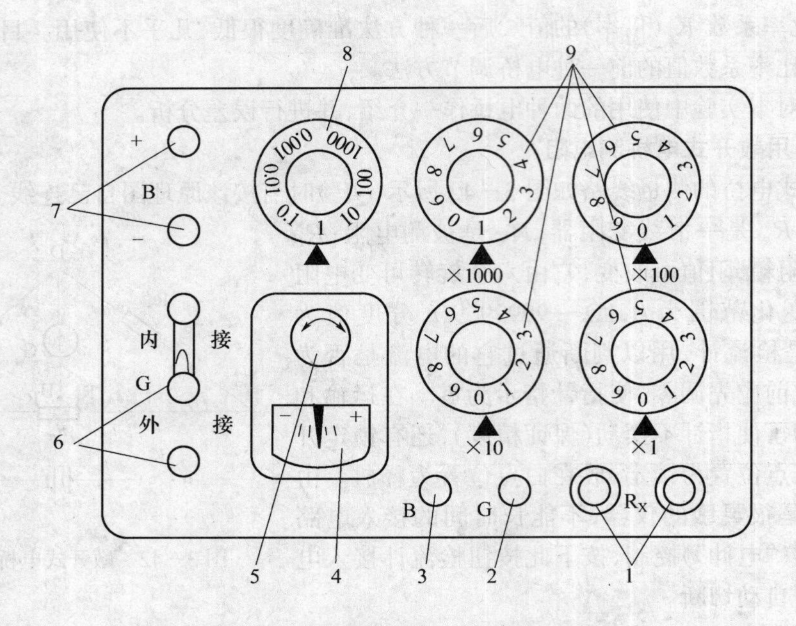

图 3-43　QJ23 型惠斯登电桥面板图

1—待测电阻 R_X 接线柱；2—检流计按钮开关 G；3—电源按钮开关 B；4—检流计；5—检流计调零旋钮；6—外接检流计接线柱；7—外接电源接线柱；8—比率臂，即上述电桥电路中 R_2/R_1 之比值，直接刻在转盘上；9—比较臂，即上述电桥电路中的电阻箱 R_S（本处为四个转盘）。

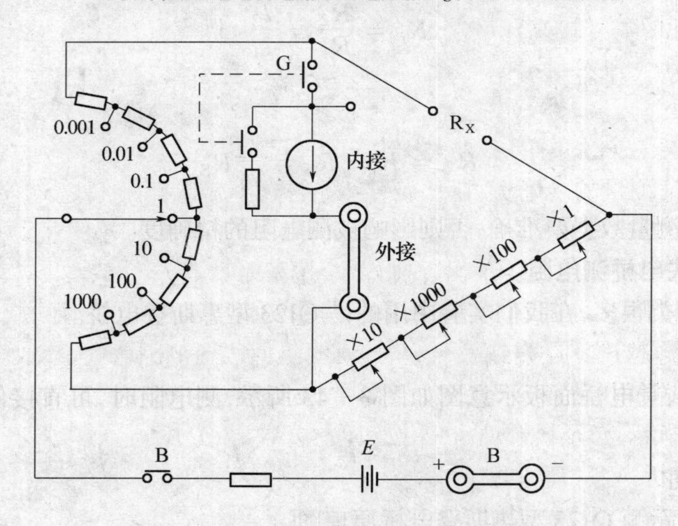

图 3-44　QJ23 型惠斯登电桥原理图

用表内电源（4.5V）即可，这时只要把短路片 B 接上就可。否则，需取掉短路片 B，接上所需的电源。

⑥ $\mathrm{G}_{外}^{内}$接线柱（6）：用来外加高灵敏度的检流计。当被测电阻在 $10^4\Omega$ 以下时，只需用内附检流计即可，这时应把短路片与“外接”相连。当被测电阻在 $10^4\Omega$ 以上时，需外加高灵敏度的检流计，这时需把短路片与“内接”相连，外加检流计接在“外接”两端。

4．QJ23 型电桥的准确度

表 3-20　QJ23 型电桥的准确度

倍率(比率臂)	测量范围 /Ω	检流计	电源电压 /V	准确度
$\times 10^{-3}$	1～9.999	内　附	4.5	±2%
$\times 10^{-2}$	10～99.99			±0.2%
$\times 10^{-1}$	100～999.9			
×1	10^3～9999			
×10	$10^4 \sim 4\times 10^4$	外　附	6	
	$4\times 10^4 \sim 9.999\times 10^4$		15	±0.5%
×100	$10^5 \sim 9.999\times 10^5$			
×1000	$10^6 \sim 9.999\times 10^6$			±2%
注:上表表示了 QJ23 型电桥测量中值电阻($10\Omega \sim 9.999\times 10^5\Omega$)比较合适,误差较小				

5. QJ23 型电桥使用方法(不需外加电源,不需外接检流计时)

(1) 检流计机械调零。

(2) 接上待测电阻 R_X 和有关短路片。

(3) 先按 B,再按 G(图 3-43 中的 3 和 2)。选择 K_r,调节旋盘(即 R_S),使电桥平衡(检流计指“0”),记下 R_S 的值,则待测电阻 $R_X = K_r \cdot R_S =$ 比率臂读数 × R_S 总读数。

(4) 先松 G,再松 B。

当待测电阻 R_X 值超过 50kΩ 时,或在测量中转动比较臂最小一挡转盘,已很难分辨检流计读数时,此时需外接高灵敏度的检流计,短接内附检流计接线柱,以保证测量结果的正确性。

6. 注意事项

(1) 按下开关 B、G 的时间不能太长。

(2) 为了保证测量的准确度,让比较臂 R_S 的四个旋钮都用上,需要先估计待测电阻的数值,选择适当的比率系数。如果四个旋钮都旋到了最大仍不平衡,则应增大比率系数;如果只用了三个旋钮达到了平衡,则可减小比率系数。

(3) 调节比较臂 R_S 的四个电阻旋钮时,应由大到小。当大阻值的旋钮转过一格,检流计的指针从一边越过零点偏到另一边时,说明阻值改变范围太大,应改变较小阻值的旋钮。扭动旋钮时,要用电桥的平衡条件作指导,不得随意乱扭。

(4) 测量完毕后,必须松开 B 和 G 按钮(先松 G,再松 B)。

(三) 误差分析

用惠斯登电桥测电阻主要有以下两个方面的误差来源:

1. 组成电桥的各电阻本身的精确度不够高

(1) 对箱式电桥。

因为

$$R_X = K_r R_S$$

所以

$$E_r = \frac{\Delta R_X}{R_X} = \frac{\Delta K_r}{K_r} + \frac{\Delta R_S}{R_S} (因\ \Delta K_r = 0)$$

式中，R_S 是比较臂，又包含二个误差：一是 R_S 本身的精度；二是 R_S 不是连续改变而不能使电桥处于真正平衡。因此

$$E_r = \frac{\Delta R_S}{R_S} = a\% + b \cdot \frac{\Delta R}{R_S} \tag{3-56}$$

式中，a 是电桥的准确度等级；b 是固定误差系数（当 $a=0.01$ 或 0.02 时，b 取 0.3；当 $a=0.05$ 或 0.1 时，b 取 0.2）；R_S 是读得的比较臂值（四转盘读数和）；ΔR 是比较臂 R_S 的分度值（最小刻度单位值）。

（2）敞开式电桥。

因为

$$R_X = \frac{l_2}{l_1} R_S$$

所以

$$E_r = \frac{\Delta R_X}{R_X} = \frac{\Delta l_2}{l_2} + \frac{\Delta l_1}{l_1} + \frac{\Delta R_S}{R_S} =$$

$$\frac{\frac{1}{2}\Delta l}{l_2} + \frac{\frac{1}{2}\Delta l}{l_1} + \frac{\Delta R_S}{R_S} = \frac{1}{2}\Delta l\left(\frac{1}{l_1} + \frac{1}{l_2}\right) + a\% + b \cdot \frac{\Delta R}{R_S} \tag{3-57}$$

式中，Δl 是测量 l_1、l_2 长度的测长仪器的分度值（最小刻度单位值）；a 是电阻箱的准确度等级；b 是固定误差系数（同上）；R_S 是读得的比较臂（电阻箱）值；ΔR 是比较臂（电阻箱）的分度值（最小刻度单位值）。

2．检流计的灵敏度不够高

当电桥中检流计指示为“0”时，再细调 R_S，检流计指示仍为“0”，这说明，电桥并没有真正平衡，而是由于检流计的灵敏度不够高造成的。电桥的灵敏度定义为：当比较臂 R_S 变动 1Ω 时，检流计指针偏转的格数，用 S 表示。即

$$S = \frac{\Delta d}{\Delta R_S} \tag{3-58}$$

式中，ΔR_S 为比较臂 R_S 的变化量；Δd 为 R_S 变化 ΔR_S 时检流计指针偏转的格数。

通常，检流计指针偏转 0.2 格时，实验者才可以察觉。故由式（3-57）可得检流计灵敏度引起的电阻误差为

$$\Delta R_S = \frac{\Delta d}{S} = \frac{0.2}{S}$$

则

$$E_r = \frac{\Delta R_S}{R_S} = \frac{0.2}{SR_S} \tag{3-59}$$

式中，S 为电桥的灵敏度，一般标在仪表上，并可用实验的方法测得；R_S 为读得的比较臂值。

归纳以上分析，由式（3-56）、式（3-57）、式（3-59）可得用电桥测电阻的误差（仪器误差）：

敞开式电桥为

$$E_r = \frac{1}{2}\Delta l\left(\frac{1}{l_1} + \frac{1}{l_2}\right) + a\% + b \cdot \frac{\Delta R}{R_S} + \frac{0.2}{SR_S} \tag{3-60}$$

箱式电桥为

$$E_r = a\% + b \cdot \frac{\Delta R}{R_S} + \frac{0.2}{SR_S} \tag{3-61}$$

由于检流计灵敏度不够高引起的误差较小,故该项误差$\frac{0.2}{SR_S}$一般可忽略。

再根据上述式(3-60)、式(3-61)可求得被测电阻 R_X 的绝对误差为 $\Delta R_X = R_X \cdot K_r$,则测量结果表示为

$$R'_X = R_X \pm \Delta R_X \quad (\text{单位})$$

[实验内容]

(一) 用敞开式电桥测电阻

(1) 按原理图 3-42 连接线路,被测电阻用电阻箱代替。

(2) 被测电阻分别取 30Ω、200Ω,根据式(3-54)分别用该电桥测出其阻值(用 R_X 表示)。

(3) 根据式(3-59)计算测量值的仪器误差 ΔR_X。

(4) 测量结果用 $R_X \pm \Delta R_X$ 表示。

(二) 用箱式电桥测电阻

(1) 熟悉箱式电桥的使用方法,被测电阻用电阻箱代替。

(2) 被测电阻分别取 10Ω、1000Ω,分别用该电桥测出其阻值(用 R_X 表示)。

(3) 根据式(3-60)计算测量值的仪器误差 ΔR_X。

(4) 测量结果用 $R_X \pm \Delta R_X$ 表示。

[思考题]

1. 电桥测电阻的原理是什么?在箱式电桥测电阻中,如何选择 K_r 值?
2. 如何通过实验测定电桥的灵敏度?
3. 怎样计算被测电阻的误差?

[仪器介绍]

AC5 型直流指针式检流计

(一) 基本结构强原理

AC5 型直流指针式检流计属于便携型磁电式结构,其可动部分固定在张丝上面,所以用时需要水平放置。如果仪器略有倾斜对其影响不大。检流计的全部测量机构被胶木外壳所保护,检流计密封性良好,可使检流计之测量机构不受外界污垢或其他杂质的影响。

为了消除读数视差,检流计采用刀形指针和反射镜相配合的读数装置。

检流计的可动部分用短路阻尼的方法制动,这样可防止可动部分张丝等因机械振动而引起的变形。当小旋钮移向红色圆点位置时,线圈即被短路。

当指针不指零位时可以用零位调节器很方便地调回零位。

检流计除接线柱端钮外还有“电计”及“短路”按钮。若在使用过程中需要短时期将检流计与外电路接通，只需将“电计”按钮按下即可，若需要长期接通则可将“电计”按钮锁住。若在使用中检流计指针不停的摆动时，将“短路”按钮按一下，指针便立即停止运动。

(二) 使用说明

(1) AC5 型直流指针式检流计在周围空气温度自 +10℃ ~ +35℃、相对湿度在 80% 以下的室内应用。

(2) 首先将检流计之接线柱端钮按其“+”“-”标记接入电路内。

(3) 将小旋钮移向白色圆点位置，并用零位调节器将指针调到零位。

(4) 按下“电计”按钮，检流计即被接入电路，如需将检流计长期接入电路时，可将“电计”按钮按下，并转一角度即可。

(5) 若在使用中指针不停的摆动时，按一下“短路”按钮指针便立即停止。

(6) 检流计使用完毕后必须将小旋钮转向红色圆点位置，并将“电计”及“短路”按钮放松。

实验 3.12.2　用开尔文电桥测低电阻

[实验目的]

(1) 掌握用伏安法测量低电阻的方法。

(2) 学习双电桥测量低电阻的原理和方法。

[实验仪器]

电阻箱、安培表、毫伏计、标准电阻、检流计、螺旋测微计、待测低电阻、滑线变阻器、开关及导线。

[实验原理]

电阻按阻值的大小可分为三类：阻值在 1Ω 以下的为低值电阻，在 1Ω~100kΩ 之间的为中值电阻，100kΩ 以上的为高值电阻。不同阻值的电阻测量方法不尽相同，它们都有本身的特殊问题。在前面的实验中，我们介绍了惠斯通电桥测量中值电阻，在测量过程中忽略了导线本身的电阻和接点处的接触电阻(数量级为 10^{-2}~10^{-5})。但若测低值电阻时，这些电阻就不能忽略了。例如，当附加电阻为 0.001Ω 时，若被测低电阻为 0.01Ω 则其影响可达 10%；如被测低电阻为 0.01Ω 时，就无法得出测量结果了。因此消除导线电阻和接触电阻的影响是测量低电阻的关键。如何才能解决这一矛盾呢？固然，用短粗导线连接和保持接触连良好可以减小附加电阻，但不是根本的办法，只有从线路加以改进，才能从根本上解决问题。

(一) 伏安法测低电阻的困难与处理

伏安法测中等阻值的电阻是很容易的，在测低阻 R_x 时将遇到困难，如图 3-45 所示，图 3-45(a)是伏安法的一般电路图，图 3-45(b)是将 R_x 两侧的接触电阻、导线电阻以等效电阻 r_1、r_2、r_3、r_4 表现的电路图。由于电压表 V 的内阻较大，串接小电阻 r_1、r_4

对其测量影响不大,而 r_2、r_3 串接到被测低电阻 R_x 后,使被测电阻成为($r_2+R_x+r_3$)其中 r_2、$_3$ 和 R_x 相比是不可不计的,有时甚至超过 R_x,因此如图 3-45 的电路不能用以测量低电阻 R_x。

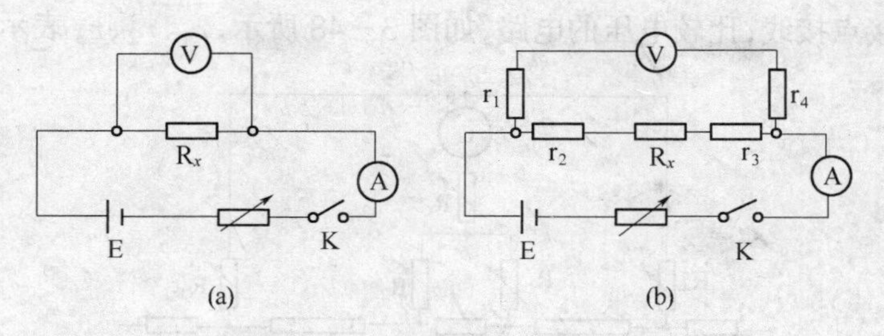

图 3-45　伏安法测电阻

解决上述测量的困难,在于消除 r_2、r_3 的影响,图 3-46 的电路可以达到这个目的。它是将低电阻 R_x 两侧的接点分为两个电流接点(cc)和两个电压接点(pp),这样电压表测量的是长 l 的一段低电阻(其中不包括 r_2 和 r_3)两端的电压。这样的四接点测量电路使低电阻测量成为可能。

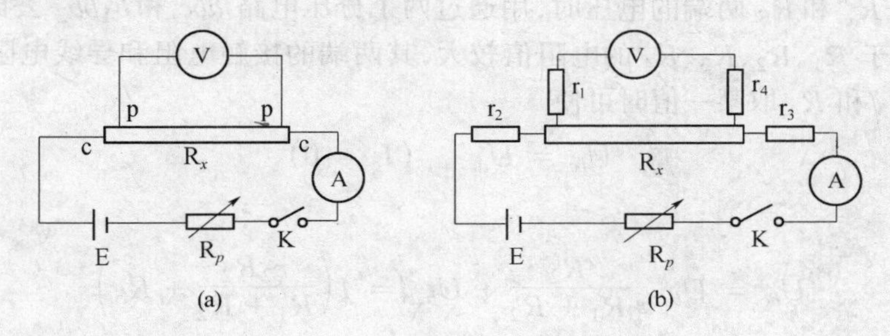

图 3-46　双臂电桥测量原理图

1. 电压的测量

设 $R_x=0.002\Omega$,则当电流 $I=1.5\text{A}$ 时,$U_l=0.003\text{V}$,即 3mV,因此测低电阻时,要用毫伏表测电压。为了减少毫伏表内阻不够大的影响,可改用数字电压表或电势差计去测量。

2. 电流的测量

如用安培计测量图 3-46 电路中的电流,当选用量限 2A,0.5 级安培计时,对于 1.5A 的电流可能使电流 I 的测量的相对误差达到 0.67%,即低电阻的测量误差将超过 0.67%。如要提高低电阻测量的精密度,就要改用如图 3-47 间接测量电流的方法,即精确测量串联的标准电阻 R_S 两端的电压 U_S,由 $I=\dfrac{U_S}{R_S}$去求 I 值,由于 U_S 可以设法测得很

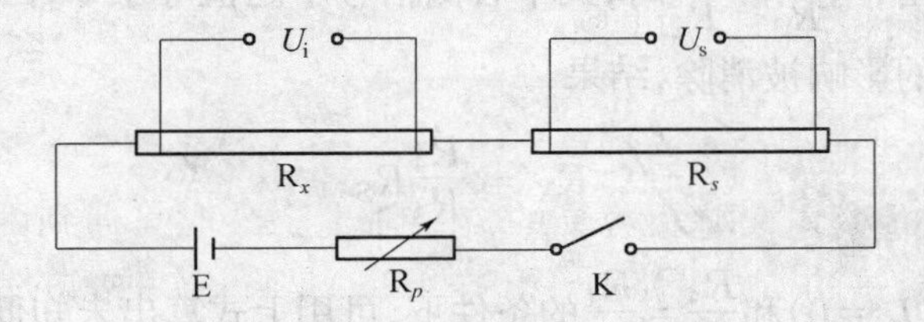

图 3-47　双臂电桥中电流的间接测定

精确,所以可提高电流 I 的准确度。

(二) 测低电阻的开尔文(Kelvin)双电桥的原理

双电桥测低电阻,就是将未知低电阻 R_x 和已知的标准低电阻相 R_S 比较,在联结电路时均采用四接点接线,比较电压的电路,如图 3-48 所示,r_1、r_2、r_3 表示接触电阻和导

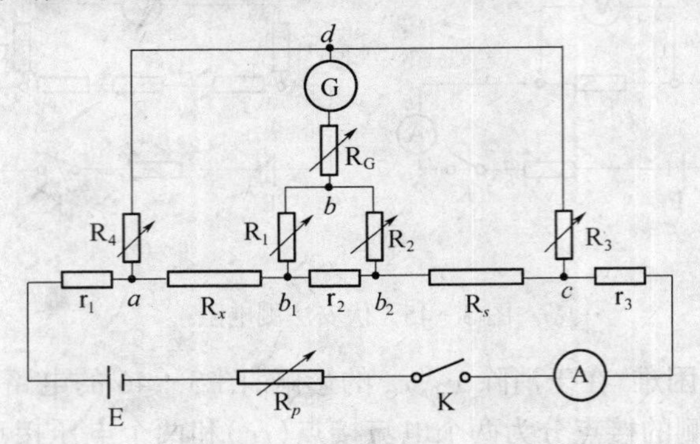

图 3-48 开尔文双臂电桥原理图

线电阻,比较 R_x 和 R_S 两端的电压时,用通过两个分压电路 abc 和 b_1bb_2 去比较 b、d 二点的电势,由于 R_1、R_2、R_3、R_4 的电阻值较大,其两端的接触电阻和导线电阻可以不计。当 R_1、R_2、R_3 和 R_4 取某一值时可使

$$U_{bc} = U_{dc} \quad (I_g = 0) \tag{3-62}$$

由于

$$U_{bc} = U_{b_1b_2}\frac{R_2}{R_1 + R_2} + U_{b_2c} = I\left(\frac{r_2R_2}{R_1 + R_2} + R_S\right) \tag{3-63}$$

$$U_{dc} = U_{ac}\frac{R_3}{R_3 + R_4} = I(R_X + r_2 + R_S)\frac{R_3}{R_3 + R_4} \tag{3-64}$$

由于 $r \ll R_1$ 或 R_2,式(3-63)、式(3-64)中取 $I_{r2} \approx I_{RS} = I$ 代入式(3-62)得

$$\frac{(R_X + r_2 + R_S)R_3}{R_3 + R_4} = \frac{r_2R_2}{R_1 + R_2} + R_S \tag{3-65}$$

整理式(3-65),改写成为

$$R_X = R_S\frac{R_4}{R_3} + r_2\left[\frac{1 + \dfrac{R_4}{R_3}}{1 + \dfrac{R_1}{R_2}} - 1\right] \tag{3-66}$$

从式(3-64)可以看出,当$\dfrac{R_4}{R_3} = \dfrac{R_1}{R_2}$时,式中右侧括号中之值等于零,因而不好处理的接触电阻及导线电阻 r_2 的影响被消除,结果

$$R_X = \frac{R_4}{R_3}R_S \tag{3-67}$$

即在满足 $U_{bc} = U_{dc}(I_G = 0)$和$\dfrac{R_4}{R_3} = \dfrac{R_1}{R_2}$的条件下,可用上式算出未知低电阻 R_X。

[实验内容]

(一) 用伏安法测粗铜线上长为 l(50cm 以上)一段的电阻

参照图 3-46 或图 3-47,用实验室提供的仪器组织测量。为了增大低电阻两端的电势差,电路的电流要适当取大一些(比如 1A～2A),实际上取多大合适,还要看被测金属线截面积的大小。要注意电流过大,被测金属线的温度将升高,电阻值要变化。改变几次 l 值进行测量。

(二) 用组装双电桥测上述金属线的电阻

参照图 3-49 的电路,用 4 只电阻箱,一个标准低电阻 R_S,待测低电阻 R_X 和检流计等仪器组成一开尔文双电桥,R_S、R_x 均用四接点联线。联接电路最好用三种颜色的导线,这对联线、检查都方便。

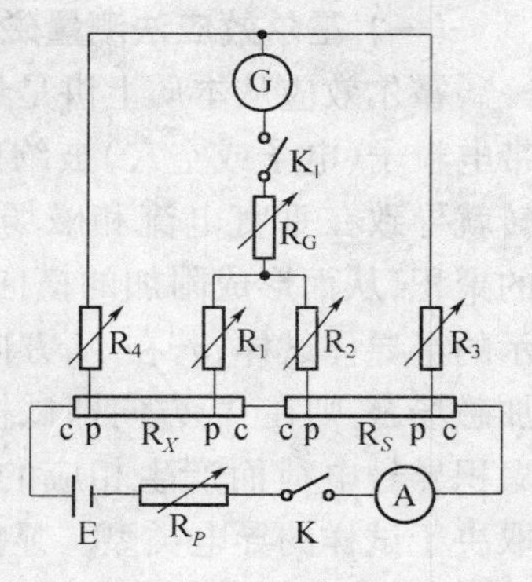

图 3-49 电路图

开始测量时,R_G 和 R_P 都取大一些的阻值,这容易调节电桥的平衡,R_1、R_2、R_3、R_4 可取同一值(例如 2000Ω)。操作时根据检流计的偏转,改变$\frac{R_1}{R_2}$之值并保持$\frac{R_4}{R_3}=\frac{R_1}{R_2}$,逐渐使电桥平衡。每次调节时,要先断开电源开关 K_E,调节后并确认无误时,再闭合 K_E。

当粗调平衡后,减小 R_G 和 R_P 再细调平衡。

改变几次值,进行反复测量。

(三) 测量金属线直径 d,用电阻率 $\rho=\frac{\pi d^2}{4l}R_x$ 求各组(l,R_x)的 ρ 值,再求 $\bar{\rho}$ 及$\overline{\Delta\rho}$。伏安法、双电桥分别计算并比较。

(四) 用伏安法测量导线与接线柱间的接触电阻

安培表的分流器接法见图 3-50,测量安排由自己设计。

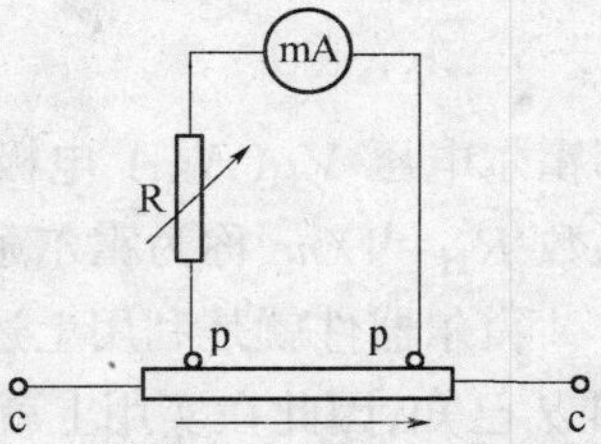

图 3-50 安培表的分流器

[思考题]

1. 被测低电阻为何具有 4 个端钮?
2. 电桥测电阻的基本原理是什么?
3. 双电桥平衡的条件是什么?为何 r_2 和 R_3 或者 r_2 和 R_4 要同轴调节?
4. 为什么要测量双电桥的灵敏度?怎样调节它?
5. 怎样检验测量到的 R_x 值有否因电阻箱不准而造成的系统误差?怎样消除它的影响?

实验 3.13 霍尔效应测量磁感应强度

[实验目的]

(1) 掌握测试霍尔器件的工作特性。

(2) 学习用霍尔效应测量磁场的原理和方法。

(3) 学习用霍尔器件测绘长直螺线管的轴向磁场分布。

[实验原理]

(一) 霍尔效应法测量磁场原理

霍尔效应从本质上讲是运动的带电粒子在磁场中受洛仑兹力作用而引起的偏转。当带电粒子(电子或空穴)被约束在固体材料中,这种偏转就导致在垂直电流和磁场的方向上产生正负电荷的聚积,从而形成附加的横向电场。对于图3-51所示的半导体试样,若在 X 方向通以电流 I_s,在 Z 方向加磁场 B,则在 Y 方向即试样 A、A' 电极两侧就开始聚积异号电荷而产生相应的附加电场。电场的指向取决于试样的导电类型。显然,该电场是阻止载流子继续向侧面偏移,当载流子所受的横向电场力 eE_H 与洛仑兹力 evB 相等时,样品两侧电荷的积累就达到平衡,故有

$$eE_H = evB \tag{3-68}$$

式中,E_H 为霍尔电场;v 为载流子在电流方向上的平均漂移速度。

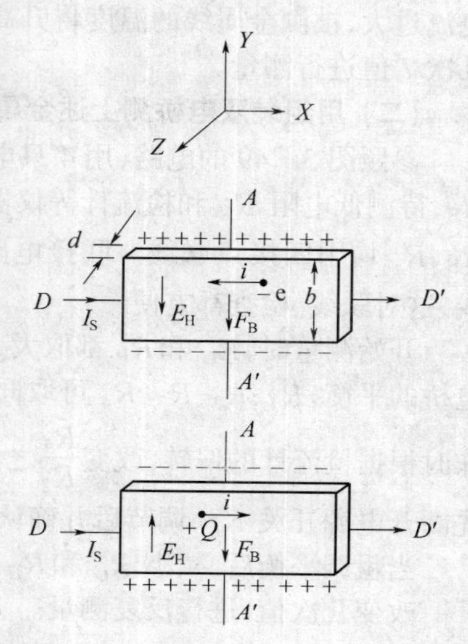

图3-51 霍尔效应原理图

设试样的宽为 b,厚度为 d,载流子浓度为 n,则

$$I_S = ne\bar{v}bd \tag{3-69}$$

由式(3-68)、式(3-69)可得

$$V_H = E_H b = \frac{1}{ne} \cdot \frac{I_S B}{d} = R_H \frac{I_S B}{d} \tag{3-70}$$

即霍尔电压 V_H(A、A' 电极之间的电压)与 $I_S B$ 乘积成正比与试样厚度 d 成反比。比例系数 $R_H = 1/ne$ 称为霍尔系数,它是反映材料的霍尔效应强弱的重要参数。

霍尔器件就是利用上述霍尔效应制成的电磁转换元件,对于成品的霍尔器件,其 R_H 和 d 已知,因此在实用上就将式(3-70)写成

$$V_H = K_H I_S B \tag{3-71}$$

式中,$K_H = R_H/d$,称为霍尔器件的灵敏度(其值由制造厂家给出),它表示该器件在单位工作电流和单位磁感应强度下输出的霍尔电压。式(3-71)中的单位取 I_S 为 mA,B 为 kGS,V_H 为 mV,则 K_H 的单位为 mV/mA·kGS。根据式(3-71),因为 K_H 已知,而 I_S 由实验给出,所以只要测出 V_H 就可以求得未知磁感应强度 B

$$B = \frac{V_H}{K_H I_S} \tag{3-72}$$

(二) 霍尔电压 V_H 的测量方法

应该说明,在产生霍尔效应的同时,因伴随着多种副效应,以致实验测得的 A、A' 两

电极之间的电压并不等于真实的 V_H 值，而是包含着各种副效应引起的附加电压，因此必须设法消除。根据副效应产生的机理可知，采用电流和磁场换向的对称测量法，基本上能够把副效应的影响从测量的结果中消除，具体的做法是保持 I_S 和 B(即 I_M)的大小不变，并在设定电流和磁场的正、反方向后，依次测量由下列四组不同方向的 I_S 和 B 组合的 A、A' 两点之间的电压 V_1、V_2、V_3 和 V_4，即

$+I_S$	$+B$	V_1
$+I_S$	$-B$	V_2
$-I_S$	$-B$	V_3
$-I_S$	$+B$	V_4

然后求上述四组数据 V_1、V_2、V_3 和 V_4 的代数平均值，可得

$$V_H = \frac{1}{4}(V_1 - V_2 + V_3 - V_4) \tag{3-73}$$

通过对称测量法求得的 V_H，虽然还存在个别无法消除的副效应，但其引入的误差甚小，可以略而不计。式(3-72)、式(3-73)是本实验用来测量磁感应强度的依据。

(三) 载流长直螺线管内的磁感应强度

螺线管是由绕在圆柱面上的导线构成的，对于密绕的螺线管可以看成是一列有共同轴线的环形线圈的并排组合，因此一个载流长直螺线管轴线上某点的磁感应强度，可以从对各圆形电流在轴线上该点所产生的磁感应强度进行积分求和得到，对于一有限长的螺线管，在距离两端等远的中心点，磁感应强度为最大，且

$$B_0 = \mu_0 N I_M \tag{3-74}$$

式中，μ_0 为真空磁导率；N 为螺线管单位长度的线圈匝数；I_M 为线圈的励磁电流。

由图 3-52 所示的长直螺线管的磁力线分布可知，其内腔中部磁力线是平行于轴线的直线系，渐近两端口时，这些直线变为从两端口离散的曲线，说明其内部的磁场是均匀的，仅在靠近两端口处，才呈现明显的不均匀性，根据理论计算，长直螺线管一端的磁感应强度为内腔中部磁感应强度的 1/2。

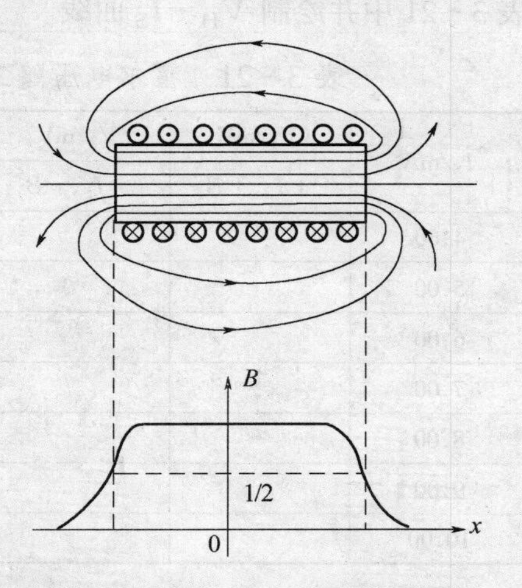

图 3-52 螺线管内部的磁场

[实验内容]

(一) 霍尔器件输出特性测量

(1) 按图 3-53 所示连接测试仪和实验仪之间相对应的 I_S、V_H 和 I_M 各组连线，并经仔细检查后方可开启测试仪的电源，必须强调指出：决不允许将测试仪的励磁电源"I_M 输出"误接到实验仪的"I_S 输入"或"V_H 输出"处，否则一旦通电，霍尔器件即遭损坏！

注：图 3-53 中虚线所示的部分线路已由实验室连接好。

(2) 转动霍尔器件探杆支架的旋钮 X_1、X_2，慢慢将霍尔器件移到螺线管的中心位置。

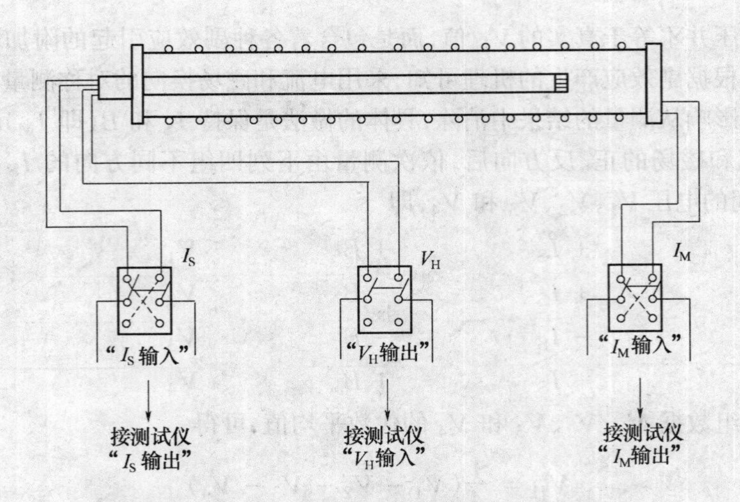

图 3-53 霍尔效应综合实验仪电路连接示意图

(3) 测绘 V_H-I_S 曲线。

取 $I_M=0.800A$,测试过程中保持不变。

依次按表 3-21 所列数据调节 I_S,用对称测量法测出相应的 V_1、V_2、V_3 和 V_4,记入表 3-21 中并绘制 V_H-I_S 曲线。

表 3-21 霍尔电压随工作电流变化实验数据 $I_M=0.800A$

I_S/mA	V_1/mV	V_2/mV	V_3/mV	V_4/mV	$V_H=\frac{V_1-V_2+V_3-V_4}{4}$/mV
	$+I_S$、$+B$	$+I_S$、$-B$	$-I_S$、$-B$	$-I_S$、$+B$	
4.00					
5.00					
6.00					
7.00					
8.00					
9.00					
10.00					

(4) 测绘 V_H-I_M 曲线。取 $I_S=8.00mA$,测试过程中保持不变。

依次按表 3-22 所列数据调节 I_M,用对称测量法绘制 V_H-I_M 曲线。记入表 3-22 中并绘制 V_H-I_M 曲线。

表 3-22 霍尔电压随励磁电流变化实验数据 $I_S=8.00mA$

I_M/A	V_1/mV	V_2/mV	V_3/mV	V_4/mV	$V_H=\frac{V_1-V_2+V_3-V_4}{4}$/mV
	$+I_S$、$+B$	$+I_S$、$-B$	$-I_S$、$-B$	$-I_S$、$+B$	
0.300					
0.400					
0.500					

（续）

I_M/A	V_1/mV	V_2/mV	V_3/mV	V_4/mV	$V_H=\frac{V_1-V_2+V_3-V_4}{4}$/mV
	$+I_S$、$+B$	$+I_S$、$-B$	$-I_S$、$-B$	$-I_S$、$+B$	
0.600					
0.700					
0.800					
0.900					
1.000					

（二）测绘螺线管轴线上磁感应强度的分布

取 $I_S=10.00$mA，$I_M=1.000$A，测试过程中保持不变。

（1）以相距螺线管两端口等远的中心位置为坐标原点，探头离中心位置__ = 14 − __ − __，调节旋钮__、__，使测距尺读数__ = __ = 0.0cm。

先调节 X_1 旋钮，保持 $X_2=0.0$cm，使 X_1 停留在 0.1cm、0.5cm、1.0cm、1.5cm、2.0cm、5.0cm、8.0cm、11.0cm、14.0cm 等读数处，再调节 X_2 旋钮，保持并 $X_1=14.0$cm，使 X_2 停留在 3.0cm、6.0cm、9.0cm、12.0cm、12.5cm、13.0cm、13.5cm、14.0cm 等读数处，按对称测量法测出各相应位置的 V_1、V_2、V_3、V_4 值，并计算相对应的 V_H 及 B 值，记入表 3−23 中。

表 3−23　螺线管轴线上磁场分布　　$I_S=10.00$mA，$I_M=1.000$A

X_1 /cm	X_2 /cm	X /cm	V_1/mV $+I_S$、$+B$	V_2/mV $+I_S$、$-B$	V_3/mV $-I_S$、$-B$	V_4/mV $-I_S$、$+B$	V_H/mV	B
0.0	0.0							
0.5	0.0							
1.0	0.0							
1.5	0.0							
2.0	0.0							
5.0	0.0							
8.0	0.0							
11.0	0.0							
14.0	0.0							
14.0	3.0							
14.0	6.0							
14.0	9.0							
14.0	12.0							
14.0	12.5							
14.0	13.0							
14.0	13.5							
14.0	14.0							

(2) 绘制 $B-X$ 曲线,验证螺线管端口的磁感应强度为中心位置磁强的 1/2。(可不考虑温度对 V_H 的修正)

(3) 将螺线管中心的 B 值与理论值进行比较,求出相对误差。(需考虑温度对 V_H 值的影响)

注:① 测绘 $B-X$ 曲线时,螺线管两端口附近磁强变化大,应多测几点。

② 霍尔灵敏度 K_H 值和 K_H 温度系数平均值 α 以及螺线管单位长度线圈匝数 N 均标在实验仪上。

(三) 霍尔器件中的副效应及其消除方法

1. 不等势电压 V_0

这是由于器件的 A、A' 两极的位置不在一个理想的等势面上,因此,即使不加磁场,只要有电流 I_S 通过,就有电压 $V_0=I_S r$ 产生,r 为 A、A' 所在的两等势面之间的电阻,结果在测量 V_H 时,就叠加了 V_0,使得 V_H 值偏大(当 V_0 与 V_H 同号)或偏小(当 V_0 与 V_H 异号),显然,V_H 的符号取决于 I_S 和 B 两者的方向,而 V_0 只与 I_S 的方向有关,因此可以通过改变 I_S 的方向予以消除(见图 3-54)。

2. 温差电效应引起的附加电压 V_E

如图 3-55 所示,由于构成电流的载流子速度不同,若速度为 V 的载流子所受的洛仑兹力与霍尔电场的作用力刚好抵消,则速度大于或小于 v 的载流子在电场和磁场作用下,将各自朝对立面偏转,从而在 Y 方向引起温差 $T_A-T_{A'}$,由此产生的温差电效应,在 A、A' 电极上引入附加电压 V_E,且 $V_E \propto I_S B$,其符号与 I_S 和 B 的方向的关系跟 V_H 是相同的,因此不能用改变 I_S 和 B 方向的方法予以消除,但其引入误差很小,可以忽略。如图 3-55 所示。

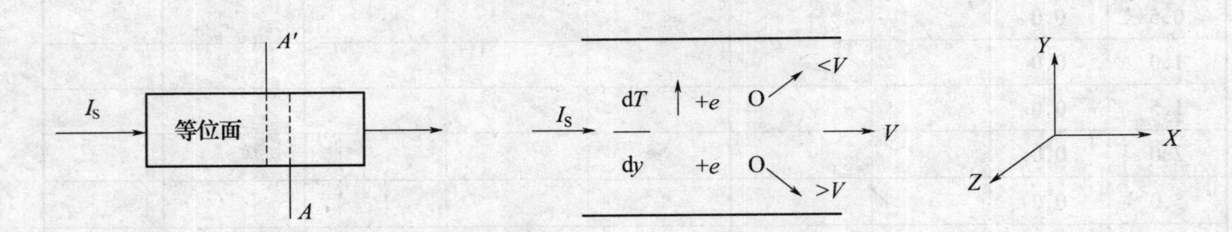

图 3-54 不等势电压

图 3-55 温差电效应引起的附加电压

3. 热磁效应直接引起的附加电压 V_N

因器件两端电流引线的接触电阻不等,通电后在接点两处将产生不同的焦尔热,导致在 X 方向有温度梯度,引起载流子沿梯度方向扩散而产生热扩散电流,热流 Q 在 Z 方向磁场作用下,类似于霍尔效应在 Y 方向产生一附加电场 δ_N 相应的电压 $V_N \propto QB$,而 V_N 的符号只与 B 的方向有关与 I_S 的方向无关,因此可通过改变 B 的方向予以消除,如图 3-56 所示。

4. 热磁效应产生的温差引起的附加电压 V_{RL}

在上一小节(3)中所述的 X 方向热扩散电流,因载流子的速度统计分布,在 Z 方向的磁场 B 作用下,和(2)中所述的同一道理将在 Y 方向产生温度梯度 $T_A-T_{A'}$,由此引入的附加电压 $V_{RL} \propto QB$,V_{RL} 的符号只与 B 的方向有关,亦能消除。如图 3-57 所示。

图 3-56 热磁效应　　　　图 3-57 热磁温差附加电压

综上所述,实验中测得的 A、A'之间的电压除 V_H 外还包含 V_O、V_S、V_{RL}和 V_E 各电压的代数和,其中 V_O、V_N 和 V_{RL}均通过 I_S 和 B 换向对称测量法予以消除。设 I_S 和 B 的方向均为正向时,测得 A、A'之间电压记为 V_1,即

当 $+I_S$、$+B$ 时　　$V_2 = V_H + V_O + V_N + V_{RL} + V_E$ 将 B 换向,而 I_S 的方向不变,测得的电压记为 V_2,此时 V_H、V_N、V_{RL}、V_E 均改号而 V_O 符号不变,即

当 $+I_S$、$-B$ 时　　$V_2 = -V_H + V_O - V_N - V_{RL} - V_E$　　(同理,按照上述分析)

当 $-I_S$、$-B$ 时　　$V_3 = V_H - V_O - V_N - V_{RL} + V_E$

当 $-I_S$、$+B$ 时　　$V_4 = -V_R - V_O + V_N + V_{RL} - V_E$

求以上四组数据 V_1、V_2、V_3 和 V_4 的代数平均值,可得

$$V_H + V_E = \frac{1}{4}(V_1 - V_2 + V_3 - V_4)$$

由于 V_E 符号与 I_S 和 B 两者方向关系和 V_H 是相同的,故无法消除,但在非大电流,非强磁场下,$V_H \gg V_E$,因此 V_E 可略而不计,所以霍尔电压为

$$V_H = \frac{V_1 - V_2 + V_3 - V_4}{4}$$

[思考题]

1. 采用霍耳效应法来测量磁场时,具体需要测量哪些物理量?
2. 如何在实验中消除副效应的影响?

[仪器介绍]

(一) 实验装置简介

TH-2 型螺线管磁场测定实验组合仪全套设备由实验仪和测试仪两大部分组成。

实验仪(见图 3-58)

(1) 长直螺线管。长度 $L = 28\text{cm}$,单位长度的线圈匝数 N(匝/m)标注在实验仪上。

(2) 霍尔器件的调节机构。霍尔器件如图 3-59 所示,它有两对电极,A、A'电极用来测量霍尔电压 V_H,D、D'电极为工作电流电极,两对电极用四线扁平线探杆引出,分别接到实验仪的 I_S 换向开关和 V_H 输出开关处。

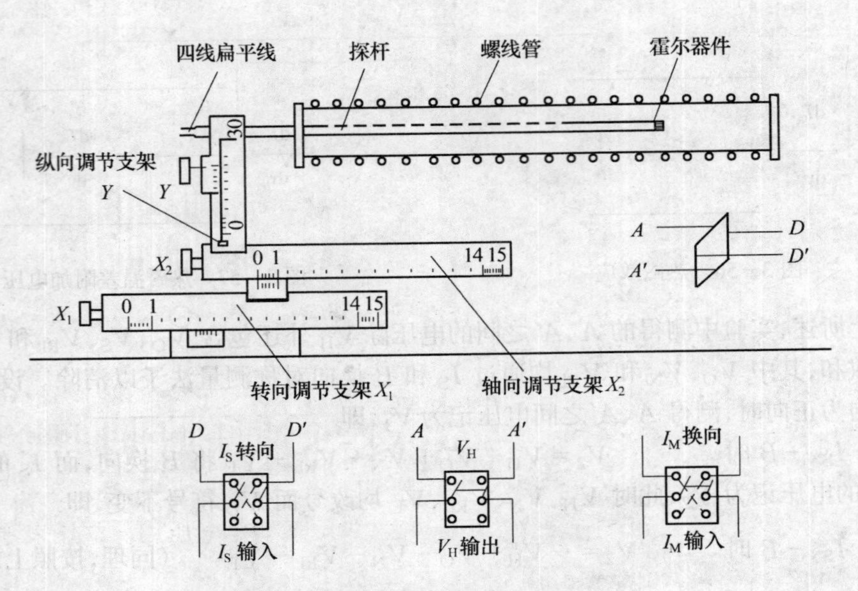

图 3－58 实验仪示意图

霍尔器件的灵敏度 K_H 与载流子浓度成反比，因半导体材料的载流子浓度随温度变化而变化，故 K_H 与温度有关。实验仪上给出了该霍尔器件在 20℃ 时的 K_H 值以及 K_H 在 20℃ 附近的温度系数平均值 α（%/℃），α 值为负，表示 K_H 随温度升高而下降。

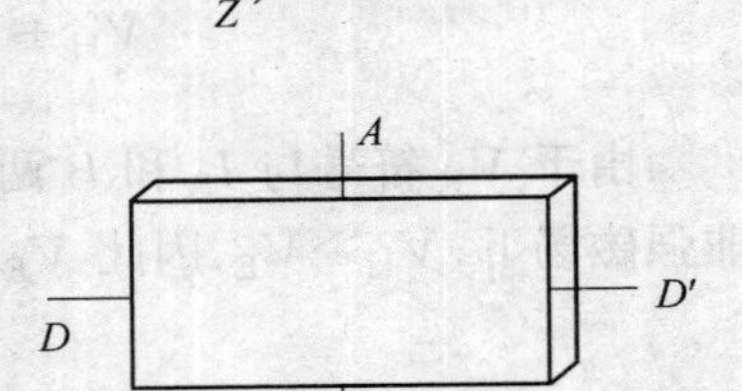

图 3－59 霍尔元件示意图

仪器探杆中心轴线与螺线管内孔轴线已按要求进行了调整。操作者想使霍尔探头从螺线管的右端移左端，为调节顺手，应先调节 X_1 旋钮，使调节支架 X_1 的测距尺读数 X_1 从 0.0→14.0cm，再调节 X_2 旋钮，使调节支架 X_2 测距尺读数 X_2 从 0.0→14.0cm，反之，要使探头从螺线管左端移至右端，应先调节 X_2，读数从 14.0cm →0.0，再调节 X_1，读数从 14.0cm→0.0。霍尔探头位于螺线管的右端、中心及左端时，测距尺指示为：

位　置		右端	中心	左端
测距尺读数/cm	X_1	0	14	14
	X_2	0	0	14

(3) 工作电流 I_S 及励磁电流 I_M 换向开关；霍尔电压 V_H 输出开关。

三组开关与相对应的霍尔器件及螺线管线包间连线实验室均已接好。

测试仪（见图 3－60）

① "I_S 输出"。霍尔器件工作电流源，辅出电流 0～10mA，通过 I_S 调节旋钮连续调节。

② "I_M 输出"。螺线管励磁电流源，输出电流 0～1A，通过 I_M 调节旋钮连续调节。

上述两组恒流源读数可通过"测量选择"，按键测 I_M，放键测 I_S。

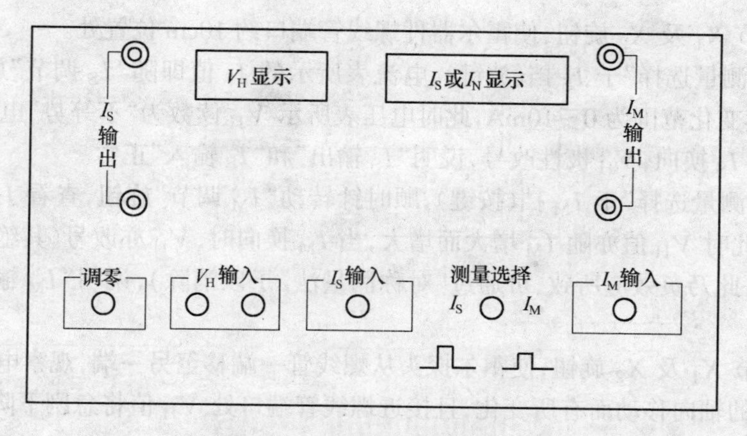

图 3-60 测试仪面板示意图

③ 直流数字电压表。$3\frac{1}{2}$位数字直流毫伏表，供测量霍尔电压用。电压表零位可通过面板上调零电位器旋钮进行校正。

（二）使用说明及注意事项

(1) 测试仪的供电电源为～220V，50Hz。电流进线为单相三线。电源插座和电源开关均安装在机箱背面，保险丝为 0.5A，置于电源插座内。

(2) 仪器接通电源后，预热数分钟即可进行实验。

(3) 霍尔器件各电极及线包引线与对应的双刀开关之间连线实验室均已接好。

(4) 测试仪面板上的“I_S 输出”、“I_M 输出”和“V_H 输入”，三对接线柱应分别与实验仪上的三对相应的接线柱正确连接。

(5) 仪器开机前应将 I_S、I_M 调节旋钮逆时针方向旋到底，使其输出电流趋于最小状态，然后再开机。

(6) 调节实验仪上 X_1 及 X_2 旋钮，使测距尺 X_1 及 X_2 读数均为零，此时霍尔件探头位于螺线管右端。实验时，如要使探头移至左端应先调节 X_1 旋钮，使 X_1 由 0→14cm，再调节 X_2 旋钮，使 X_2 由 0→14cm，如要使探头右移，应先调节 X_2，再调节 X_1。

(7) “I_S 调节”和“I_M 调节”用来控制样品工作电流和励磁电流的大小，其电流随旋钮顺时针方向转动而增加，细心操作，调节的精度分别可达 10μA 和 1mA。I_S 和 I_M 读数可通过“测量选择”按键开关来实现。按键测 I_M，放键测 I_S。

(8) 关机前，应将“I_S 调节”和“I_M 调节”旋钮逆时针方向旋到底，然后切断电源。

（三）仪器检验步骤

(1) 霍尔片性脆易碎，电极甚细易断，实验中调节探头轴向位置时，要缓慢、细心转动有关旋钮，探头不得调出螺线管外面，严禁用手或其他物件去触摸探头，以防损坏霍尔器件。

(2) 测试仪的“I_S 调节”和“I_M 调节”，旋钮均置零位（即逆时针旋到底）。

(3) 测试仪的“I_S 输出”接实验仪的“I_S 输入”；“I_M 输出”接“I_M 输入”，并将 I_S 及 I_M 换向开关掷向任一侧。注意：决不允许将“I_M 输出”接到“I_S 输入”或“V_H 输出”处，否则，一旦通电，霍尔样品即遭损坏。

(4) 实验仪的“V_H 输出”接测试仪的“V_H 输入”，“V_H 输出”开关应始终保持闭合状态。

(5) 调节 X_1 及 X_2 旋钮,使霍尔器件螺线管端口约 10cm 位置处。

(6) 置"测量选择"于 I_S 挡(放键),电流表所示的 I_S 值即随"I_S 调节"旋钮顺时针转动而增大,其变化范围为 0~10mA,此时电压表所示 V_H 读数为"不等势"电压值,它随 I_S 增大而增大,I_S 换向,V_H 极性改号,说明"I_S 输出"和"I_S 输入"正常。

(7) 置"测量选择"于 I_M 挡(按键),顺时针转动"I_M 调节"旋钮,查看 I_M 变化范围应为 0~1A。此时 V_H 值亦随 I_M 增大而增大,当 I_M 换向时,V_H 亦改号(其绝对值随 I_M 流向不同而异,此乃负效应所致,可通过"对称测量法"予以消除),说明"I_M 输出"和"I_M 输入"正常。

(8) 调节 X_1 及 X_2 旋钮,使霍尔探头从螺线管一端移至另一端,观察电压表所示 V_H 值应随探杆的轴向移动而有所变化,且接近螺线管端口处 V_H 值将急剧下降。至此,说明仪器全部正常。

(9) 本仪器数码显示稳定可靠,但若电源线不接地则可能会出现数字跳动现象。"V_H 输入"开路或输入电压 > 19.99mV,则电压表出现溢出现象。

注:有时,I_S 调节电位器或 I_M 调节电位器起点不为零,将出现电流表指示末位数不为零,亦属正常。

实验 3.14 PN 结特性测量

常用的温度传感器有热电偶、测温电阻器和热敏电阻等,这些温度传感器均有各自的优点,但也有它的不足之处,如热电偶适用温度范围宽,但灵敏度低,且需要参考温度;热敏电阻灵敏度高、热响应快、体积小,缺点是非线性,且一致性较差,这对于仪表的校准和调节均感不便;测温电阻如铂电阻有精度高、线性好的优点,但灵敏度低且价格较贵;而PN结温度传感器则有灵敏度高、线性较好、热响应快和体小轻巧易集成化等优点,所以其应用势必日益广泛。但是这类温度传感器的工作温度一般为 -50℃~150℃,与其他温度传感器相比,测温范围的局限性较大,有待于进一步改进和开发。

[实验目的]

(1) 了解 PN 结正向压降随温度变化的基本关系式。

(2) 在恒定正向电流条件下,测绘 PN 结正向压降随温度变化曲线,并由此确定其灵敏度及被测 PN 结材料的禁带宽度。

(3) 学习用 PN 结测温的方法。

[实验原理]

理想的 PN 结的正向电流 I_F 和正向压降 V_F 存在如下关系式:

$$I_F = I_S \exp\left(\frac{qV_F}{kT}\right) \tag{3-75}$$

式中,q 为电子电荷;k 为玻耳兹曼常数;T 为热力学温度;I_S 为反向饱和电流,它是一个和 PN 结材料的禁带宽度以及温度有关的系数,可以证明

$$I_F = CT^r \exp\left(-\frac{qV_g(0)}{kT}\right) \tag{3-76}$$

式中，C 是与结面积、掺质浓度等有关的常数，r 也是常数（见附录）；$V_g(0)$为绝对零度时PN结材料的带底和价带顶的电势差。

将式(3-75)代入式(3-74)，两边取对数可得

$$V_F = V_{g(0)} - \left(\frac{k}{q}\ln\frac{C}{I_F}\right)T - \frac{kT}{q}\ln T^r = V_1 + V_{n1} \tag{3-77}$$

其中，$V_1 = V_g(0) - \left(\frac{k}{q}\ln\frac{C}{I_F}\right)T$，$V_{n1} = -\frac{kT}{q}\ln T^r$

方程式(3-76)就是PN结正向压降作为电流和温度函数的表达式，它是PN结温度传感器的基本方程。令 I_F = 常数，则正向压降只随温度而变化，但是在方程式(3-76)中还包含非线性项 V_{n1}。下面来分析一下 V_{n1} 项所引起的线性误差。

设温度由 T_1 变为 T 时，正向电压由 V_{F1} 变为 V_F，由式(3-76)可得

$$V_F = V_{g(0)} - (V_{g(0)} - V_{F1})\frac{T}{T_1} - \frac{kT}{q}\ln\left(\frac{T}{T_1}\right)^r \tag{3-78}$$

按理想的线性温度响应，V_F 应取如下形式

$$V_{理想} = V_{F1} + \frac{\partial V_{F1}}{\partial T}(T - T_1)$$

$\frac{\partial V_{F1}}{\partial T}$ 等于 T_1 温度时的 $\frac{\partial V_F}{\partial T}$ 值

由式(3-76)可得

$$\frac{\partial V_{F1}}{\partial T} = -\frac{V_{g(0)} - V_{F1}}{T_1} - \frac{k}{q}r$$

所以

$$V_{理想} = V_{F1} + \left(-\frac{V_{g(0)} - V_{F1}}{T_1} - \frac{k}{q}r\right)(T - T_1) =$$

$$V_{g(0)} - (V_{g(0)} - V_{F1})\frac{T}{T_1} - \frac{kT}{q}(T - T_1)r \tag{3-79}$$

由理想线性温度响应式(3-78)和实际响应式(3-77)相比较，可得实际响应对线性的理论偏差为

$$\Delta = V_{理想} - V_F = -\frac{kT}{q}(T - T_1)r + \frac{kT}{q}\ln\left(\frac{T}{T_1}\right)^r \tag{3-80}$$

设 T_1=300K，T=310K，取 r=3.4，由式(3-78)可得 Δ=0.048mV，而相应的 V_F 的改变量约20mV，相比之下误差甚小。不过当温度变化范围增大时，V_F 温度响应的非线性误差将有所递增，这主要由于 r 因子所致。

综上所述，在恒流供电条件下，PN结的 V_F 对 T 的依赖关系取决于线性质项 V_1，即正向压降几乎随温度升高而线性下降，这就是PN结测温的理论依据。必须指出，上述结论仅适用于杂质全部电离，本征激发可以忽略的温度区间（对于通常的硅二极管来说，温度范围约-50℃～150℃）。如果温度低于或高于上述范围时，由于杂质电离因子减小或

本征载流子迅速增加，$V_F—T$ 关系将产生新的非线性，这一现象说明 $V_F—T$ 的特性还随 PN 结的材料而异，对于宽带材料（如 GaAs，E_g 为 1.43eV）的 PN 结，其高温端的线性区则宽；而材料杂质电离能小（如 Insb）的 PN 结，则低温端的线性范围宽。对于给定的 PN 结，即使在杂质导电和非本征激发温度范围内，其线性度亦随温度的高低而有所不同，这是非线性项 V_{n1} 引起的，由 V_{n1} 对 T 的二阶导数 $\frac{d^2V}{dT^2}=\frac{1}{T}$ 可知，$\frac{dV_{n1}}{dT}$ 的变化与 T 成反比，所以 $V_F—T$ 的线性度在高温端优于低温端，这是 PN 结温度传感器的普遍规律。此外，由式(3-77)可知，减小 I_F，可以改善线性度，但并不能从根本上解决问题，目前行之有效的方法大致有两种：

(1) 利用对管的两个 be 结（将三极管的基极与集电极短路与发射极组成一个 PN 结），分别在不同电流 I_{F1}、I_{F2} 下工作，由此获得两者之差（$I_{F1}-I_{F2}$）与温度成线性函数关系，即

$$V_{F1}-V_{F2}=\frac{KT}{q}\ln\frac{I_{F1}}{I_{F2}}$$

由于晶体管的参数有一定的离散性，实际值与理论值仍存在差距，但于单个 PN 结相比其线性度与精度均有所提高，这种电路结构与恒流、放大等电路集成一体，便构成电路温度传感器。

(2) 采用电流函数发生器来消除非线性误差。由式(3-76)可知，非线性误差来自 T^r 项，利用函数发生器，I_F 比例于绝对温度的 r 次方，则 $V_F—T$ 的线性理论误差为 $\Delta=0$。实验结果与理论值比较一致，其精度可达 0.01℃。

[实验方法和内容]

(1)实验系统检查与连接。

① 取下隔离圆筒的筒套（左手扶筒盖，右手扶筒套逆时针旋转），查待测 PN 结管和测温元件应分放在铜座的左右两侧圆孔内，其管脚不与容器接触，然后装上筒套。

② 控温电流开关置“关”位置，接上加热电源线和信号传输线，两者连接均为直插式。在连接和拆除信号线时，动作要轻，否则可能拉断引线影响实验。

(2) 打开电流开关，预热几分钟，此时测试仪上将显示出室温 T_R，记录下起始温度 T_R。

(3) $V_F(0)$ 或 $V_F(T_R)$ 的测量和调零。将“测量选择”开关拨到 I_F，由“I_F 调节”使 $I_F=50\mu A$，将 K 拨到 V_F，记 $V_F(T_R)$ 值，再将 K 置于 ΔV，由“ΔV 调零”使 $\Delta V=0$。

本实验的起始温度如需从 0℃开始，则需将加热铜块置于冰水混合物中，并注意不要让待测 PN 结管和测温元件接触到水。待显示温度至 0℃时，再进行上述测量。

(4) 测定 $\Delta V—T$ 曲线。开启加热电流（指示灯即亮），逐步提高加热电流进行变温实验，并记录对应的 ΔV 和 T，至于 ΔV、T 的数据测量，可按 ΔV 每改变 10mV 或 15mV 立即读取一组 ΔV、T，这样可以减小测量误差。应该注意：在整个实验过程中，升温速率要慢。且温度不宜过高，最好控制在 120℃以内。

(5) 求被测 PN 结正向压降随温度变化的灵敏度 S(mV/℃)。以 T 为横坐标，ΔV 为纵坐标，作 $\Delta V—T$ 曲线，其斜率就是 S。

(6) 估算被测 PN 结材料的禁带宽度。根据式(3-76)，略去非线性项，可得

$$V_{g(0)} = V_{F(0)} + \frac{V_F(0)}{T}\Delta T = V_{F(0)} + S \cdot \Delta T$$

$\Delta T = -273.2\text{K}$，即摄氏温标与开尔文温标之差。将实验所得的 $E_{g(0)} = eV_{g(0)}$ 与公认值 $E_{g(0)} = 1.21$ 电子伏比较，求其误差。

(7) 数据记录。

实验起始温度：$T_R =$ __________℃

工作电流：$I_F =$ __________ mA

起始温度为 T_R 时的正向压降：$V_{F(TR)} =$ __________ mV

控温电流：__________ A

(8) 改变加热电流重复上述步骤进行测量，并比较两组测量结果。

(9) 改变工作电流 $I_F = 100\mu\text{A}$ 重复上述(1)～(7)步骤进行测量，并比较两组测量结果。

[选做内容]

根据实验原理及结论将该PN结制成温度传感器，使其灵敏度最大，试确定其工作电流及其测量范围，并标定其刻度。

[预习思考题]

1. 测 $V_{F(0)}$ 或 $V_{F(TR)}$ 的目的何在？为什么实验要求测 $\Delta V—T$ 曲线而不是 $V_F—T$ 曲线。

2. 测 $\Delta V—T$ 为何按 ΔV 的变化读取 T，而不是按自变量 T 读取 ΔV。

3. 在测量PN结正向压降和温度的变化关系时，温度高时 $\Delta V—T$ 线性好，还是温度低好？

4. 测量时，为什么温度必须在 -50℃～150℃范围内？

[附录]

(1) 式(3-75)的证明参阅黄昆，谢德著的半导体物理。

(2) r 的数值取决于少数载流子迁移率对温度的关系，通常取 $r = 3.4$。

实验 3.15　分光计的调节与使用

光线入射到不同媒质和光学元件(如平面镜、三棱镜、光栅、偏振片等)上，会发生反射、折射、衍射或偏振。分光计是用来精确测量入射光和出射光之间偏转角度的一种仪器，通过对这些角度的测量，可以间接测量固体和液体的折射率、色散率、光波波长和光栅常数等。它的基本部件和调节原理与其他更复杂的光学仪器(如摄谱仪、单色仪等)有许多相似之处。分光计是一种精确测量角度的典型光学仪器，它的用途十分广泛，调节方法在光学仪器中具有一定的代表性，因此掌握分光计的调节和使用是十分重要的。分光计装置较精密，结构较复杂，调节要求也较高，对初学者来说有一定难度，但只要注意了解其基本结构和测量光路，严格按调节要求和步骤耐心进行调节，一定能达到较好的要求。

[实验目的]

(1) 了解分光计的构造,学会调整分光计。
(2) 利用分光计测量三棱镜顶角。
(3) 利用分光计测量媒质的折射率。
(4) 利用分光计测量媒质的色散率。

[实验仪器]

分光计、平面镜、三棱镜、钠光灯、低压汞灯。

[实验原理]

(一) 媒质折射率的测量

折射率是光学媒质的重要特性参数,也是光学材料品质的主要指标之一。媒质的折射率和入射光的波长有关。同时,测量媒质折射率的方法也很多,最小偏向角法就是常用的一种方法。

(1) 三棱镜顶角的测量。

图 3-61 所示的三角形表示 1 个三棱镜的主截面(即垂直两光学面的平面)。AB 与 AC 是三棱镜的两光学面,又称折射面,BC 为毛玻璃面,称为三棱镜的底面,角 A 为三棱镜的顶角。一束平行光由顶角方向射入,在两光学面上分成两束反射光。测出两束反射光线之间的夹角 φ,则可证明顶角 A 为

$$A=\frac{1}{2}\varphi$$

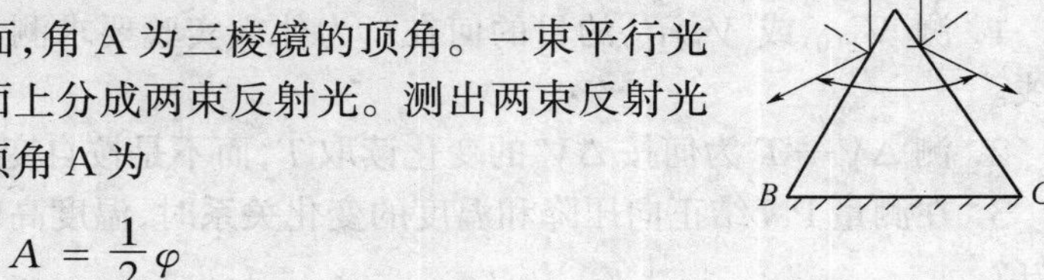

图 3-61　三棱镜

(2) 折射率的测定。

折射定律指出:当波长一定的单色光自真空(或空气)射入另一透明物质时,产生折射,入射角 i 和折射角 r 之间的关系是,$n=\frac{\sin i}{\sin r}$,其中,n 为该透明物质的折射率,它与通过该物体的波长有关,如图 3-62 所示。一般所说的固体或液体的折射率是对钠黄光而言。

图 3-63 所示,在三棱镜主截面 ABC 内某种波长的光线以入射角 i_1 自光学面 AB 射入,经棱镜折射后由光学面 AC 以折射角 i_2 射出。入射光线与折射光线的夹角 δ 称为光线在棱镜主截面的偏向角。对于给定的棱镜,顶角 A 一定,则偏向角 δ 的大小随入射角 i_1 的变化而变化。实验和理论均可证明,当 $i_1=i_2$ 时偏向角最小,称为最小偏向角,记为 $\delta_{\min}$。

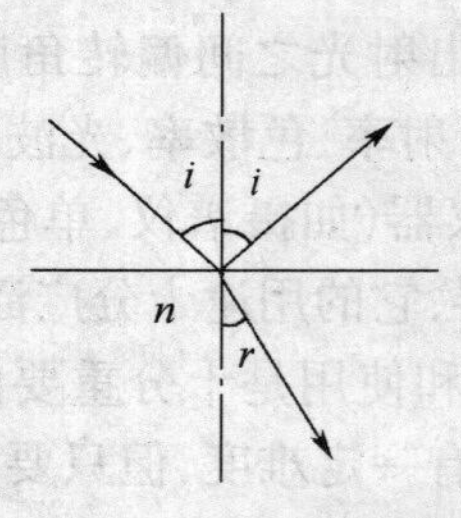

图 3-62　折射定律

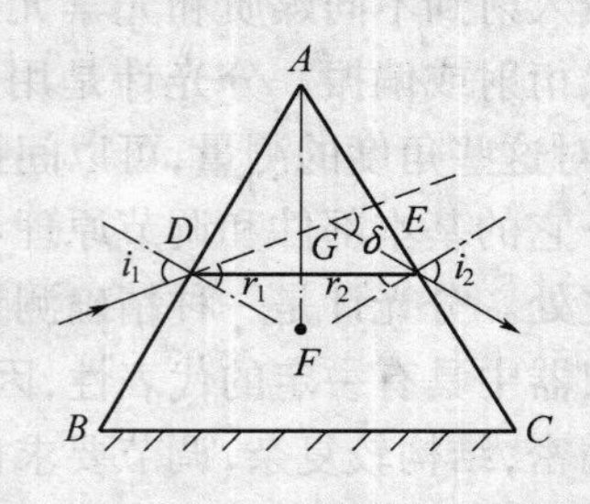

图 3-63　三棱镜的折射

可以证明，当 $i_1 = i_2$ 时，$r_1 = r_2$，则 $\delta_{\min} = (i_2 - r_2) + (i_1 - r_1) = 2i_1 - 2r_1$，此时 $2r_1 = A$，$\delta_{\min} = 2i_1 - A$，所以

$$i_1 = \frac{\delta_{\min} + A}{2}$$

$$n = \frac{\sin i_1}{\sin r_1} = \frac{\sin \dfrac{\delta_{\min} + A}{2}}{\sin \dfrac{A}{2}} \tag{3-81}$$

由上式可见，只要测得三棱镜的顶角 A 和对钠黄光的最小偏向角 $\delta_{\min}$，便可间接测出棱镜对该波长的光的折射率。

（二）媒质色散率的测量

媒质的折射率 n 随入射光波长 λ 的改变而变化的现象称为色散。折射率 n 随着波长的增加而单调下降，并且下降率在短波一端更大的色散称为正常色散。对此，1836 年科希给出一个经验公式为

$$n = B + \frac{C}{\lambda^2} + \frac{D}{\lambda^4}$$

式中 B、C、D 是和光学材料有关的常数，它的数值可由实验数据来确定。上式两边对 λ 求导可得色散率为

$$\frac{\mathrm{d}n}{\mathrm{d}\lambda} = -2\frac{C}{\lambda^3} - 4\frac{D}{\lambda^5}$$

由此可见，只要在实验中确定出 C 和 D，就可以从上式求出光学媒质的色散率。用低压汞灯作光源，用最小偏向角法测出三棱镜对不同波长的入射光的折射率 n，由公式 $n = B + \frac{C}{\lambda^2} + \frac{D}{\lambda^4}$，求出 C 和 D。

[实验内容与步骤]

（一）仪器调节

为了精确测量角度，必须使待测角平面平行于读数圆盘平面。由于制造仪器时已使读数圆盘平面垂直于中心转轴，因而也必须使待测角平面垂直于中心转轴（见图 3-64、图 3-72）。为满足此要求，测量前必须对分光计进行调节，以达到三个要求：

① 平行光管出射平行光。

② 望远镜能接受平行光。

③ 经过待测光学元件的光（如入射、折射、反射、衍射光线等）构成的平面应与仪器的中心转轴垂直，即要求平行光管、望远镜光轴垂直于转轴，待测元件的光学面应平行于转轴。

为保证这些条件，必须对分光计进行下述调节。其中尤以望远镜的调节最为重要，其他调节均以望远镜为准。

1．目测粗调

接上电源点燃钠光灯，并点亮望远镜中的照明小灯。将望远镜转至正对平行光管的

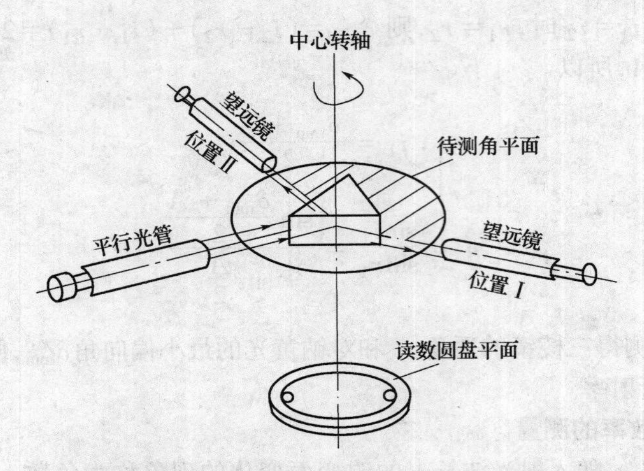

图 3-64　测三棱镜顶角光路图

位置，旋转螺钉 12、13、26、27，使望远镜、平行光管大致位于同一水平线上。调节螺钉 6，使载物平台与转轴大致垂直。

2．精细调节

(1) 调节望远镜，使之能接收平行光，并成像于分划板上。

① 点亮望远镜中的照明小灯，从望远镜中可看到位于下方有一绿色亮斑。旋转调焦轮 11 即目镜，使分划板上叉线成像清晰，从绿色亮斑中能清晰看到一黑的小十字叉线，且眼睛左右摆动而景像不发生变化为止(见图 3-65)。此时分划板已在目镜的焦平面上，不要再动调焦轮 11 了。

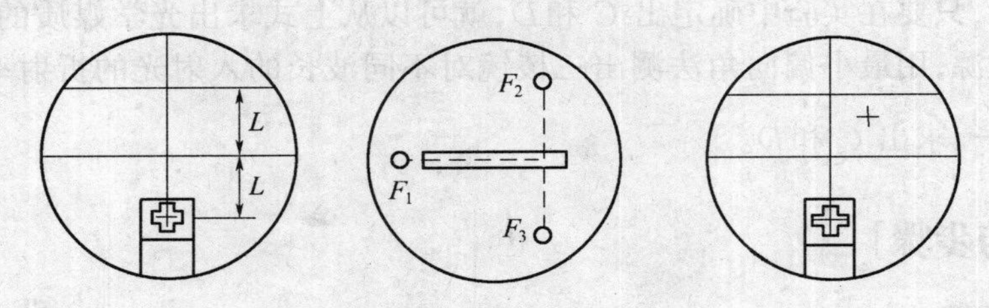

图 3-65　望远镜目镜中的十字叉丝及其反射回来的像

② 将反射平面镜按图 3-65 所示的位置放于载物平台上，轻缓转动平台，从塑远镜外旁侧观察平面镜中十字线之像(为一绿色亮十字线)，适当调节望远镜的倾斜度(调 12)和平面镜的垂直度(调 6)，使此像能进入望远镜视野中，从望远镜观察，可找到被平面镜反射回来的绿色的亮十字线像。

③ 松开 9，伸缩目镜筒，使亮十字像清晰并清除视差(见图 3-65)。此时望远镜已能接收平行光并成像于分划板上，旋紧 9，此后目镜筒不要再伸缩移动。

(2) 调节望远镜光轴垂直于载物平台转轴，使望远镜轴线回转平面与刻度盘平面平行。

① 转动载物平台，分别使反射平面镜的两反射面反射回来的亮十字线像均能进入望远镜。

② 将其中一反射面正对望远镜筒，此时观察，亮十字像可能与分划板上方的十字线

不重合(见图 3-66a),调节 6,使高度差减小一半(见图 3-66b),再调节 12,改变望远镜倾斜度,使高度差消除,即亮十字像与上方的十字叉线重合(见图 3-66c)。这种调节方法称作"各半调节法"。

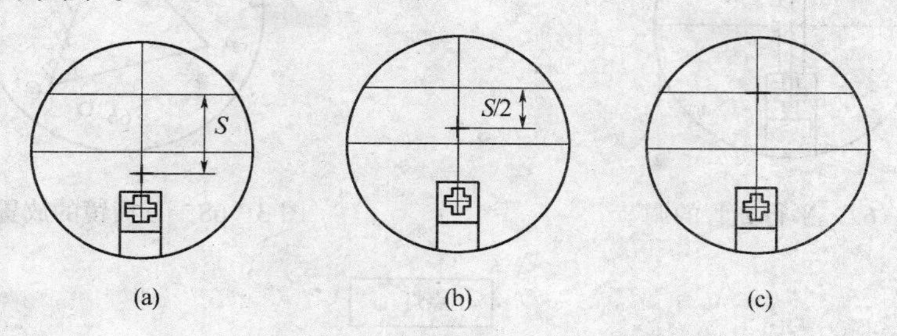

图 3-66 各半调节法示意图

(a) 从平面镜返回之十字线像与分划板上横线间距为 S;(b) 调节载物台调节螺钉使十字线像上移 $S/2$;
(c) 调节望远镜光轴高低调节螺钉,使十字线像位于分划板上方横线处。

③ 把游标盘连同载物平台转过 180°,此时反射镜另一反射面正对望远镜筒,同样用"各半调节法"进行调节,使两十字线重合。

④ 重复上述步骤②、③反复调节,直至从两个反射面反射回的像均与分划板上方十字叉线重合为止。此时望远镜光轴已垂直于载物平台转轴,且其回转平面平行于刻度盘平面。

在上述调节过程中,当旋转望远镜或载物平台时,若亮十字线与分划板的水平刻线的移动方向不平行,表明分划板上水平刻线未处水平位置,应转动目镜筒,使亮十字线的移动方向与分划板水平刻线水平,但不要破坏望远镜的调焦。旋紧 9,从而锁紧目镜筒,此后,望远镜只能绕轴转动而不能再进行任何调节。

(3) 调节平行光管,并使其光轴在望远镜轴线回转面内,出射平行光。

① 移去平面镜,关闭目镜筒小灯,点亮钠光灯照亮挟缝,调节 28,使缝宽约为 1mm。

② 将望远镜对准平行光管,前后移动狭缝体 1,使狭缝处于平行光管透镜的焦平面上,当在望远镜中能看到清晰的狭缝像,且与分划板上的双十字叉线无视差时,说明平行光管发出的光为平行光。

③ 调节望远镜微调螺钉 15,使狭缝像与十字竖线重合。使狭缝体旋转 90°,调节平行光管倾斜度螺钉 27,使狭缝像与双十字线的中央水平刻线重合,则狭缝像的中心与目镜视场中心重合。此时平行光管的光轴与望远镜的光轴位于同一高度,并均垂直转轴。再旋转狭缝体,使狭缝处于垂直状态,如图 3-67 所示。

3. 待测元件的调节,使经过待测光学元件的光学面与中心转轴平行

将待测棱镜按图 3-68 所示位置放于载物平台上,让棱镜的一光学面垂直于平台下的三螺钉的连线之一,与此同时,另一光学面也垂直于另一连线,如图 3-68 所示。转动载物平台,使望远镜对准棱镜的光学面 AB,微调螺钉 6a、6b,使在望远镜中能看到反射回来的亮十字线与分划板上方十字线重合。转动平台使光学面 AC 正对望远镜,微调 6c,再次从望远镜中看到亮十字线与分划板上方十字线重合。反复进行上述调试,直到从 AB、AC 两光学面反射回来的亮十字线均为上述成像位置。此时 AB、AC 两光学面便平行于中心转轴。(这种调节法称为自准法。)

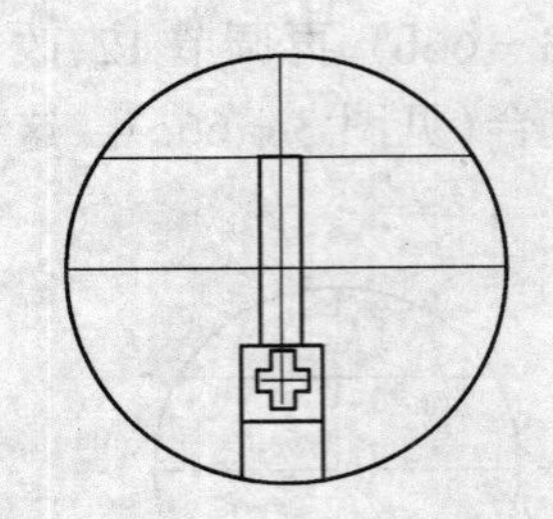

图 3-67　平行光管的调节

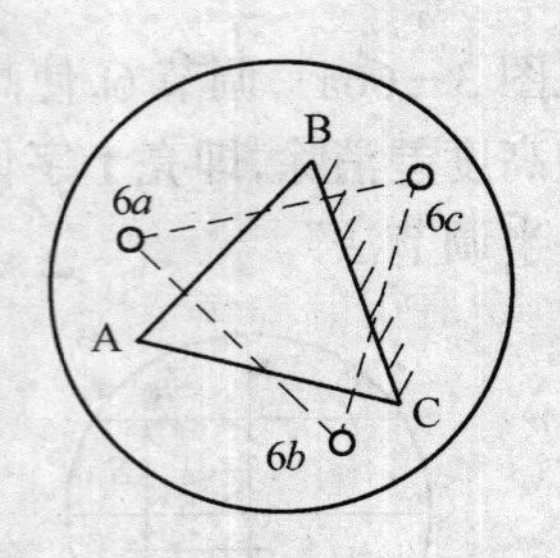

图 3-68　三棱镜的放置方法

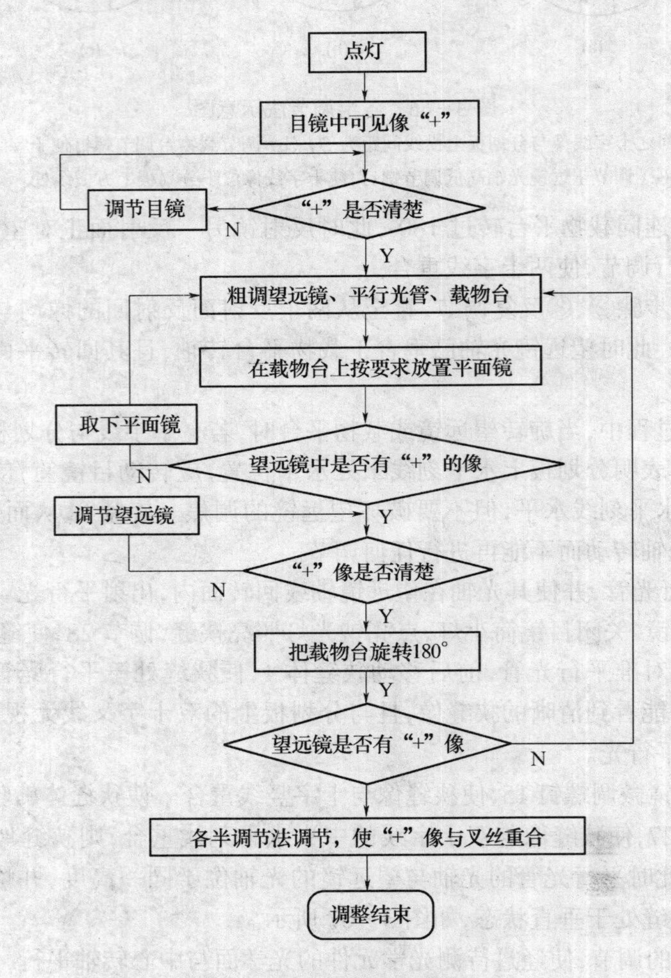

图 3-69　分光计调整流程图

分光计的调节过程可参照图 3-69。

(二) 测定三棱镜顶角

在上述调节工作完成之后,将待测棱镜底面正对平行光管,并接近载物平台中心放置,如图 3-70 所示。旋紧 7、25,锁紧载物平台和游标盘,缓慢转动望远镜,记录望远镜在能看见经棱镜两反射面反射回的狭缝像的位置Ⅰ、Ⅱ时的度盘两窗口的读数 φ_1、φ_2' 和 φ_2 和 φ_2'。

$$A = \frac{1}{2}\varphi = \frac{1}{4}[(\varphi_2 - \varphi_1) + (\varphi_2' - \varphi_1')]$$

重复测量 3 次,计算其误差。

(三) 测定最小偏向角 δ_{min},计算三棱镜对钠光的折射率

(1) 将三棱镜置于载物平台上,使棱镜折射面与平行光管轴线的夹角约为 30°。

(2) 观察偏向角的变化。首先根据折射定律判断折射光线的出射方向,用眼睛观察,找到折射光线。然后轻轻转动载物平台,观看折射光线的移动情况。当看到折射光线向偏向角减小的方向移动时,继续沿此方向转动载物平台,就会看到当载物平台转至某一位置时,折射光线不再移动,此后该折射光线转向偏向角增大的方向移动。这一光线移动方向发生转折变化时的位置(见图 3-71),就是处于最小偏向角 δ_{min}时折射光线的位置。将望远镜移至此位置进行观察,使分划板中心正对狭缝像发生转折时的位置,读出此时读数圆盘两窗口的读数 θ_1、θ_2。

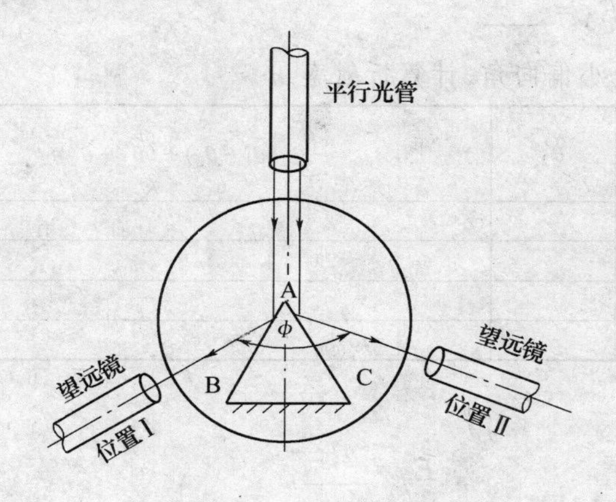

图 3-70　三棱镜顶角测量

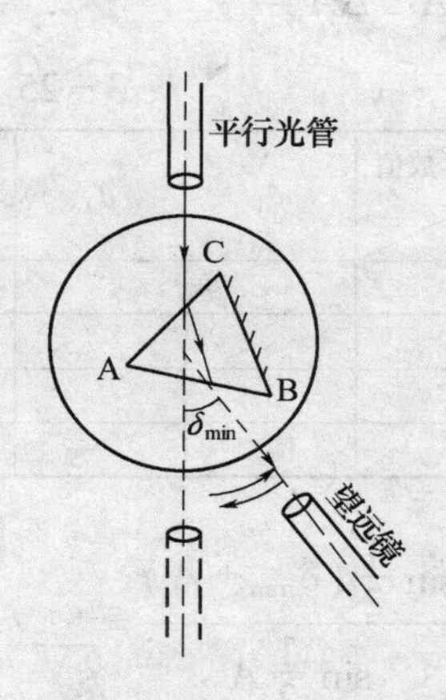

图 3-71　最小偏折角测量

(3) 测定入射光方向:旋紧 7、25,锁紧载物平台,移去三棱镜,将望远镜对准平行光管,使分划板十字线竖线对准狭缝中央,读出此时两窗口的读数 θ_2、θ_2'。

(4) 重复测量 3 次。

由式 $\delta_{min} = \frac{1}{2}[(\theta_1 - \theta_2) + (\theta_1' - \theta_2')]$和式 $n = \sin\frac{1}{2}(\delta_{min} + A)/\sin\frac{1}{2}A$,求出棱镜对钠光的折射率 n 及其误差。

(四) 测量媒质的色散率(选作)

(1) 用低压汞灯替换钠光灯。

(2) 分别测出波长为 576.96nm、546.07nm、433.92nm、404.66nm 的入射光的最小偏向角 δ_{min}。

(3) 重复测量 3 次。

(4) 由公式 $n = \dfrac{\sin\dfrac{\delta_{min} + A}{2}}{\sin\dfrac{A}{2}}$ 计算出波长为 576.96nm、546.07nm、433.92nm、404.66nm 的折射率。

(5) 由公式 $n=B+\frac{C}{\lambda_2}+\frac{D}{\lambda^4}$计算出 C 和 D,代入公式:$\frac{dn}{d\lambda}=-\frac{2C}{\lambda^3}-\frac{4D}{\lambda^5}$。

[数据表格及数据处理]

表 3-24 测定三棱镜顶角

读数值 / 测量次数	Ⅰ位置		Ⅱ位置		$\varphi=\frac{1}{2}[(\varphi_2-\varphi_1)+(\varphi'_2-\varphi'_1)]$	$A=\frac{1}{2}\varphi$	ΔA
	φ_1	φ'_1	φ_2	φ'_2			
1							
2							
3							
平均					$\bar{\varphi}$	$\bar{A}=$	$\overline{\Delta A}=$

$A=\bar{A}\pm\overline{\Delta A}=$____　　　　$E_A=$____

表 3-25 测定最小偏向角,计算折射率 n

读数值 / 测量次数	θ_1	θ'_1	θ_2	θ'_2	$\delta_{min}=\frac{1}{2}[(\theta_1-\theta_2)+(\theta'_1-\theta'_2)]$
1					
2					
3					
平均					$\bar{\delta}_{min}=$

$$n=\frac{\sin\frac{1}{2}(\delta_{min}+A)}{\sin\frac{1}{2}A}=\_\_\_\_\qquad E_n=\_\_\_\_$$

表 3-26 测定不同波长的折射率和计算色散率

次数 / 波长/nm	δ_{min}			n
	1	2	3	
404.66				
433.92				
546.07				
576.96				

由公式 $n=B+\frac{C}{\lambda^2}+\frac{D}{\lambda^4}$计算出 C 和 D,从而求出:$\frac{dn}{d\lambda}=$____。

[注意事项]

(1) 分光计为精密仪器,各活动部分均应小心操作。当轻轻推动可转动部件而无法转动时,切记不能强制使其转动,应分析原因后再进行调节。旋转各旋钮时动作应轻缓。

(2) 严禁用手触摸棱镜、平面镜之光学面和望远镜、平行光管上各透镜的表面,如发现严重玷污,可报告老师进行清除。严防棱镜和平面镜磕碰或跌落。

(3) 调节狭缝宽度时应用光源照明，千万不能使其闭拢，以免使狭缝受到严重损坏。

[思考题]

1. 在调整分光计时为什么说调好望远镜是关键，其他调节都可以它为准？

2. 在调整望远镜时为什么要将平面镜放于垂直于平台两螺钉连线的位置？

3. 在测定三棱镜顶角时，三棱镜为什么必须按图 3-69 所示位置放置？试画出光路图，分析其原因。

4. 调节望远镜和仪器中心转轴垂直时为什么要采用“各半调节”方法？只调 6 或只调 12 能否达到目的？为什么？

5. 什么叫视差？怎样判断有无视差存在？本实验中进行哪几步调节时要消除视差？如何消除？

6. 请扼要说明用“自准法”测定三棱镜顶角的基本原理和测量步骤。

7. 试总结如何能较迅速地将分光计调整好？实验中你有哪些体会？

8. 如果狭缝过宽或过窄将对实验有何影响？

[附录]

分光计型号很多，但分光计构造大体相同，均由 5 个主要部件构成：底座、自准直望远镜、平行光管、载物平台和读数圆盘。图 3-72 是一种实验室常用的 JJY 型分光计的结构图，其各部件的作用和构造分述如下。

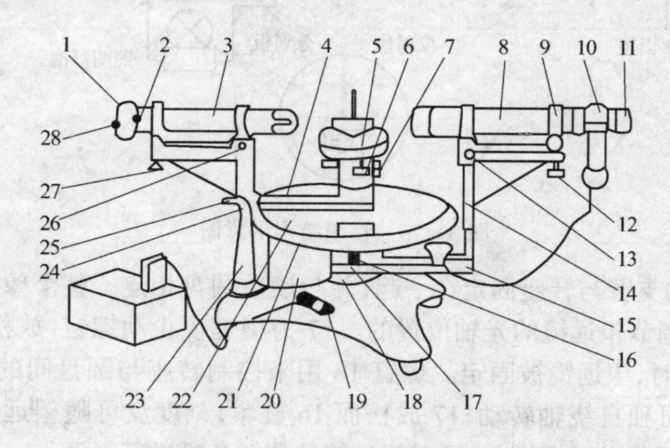

图 3-72　分光计结构示意图

1—狭缝装置；2—狭缝装置锁紧螺钉；3—平行光管；4—制动架(二)；5—载物台；6—载物台调平螺钉(三个)；7—载物台锁紧螺钉；8—望远镜；9—目镜筒锁紧螺钉；10—阿贝式自准直目镜；11—目镜调焦轮；12—望远镜光轴高低调节螺钉；13—望远镜光轴水平调节螺钉；14—支臂；15—望远镜微调螺钉；16—转座与度盘止动螺钉；17—望远镜止动螺钉；18—制动架(一)；19—底座；20—转座；21—度盘；22—游标盘；23—立柱；24—游标盘微调螺钉；25—游标盘止动螺钉；26—平行光管光轴水平调节螺钉；27—平行光管光轴高低调节螺钉；28—狭缝宽度调节手轮。

1. 三角底座

位于分光计的下部，起着支撑整台仪器的作用。其中心有一垂直方向的转轴，望远镜、载物平台和读数圆盘均可绕该转轴旋转。在一个底脚的立柱上装有平行光管。

2. 平行光管

它的作用是产生平行光，从而保证射到待测元件表面各点的入射角相同。平行光管安装在固定于底座的立柱上（见图 3-72 中 3）。它一端装有会聚透镜，另一端有狭缝体的圆筒。狭缝的宽度可通过调节手轮 28 进行调节，其调节范围为 0.02mm～2mm。狭缝体可沿平行光管光轴方向移动和转动，当它位于会聚透镜的焦平面上时，平行光管即可将光源由狭缝入射的光以平行光射出。其光轴的倾斜位置可通过调 26、27 两螺钉进行调节。

3. 望远镜

望选镜是用来观察平行光行进的方向。它由物镜、目镜和分划板（或叉丝）组成。常用的自准目镜有高斯目镜和阿贝目镜两种，JJY 型分光计的望远镜装有阿贝目镜（见图 3-73）。在目镜和分划板之间，紧靠分划板的下端装有一块全反射小三棱镜，从目镜中观察分划板下部被三棱镜遮挡。三棱镜紧靠分划板的那一面刻有一十字通光窗口。目镜筒下侧开有一小孔，照明小灯的光经滤色片后自筒侧进入，经全反射小棱镜反射后，沿望远镜光轴方向照亮分划板。旋转目镜调焦轮 11，可改变分划板和目镜间的距离，沿望远镜光轴方向移动目镜筒可改变物镜与分划板之间距离，使分划板能同时位于物镜和目镜的焦平面上。

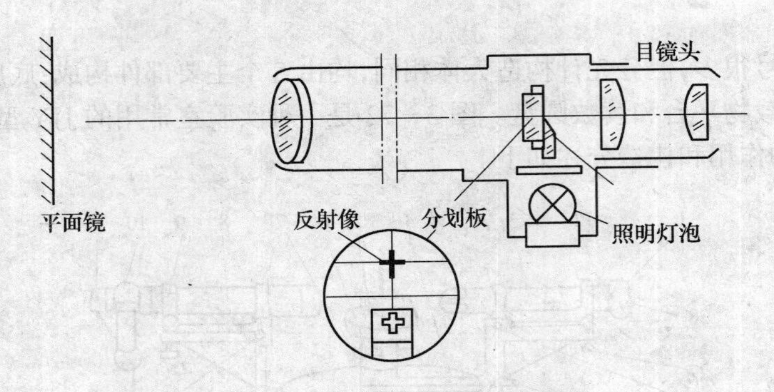

图 3-73　目镜结构示意图

安装望远镜的支臂与转座固定在一起，并与读数圆盘相连。整个望远镜筒下面的螺丝 12、13，是用来调节望远镜的光轴位置的。17 为望远镜止动螺钉，放松时，望远镜可绕轴自由转动，旋紧时，望远镜被固定。螺钉 16 用来控制转座与圆盘间的相对转动，17 和 16 放松时望远镜可独自绕轴转动；17 放松而 16 旋紧，刻度盘可随望远镜一起旋转。若 17 和 16 均旋紧，调节微调螺钉 15 可对望远镜的旋转角度进行微调。

4. 载物平台

载物平台用来放置待测物体，它套在转轴上，由两个平台组成。它与读数圆盘上的游标盘相连。并由止动螺钉 24 控制其与转轴的连接，松开 24 游标盘连同载物平台可绕转轴旋转。23 为微调螺钉，当旋紧 16 和 24 时，借助微调螺钉 23 可对载物平台的旋转角度进行微调。松开螺钉 7，载物平台可单独绕转轴旋转或沿转轴升降。调平螺钉 6 共有 3 个，用来调节上台面的倾斜度。此 3 螺钉的中心形成一个正三角形。

5. 读数圆盘

读数圆盘用来指示望远镜或载物平台旋转的角度。它由刻度盘和游标盘组成。盘平面垂直于转轴，并可绕转轴旋转。刻度盘分为 360°，最小刻度值为半度（30′），小于半度的值利用游标读数。游标上刻有 30 个分格，总长为 14.5°，故游标的最小分度值为 1′（见图 3－74）。

为了消除因刻度盘和游标盘不同轴所引起的偏心误差，在刻度盘的对径方向设有两个游标读数窗口。测量时分别读出每个窗口的两次读数之差，然后取平均值作为望远镜或载物平台转过的角度。

圆刻度盘的偏心差用圆（刻）度盘测量角度时，为了消除圆度盘的偏心差，必须由相差为 180°的两个游标分别读数。圆度盘是绕仪器主轴转动的，由于仪器制造时不容易做到圆度盘中心准确无误与主轴重合，我们知道这就不可避免会产生偏心差。圆度盘上的刻度均匀地刻在圆周上，当圆度盘中心与主轴重台时，由相差 180°的两个游标读出的转角刻度数值相等。而当圆度盘偏心时，由两个游标读出的转角刻度数值相等。而当圆度盘偏心时，由两个游标读出的转角刻度值就不相等了，所以如果只用一个游标读数就会出现系统误差。如图 3－75 所示，用$\overline{AB}$度读数，则偏大，用$\overline{A'B'}$刻度读数又偏小，由平面几何很容易证明：

$$\frac{1}{2}(\angle AO'B + \angle A'O'B') = \angle COD = \angle C'OD'$$

即由两个相差 180°的游标上读出的转角刻度数值的平均值，就是圆度盘真正的转角值。

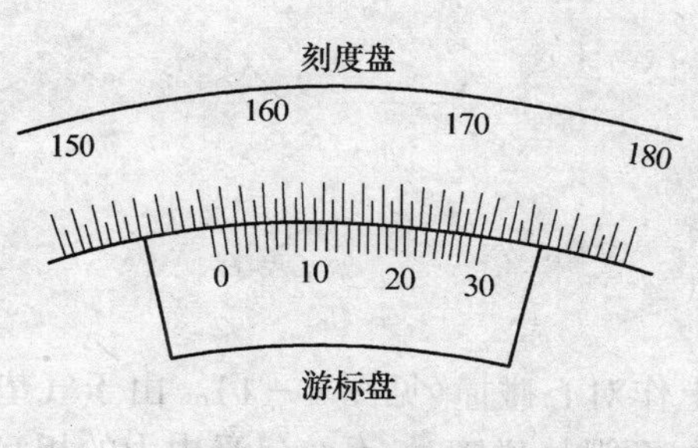

图 3－74　读数盘游标

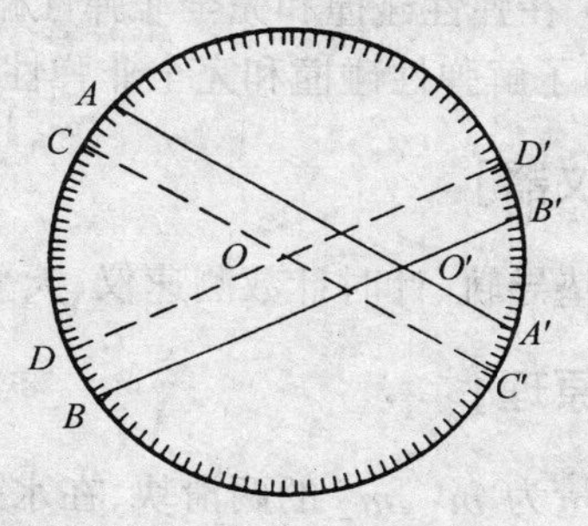

图 3－75　偏心差的消除

第四章 综合设计实验

实验 4.1 碰撞与能量守恒研究

如果系统不受外力或所受外力的矢量和为零，则系统的总动量守恒，这一结论称为动量守恒定律。显然，如果系统只包含两个物体，而且这两个物体沿一直线发生碰撞，只要系统所受的合外力在此直线方向上的分量代数和为零，则在该方向上系统的总动量就保持守恒。

[实验目的]

(1) 进一步学习气轨技术和计时计数测速仪的使用。

(2) 在弹性碰撞和完全非弹性碰撞两种情形下，验证动量守恒定律。

(3)了解弹性碰撞和完全非弹性碰撞的特点。

[实验仪器]

气垫导轨、计时计数测速仪、天平等。

[实验原理]

质量为 m_1、m_2 的两滑块，在水平气垫导轨上作对心碰撞(见图 4-1)。由于气垫的漂浮作用，两滑块受到的摩擦力可忽略不计，这样，两滑块碰撞时，系统仅受内力的相互作用，而在水平方向上不受外力，故系统的动量守恒。

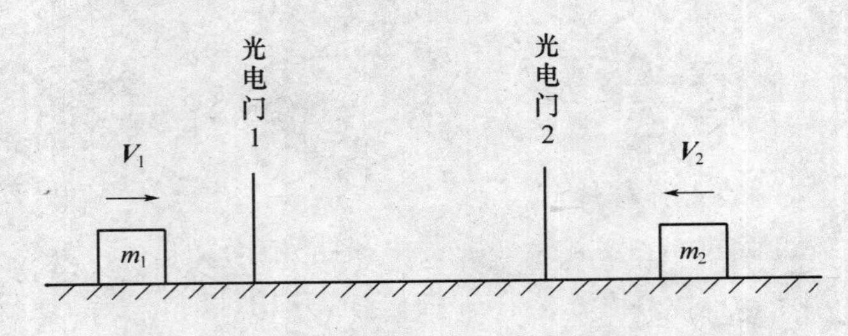

图 4-1 验证动量守恒定律示意图

设两滑块质量分别为 m_1、m_2，碰撞前速度分别为 $\boldsymbol{V}_1$、$\boldsymbol{V}_2$，碰撞后速度分别为 $\boldsymbol{V}'_1$、$\boldsymbol{V}'_2$，则按动量守恒定律有

$$m_1\boldsymbol{V}_1 + m_2\boldsymbol{V}_2 = m_1\boldsymbol{V}'_1 + m_2\boldsymbol{V}'_2$$

若设定一个方向为正方向，则与正方向相同的速度取正值，与正方向相反的速度取负值，上述矢量式就可写成下面的标量式

$$m_1V_1 + m_2V_2 = m_1V'_1 + m_2V_2'$$

下面分两种情况进行讨论：

1．弹性碰撞

如果两物体碰撞后，系统动能没有损失，这种碰撞称为弹性碰撞。

特点：碰撞前、后系统的动量守恒、动能守恒。

实现：两滑块 m_1、m_2 在水平气垫导轨上作对心碰撞，并在两滑块的相碰端装上弹簧片，则两滑块相碰时，由于弹簧片发生弹性变形后恢复原状，系统的动能几乎没有损失，因此，可实现弹性碰撞。则动量守恒式(标量式)为

$$m_1V_1 + m_2V_2 = m_1V'_1 + m_2V'_2 \quad (4-1)$$

(1) 若 $m_1 = m_2 = m$，$V_2 = 0$，则碰撞后速度为

$$V'_1 = 0, V'_2 = V_1$$

表示两滑块彼此交换速度。

(2) 若 $m_1 \neq m_2$，$V_2 = 0$，则碰撞后速度为

$$V'_1 = \frac{m_1 - m_2}{m_1 + m_2}V_1, V'_2 = \frac{2m_1}{m_1 + m_2}V_1。$$

2．完全非弹性碰撞

如果两物体碰撞后以同一速度运动而不分开，则这种碰撞称为完全非弹性碰撞。

特点：碰撞前、后系统的动量守恒、动能不守恒。

实现：两滑块 m_1、m_2 在水平气垫导轨上作对心碰撞，并在两滑块的相碰端粘上橡皮泥或尼龙，则两滑块相碰后粘在一起运动，即可实现完全非弹性碰撞。则动量守恒式(标量式)为

$$m_1V_1 + m_2V_2 = (m_1 + m_2)V' \quad (4-2)$$

可得碰撞后速度为
$$V' = \frac{m_1V_1 + m_2V_2}{m_1 + m_2}$$

[实验内容]

(一) 在弹性碰撞情形下，验证动量守恒定律

(1) 将气垫导轨调成水平，计时计数测速仪处于正常工作状态。两滑块装上相同尺寸的挡光片，并在相碰端装上弹簧片。

(2) 称量两滑块的质量 m_1、m_2(连同弹簧片和挡光片)。

(3) 轻轻推动滑块 m_1、m_2，使它们作弹性碰撞，并用计时计数测速仪测得它们碰撞前、后的速度 V_1、V_2、V'_1、V'_2。

(4) 利用上述测得的数据，再根据式(4-1)验证动量是否守恒。

(5) 重复上述 3、4 步骤测量若干次，进行多次验证。将各数据填入表 4-1 中。

(6) 写出实验结论，并对误差进行定性分析。

(二) 在完全非弹性碰撞情形下，验证动量守恒定律

(1) 将气垫导轨调成水平，计时计数测速仪处于正常工作状态，两滑块的相碰端粘上橡皮泥或尼龙并装上相同的挡光片。

(2) 称量两滑块的质量 m_1、m_2(连同尼龙和挡光片)。

(3) 轻轻推动滑块 m_1、m_2,使它们作完全非弹性碰撞,并用计时计数测速仪测得它们碰撞前、后的速度 V_1、V_2、V'。

(4) 利用上述测得的数据,再根据式(4-2)验证动量是否守恒。

(5) 重复上述3、4步骤测量若干次,进行多次验证。将各数据填入表4-2中。

(6) 写出实验结论,并对误差进行定性分析。

表4-1 在弹性碰撞情形下,验证动量守恒定律数据表

$m_1 =$ ______ g, $m_2 =$ ______ g, $\Delta x =$ ______ cm

次数	V_1 /mm·s^{-1}	V_2 /mm·s^{-1}	V'_1 /mm·s^{-1}	V'_2 /mm·s^{-1}	$m_1V_1 + m_2V_2$ /g·mm·s^{-1}	$m_1V'_1 + m_2V'_2$ /g·mm·s^{-1}
1						
2						
3						
注:需设定一个正方向,表中各 V 值有正、负号						

表4-2 在完全非弹性碰撞情形下,验证动量守恒定律数据表

$m_1 =$ ______ g, $m_2 =$ ______ g, $\Delta x =$ ______ cm

次 数	V_1 /mm·s^{-1}	V_2 /mm·s^{-1}	V' /mm·s^{-1}	$m_1V_1 + m_2V_2$ /g·mm·s^{-1}	$(m_1 + m_2)V'$ /g·mm·s^{-1}
1					
2					
3					
注:需设定一个正方向,表中各 V 值有正、负号					

[注意事项]

(1) 验证动量守恒定律时,两滑块上装的挡光片应相同。

(2) 在验证完全非弹性碰撞时,由于碰撞后只有一个速度,故要给另一个光电门再人为挡光一次,否则测不出速度数据。

(3) 上述动量守恒标量式及数据表格中的各速度值有正、负之分(需预先设定一个方向为正方向)。

[思考题]

1. 两滑块碰撞,若其中一个滑块初速为零,则如何测出两滑块碰撞前、后的速度?

2. 如何确定动量守恒式中各矢量值的正、负号?

实验4.2 声速测定

声波是在弹性媒质中传播的机械波,它能在气体、液体、固体中传播。声速是描述声

波在媒质中传播特性的基本物理量,它与传声媒质的性质及状态有关。因此,通过声速的测量,可以了解被测媒质的特性及状态的变化。本实验只研究声波在空气中的传播,并测其传播速度。

[实验目的]

(1) 测量声波在空气中的传播速度。

(2) 加深对波的位相和波干涉的理解。

[实验仪器]

声速测定仪、信号源、示波器。

[实验原理]

已知波速 v、波长 λ 和频率 f 之间有如下关系

$$v = \lambda f \tag{4-3}$$

根据式(4-3)可将声速的测量变成声波波长和声波频率的测量。由于使用交流电信号控制发声器,所以声波频率就是交流电信号的频率,而声波波长的测量常用驻波共振法和位相法来测量。

1. 驻波共振法

两振幅相等的相干波在同一条直线上沿相反方向传播时,会形成驻波。驻波有波节(振幅为零的点)和波腹(振幅最大的点)。两个相邻波节或波腹间的距离是半波长,即 $\lambda/2$(见图 4-2)。

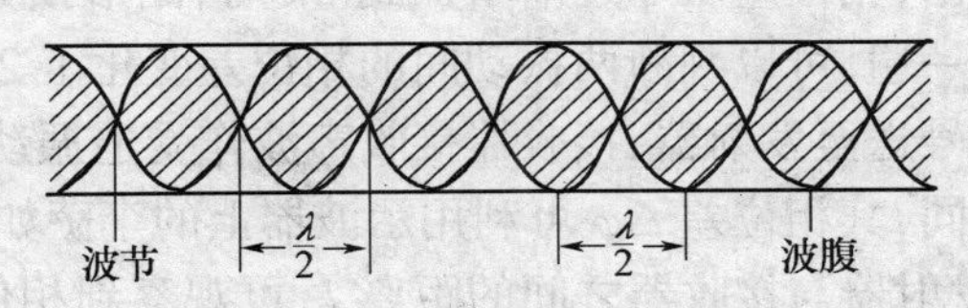

图 4-2 驻波

空气中的声波是疏密波,由声源发出某一频率的平面波,在空气中传播到达接收器。假设接收面与发射面平行且入射波经反射后振幅不变,则入射波与反射波相叠加后形成驻波。当发射面与接收面间距离为 $\lambda/2$ 的整数倍时,可出现稳定的驻波共振现象。

此时,反射面处为位移的波节,声压最大,为声压的波腹。在改变反射面与接收面间距离的过程中,连续两次形成驻波振幅极值时,两面间距离差为半波长,即

$$\Delta l_{i,i+1} = \lambda/2$$

令发射面不动,找出连续两次形成驻波振幅极值时接收器的位置 l_i 与 l_{i+1},由式(4-3)得

$$v = 2f \cdot \Delta l_{i,i+1}$$

即可计算出声速。

实验中,为了减小误差,可测量连续出现振幅极值 n 次所对应的接收面之间的距离

$$\Delta l_{i,i+n} = l_{i+n} - l_i$$

此时声速的计算公式为

$$v = \frac{2f\Delta l_{i,i+n}}{n} \tag{4-4}$$

实验中由于反射波较弱，虽然在反射面与接收面之同不能形成等幅驻波，但振幅变化的周期性规律与等幅驻波情况相同。由于上述测量是在声源振动最强(共振)的情况下进行的，故称驻波共振法。

2. 位相法

频率相同互相垂直的两个谐振动合成的李萨如图形是一椭圆(或为一直线)，椭圆的形状与两振动的相位差有关，如图 4-3 所示。

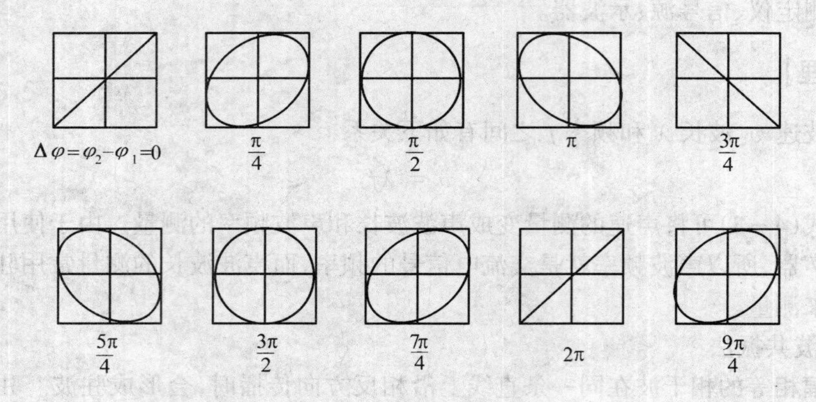

图 4-3 李萨如图形

从李萨如图形可看出，相位差从 0 逐渐增加到 2π 时，图形按 0～2π 的顺序完全重复一遍；反之，若图形重复一遍，可以判断两振动间的相位差变化了 2π。

将信号源的正弦信号送至发射器，接收器接收声波作受迫振动。在同一时刻，波在发射面与接收面的相位不同，其相位差 $\Delta\varphi$ 可利用示波器上的李萨如图形来判断。

实验时，通过改变发射器与接收器之间的距离 l，可观察到相位的改变。当示波器上的某个特征图形重复出现一次时，相位差改变 2π，距离 l 的改变量为一个波长。如果示波器上的图形重复出现 n 次时，对应距离的改变量 $\Delta l_{i,i+n} = l_{i+n} - l_i = n\lambda$，那么声速表达式为

$$v = f \cdot \lambda = \frac{f \cdot \Delta l_{i,i+n}}{n} \tag{4-5}$$

3. 理想气体中的声速值

声波在理想气体中的传播可认为是绝热过程，由热力学理论可以导出速度为

$$v = \sqrt{\gamma R T_k / \mu}$$

式中，R 为摩尔气体常数($R = 8.31\text{J/mol·K}$)；γ 是比热容比(气体定压比热容与定容比热容之比)；μ 为摩尔质量；T_k 为气体的热力学温度，若以摄氏温度 t 计算，则 $T = T_0 + t$，$T_0 = 273.15\text{K}$

$$v = \sqrt{\gamma R(T_0 + t)/\mu} = \sqrt{\gamma R T_0\left(1 + \frac{t}{T_0}\right)/\mu} = v_0\sqrt{1 + \frac{t}{T_0}}$$

对于空气，在标准大气压和 $t=0℃$ 时，声速 $v_0=331.45\text{m/s}$，因此在 $t℃$ 时声速为

$$v = 331.45\sqrt{1+\frac{t}{T_0}} \tag{4-6}$$

[实验内容]

1. 用驻波共振法测声速。

(1) 将各个仪器按图 4-4 所示连接。注意使所有仪器均良好接地，以免外界杂散电场引起测量误差。两只换能器的输入和输出插口：红色接信号、黑色接地。

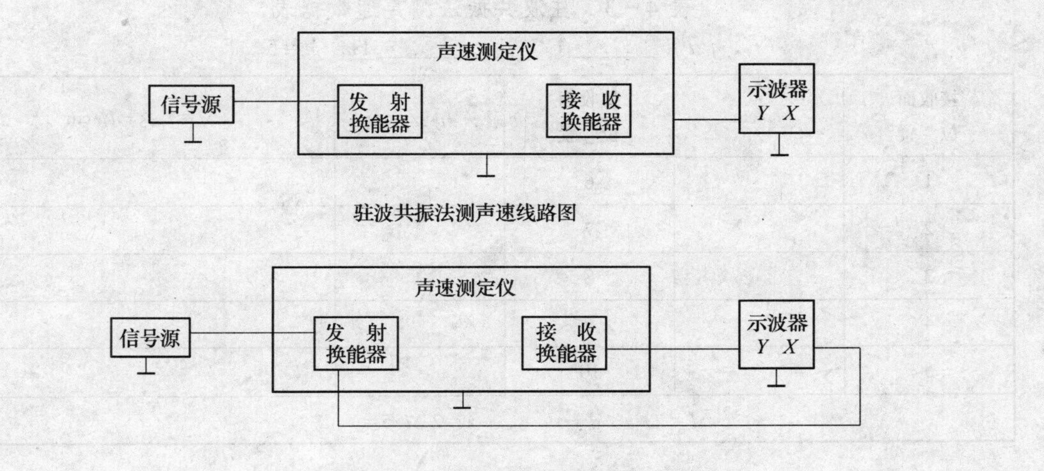

图 4-4 位相法测声速线路图

(2) 调整发射换能器固定卡环上的紧定螺丝，使发射换能器的平面端面与卡尺游标滑动方向相垂直，锁定后再将接收换能器移近发射换能器，调整接收换能器上的紧定螺丝，使接收换能器的平面端面与发射换能器的平面端面严格平行，再拧紧固定螺丝。

(3) 调节示波器，使示波器处于 Y 输入状态。

(4) 移动游标卡尺，使两只换能器端面适当靠近(不可接触，否则会改变发射换能器的谐振频率)。

(5) 将信号源接至 220V 电源后，按下信号源上的电源开关，调节频率粗调旋钮，同时观察声速测定仪上发射换能器的谐振指示灯，当指示灯燃亮并亮度最大时换能器处于谐振状态，即最佳工作状态。为了便于确定最佳频率，可同时监视示波器上信号电压(即 Y 轴读数)，旋动频率细调旋钮，使 Y 轴读数最大，记下信号源的频率即为谐振动频率 f_0。

(6) 移动卡尺的游标，逐渐加大两只压电换能器端面间的距离，同时监测示波器的荧光屏，当每出现一次最大值时，读取并记录卡尺指示数(即波节位置)。为准确得到接收声压最强的位置，可利用游标卡尺上的微动螺丝，仔细调整接收换能器位置。

(7) 选取相邻 10 个波节的接收面位置 l_i。则

$$\overline{\Delta l} = [(l_6-l_1)+(l_7-l_2)+(l_8-l_3)+(l_9-l_4)+(l_{10}-l_5)]/5$$

即

$$\lambda/2 = \overline{\Delta l}/5$$

所以

$$\lambda = 2\overline{\Delta l}/5$$

将计算出的 λ 值代入式(4-3),算出超声波传播速度的实验值 $v_{实}$。

(8) 记录实验时的室温 t℃,根据式(4-6)或查附表得出该室温下声速的理论值 $v_{理}$,并计算实验值与理论值的误差。

将数据填入下表 4-3 中。

表 4-3 驻波共振法测声速数据表

t=________℃ f_0=________ Hz $n=5$

接收面位置	l_i/cm	接收面位置	l_{i+5}/cm	$\Delta l = l_{i+5} - l_i$/cm
1		6		
2		7		
3		8		
4		9		
5		10		
$\overline{\Delta l}$=		$\lambda = 2\overline{\Delta l}/5$=		

2. 用位相法测声速。

(1) 按图 4-4 所示连接各仪器。发射换能器与示波器的 X 轴相连,接收换能器与示波器的 Y 轴相连(因一般示波器 Y 轴灵敏度较高)。

(2) 调整发射换能器平面端面,使之与卡尺移动方向相垂直并锁定。将接收换能器平面端面调整到与卡尺垂直方向稍稍偏离后锁定,避免在两换能器平面端面间产生驻波,而引起接收输出电压变化过于悬殊,不利于示波器观察合成图像。

(3) 调节示波器上的 $X \sim Y$ 轴衰减和增益旋钮,使示波器荧光屏上的李萨如图形便于观察。在调节时应注意发射换能器处于谐振状态(即谐振指示灯亮度最大)。

(4) 移动接收换能器,使示波器上的李萨如图形不断改变。为了便于准确地判断相位关系,可将接收换能器调整到相位差为 $\Delta\varphi = 0$ 的位置,即示波器荧光屏上出现直线的位置。连续记录 10 次相同斜率直线时接收换能器的位置 l_i。

(5) 算出波长 λ 和波速 $v_{实}$。

$$\overline{\Delta l} = [(l_6 - l_1) + (l_7 - l_2) + (l_8 - l_3) + (l_9 - l_4) + (l_{10} - l_5)]/5$$

则

$$\lambda = \frac{\overline{\Delta l}}{5} \qquad v_{实} = f_0 \cdot \lambda$$

(6) 按室温 t℃计算或查出室温下的声速理论值 $v_{理}$,并计算误差。

将各数据填入下表 4-4 中。

表 4-4　位相法测声速数据表

$t=$______℃　$f_0=$______Hz　$n=5$

接收面位　置	l_i/cm	接收面位　置	l_{i+5}/cm	$\Delta l = l_{i+5} - l_i$/cm
1		6		
2		7		
3		8		
4		9		
5		10		
$\overline{\Delta l}=$		$\lambda=\overline{\Delta l}/5=$		

[注意事项]

(1) 所有仪器均需良好接地,以免外界杂散电场引起测量误差。

(2) 实验过程中要保持谐振频率不变。

(3) 需正确使用示波器。

[思考题]

1. 在实验中为什么要测量相邻两波节之间的距离,而不能测量相邻两波腹之间的距离?

2. 为什么要用逐差法处理数据?

3. 分析误差产生的原因。

4. 如何判断驻波系统处于共振状态?

实验 4.3　光电效应法测定普朗克常数

普朗克常数(公认值 $h=6.62619\times10^{-34}\text{J·s}$)是自然界中一个重要的普适常数,它可以用光电效应法简单而又较准确的测出。进行光电效应实验并通过实验测出普朗克常数有助于学生理解量子理论和更好的认识 h 这个普适常数。

[实验目的]

(1) 通过实验加深对光的量子性的了解。

(2) 验证爱因斯坦方程,求出普朗克常数。

[实验原理]

早在 1887 年,赫兹在验证电磁波存在时意外地发现,当一束入射光照射到金属表面时,会有电子从金属表面逸出。这个物理现象被称为光电效应。随后,哈耳瓦克斯·斯托列托夫、勒钠德等人对光电效应作了长时间大量实验研究。总结出了一系列光电效应的实验规律:

(1) 光电发射率(光电流)与光强成正比;

(2) 光电效应存在一个阈频率(或称截止频率),当入射光的频率低于某一阈值 γ_0 时,不论光的强度如何,都没有光电子产生;

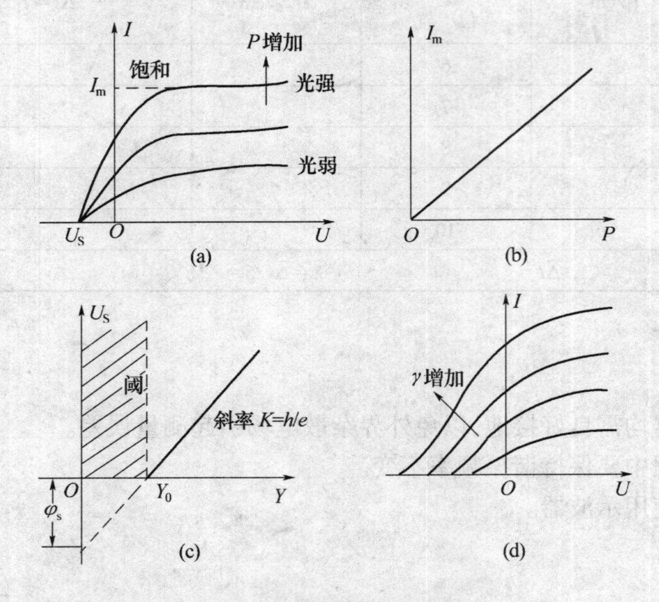

图 4-5　光电效应实验规律

(3) 光电子的动能与光强无关,但与入射光的频率成正比;

(4) 光电效应是瞬间效应,一经光线照射,立即产生光电子。

但是,这些实验规律都无法用当时为人们所掌握的理论来解释。

1905 年,爱因斯坦大胆地把 1900 年普朗克在进行黑体辐射研究过程中提出的辐射能量不连续观点用于光辐射,提出"光电子"概念。成功地解释了光电效应的各项实验规律,使人们对光本性的认识有了一个新的飞跃。爱因斯坦认为从一点发出的光不是按麦克斯韦电磁理论指出的那样,以连续分布的形式把能量传播到空间,而是以"光子"的形式一份一份地向外辐射。

对于频率为 γ 的光波,每个光子的能量为

$$\varepsilon = h \cdot \nu \tag{4-7}$$

式中,h 称为普朗克常数,目前公认为 $h = 6.62619 \times 10^{-34}\text{J}\cdot\text{s}$

当频率为 γ 的入射光照射到金属表面时,光子的能量一次全部被电子所吸收。该电子所获得的能量,一部分用来克服金属表面对它的束缚,剩余的能量就成了逸出金属表面后该光电子的动能。显然,按照能量守恒与转换定律,逸出金属表面的电子的初动能力为

$$E_k = \frac{1}{2}mv^2 = h \cdot \nu - W_S \tag{4-8}$$

式中,h 是普朗克常数,ν 是入射光的频率,m 是电子的质量,v 是光电子逸出金属表面归的初速度,W_S 是受光线照射的金属材料的逸出功(也称功函数)。

这就是著名的爱因斯坦光电效应方程。在式(4-8)中,$\frac{1}{2}mv^2$ 是没有受到空间电荷

阻止,从金属中逸出的光电子的最大初动能。入射到金属表面的光频率越高,逸出电子最大初动能必然也越大,即使没有加速电场,仍会有光电子射到阳极形成光电流,甚至当阳极的电位低于阴极的电位时也会有光电子落到阳极,直到加速电位差为某一负值 U_S 时,所有光电子都不能到达阳极,光电流才为零,这个 U_S 被称为光电效应的截止电位(或称做截止电压)。

显然,此时有

$$eU_S - \frac{1}{2}mv^2 = 0 \tag{4-9}$$

代入式(4-7)即有

$$eU_S = h \cdot \nu - W_S \tag{4-10}$$

由于金属材料的逸出功 W_S 是金属的固有属性,对于给定的金属材料 W_S 是一个定值,它与入射光的频率无关,令 $W_S = h\nu_0$,ν_0 称为阈频率,即具有阈频率 ν_0 的光子的能量恰恰等于逸出功 W_S,而没有多余的能量。

将式(4-10)改写为

$$U_S = \frac{h}{e} \cdot (\nu - \nu_0) \tag{4-11}$$

式(4-11)表明,截止电位 U,是入射光的线性函数。当入射光的频率 $\nu = \nu_0$ 时,截止电压 $U_S = 0$,没有光电子逸出,式(4-11)的斜率 $k = \frac{h}{e}$ 是一个正常数,故

$$h = ek \tag{4-12}$$

可见,只要用实验方法对同一种金属材料作出不同频率下的 $U_S \sim \nu$ 直线,并求出此直线的斜率 k,就可以通过式(4-12)求出普朗克常数 h 的数值,其中电子的电量 $e = 1.60 \times 10^{-19}$C。

图 4-6 所示是用光电管进行光电效应实验、测量普朗克常数的实验原理图。

频率为 ν,强度为 P 的光线照射到光电管阴极上,即有光电子从阴极逸出,如图 4-6 所示,在阴极 K 和阳极 A 之间加有反向电位 U_{KA},它使电极 K、A 之间建立起的电场对阴极逸出的光电子起减速作用,随着电位 U_{KA} 的增加,到达阳极的光电子将逐渐减少,当 $U_{KA} = U_S$ 时光电流降为零。

应当指出,由于光电管结构等各种原因,用光电管在光照射下进行实验时,伴随着下列两个物理过程:

(1) 收集极的光电子发射:当光束入射到光阴极上后,必然有部分漫反射到收集极上,致使它也能发射光电子,而外电场对这些光电子却是一个加速场,因此,它们很容易到达阳极,形成阳极反向电流。

(2) 当光电管不受任何光照射时,在外加电压下光电管仍有微弱电流流过,称之为光电管的暗电流。形成暗电流的主要原因之一是光阴极与收集极之间的绝缘电阻(包括管座以及光电管玻璃壳内外表面等的漏电阻),另一原因是阴极在常温下的热电子发射等。从实测情况来看,光电管的暗特性,即无光照射时的伏安特性曲线,基本上接近线性。

由于上述两个因素的影响，使实际测得的 $I-V$ 曲线如图 4-7 所示，这里的 I 实际上是阴极光电流、阳极反向电流和暗电流的代数和。因此所谓的外加截止电压，并不是电流 I 为零时 A 点对应的电压值，而是曲线 B 点所对应的外电压值（想一想，为什么?）。

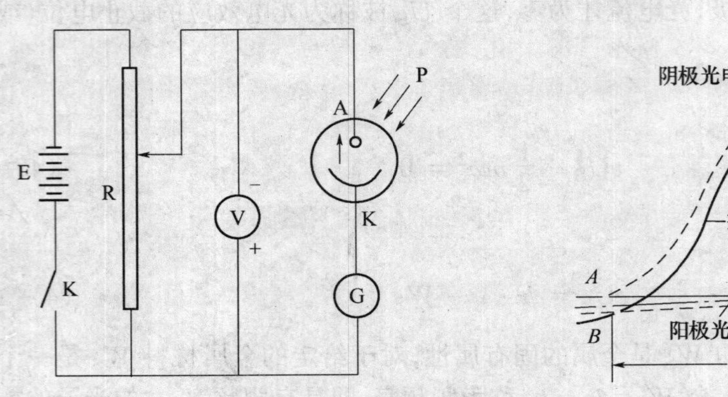

图 4-6　光电效应实验装置示意图

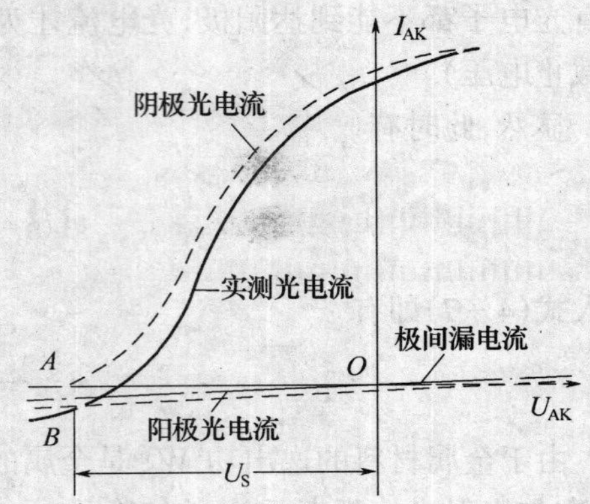

图 4-7　阴极光电流变化曲线

准确地找出每种频率入射光所对应的外加截止电压，是本次实验的关键所在。

光电效应法测定普朗克常数，从原理上来看是一个并不太复杂的实验。但是由于存在光电管收集极（阳极）的光电子发射以及弱电流测量上的困难等问题，使得由 $I-V$ 曲线上确定截止电位差值有很大任意性，不够严格，这是造成实验误差较大的主要原因。

［实验装置］

普朗克常数测定仪实验原理方框图如图 4-8 所示，它包括四部分：

(1) 普朗克常数测定用光电管（带暗盒）；

(2) 光源（汞灯）；

(3) 滤色片组（共 5 片）；

(4) 微电流测量放大器（包括光电管工作电源）。

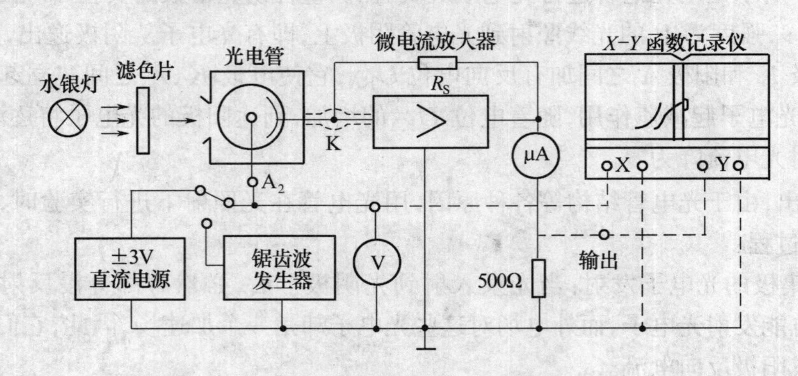

图 4-8　实验原理方框图

各部分具体性能简介如下：

(1) GDH-1 型光电管：阳极为镍圈，阴极为银-氧-钾（Ag-O-K），光谱范围 340.0nm～700.0nm，光窗为无铅多硼硅玻璃，最高灵敏波长是 410.0±10.0nm，阴极光灵敏度约 1μA/1m,暗电流约 10^{-12}A。

为了避免杂散光和外界电磁场对微弱光电流的干扰,光电管安装在铝质暗盒中,暗盒窗口可以安放 φ5mm 光阑孔和 φ36mm 的各种滤色片。

(2) 光源采用 GCQ－50WHg 型仪器用高压汞灯,在 302.3nm～872.0nm 的谱线范围内有 365.0nm、404.7nm、435.8nm、546.1nm、577.0nm 等谱线可供实验使用。

(3) NG 型滤色片:是一组外径为 φ36mm 的宽带通型有色玻璃组合滤色片。它具有滤选 365.0nm、404.7nm、435.8nm、546.1nm、577.0nm 等谱线能力。

(4) GP－1 型微电流测量放大器:电流测量范围在 10^{-5}A～10^{-13}A,分六挡十进变换,机后附有配记录仪的输出端子(满度输出 50mm)。机内附有稳定度≤1%,－3V～＋3V精密连续可调的光电管工作电流;电压量程分 0V～±1V～±2V～±3V 六段读数,读数精度 0.02V;为配合 $X-Y$ 函数记录仪自动描绘出光电管的 $I-V$ 特性曲线,机内设有幅度为 3V、周期约 50s 的锯齿波,而且锯齿波可分－3V～0V、－2.5V～0.5V、－2.0V～1.0V、－1.5V～1.5V 等四段、以适应不同性能的光电管。

[实验内容及步骤]

1. 测试前的准备

(1) 图 4－9 所示是仪器面板示意图。将光源、光电管暗盒、微电流放大器安放在适当位置,暂不连线,并将微电流测量放大器面板上各开关、旋钮置于下列位置:

"倍率"开关置"短路"挡;"电流极性"置"－";"工作选择"置"直流"挡;"扫描平移"任意;"电压极性"置"－3V"挡;"电压量程"置"－3V"挡;"电压调节"调到反时针最小。

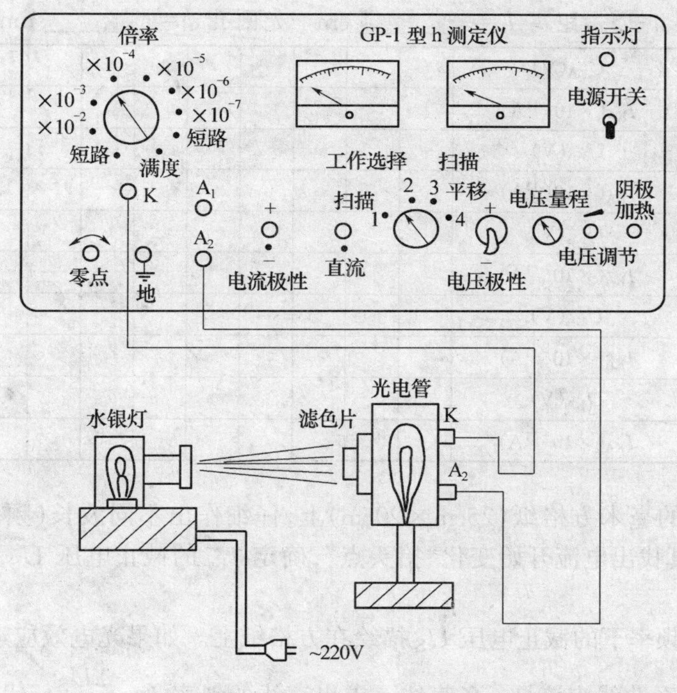

图 4－9 实验仪面板示意图

(2) 打开微电流测量放大器电源开关让其预热 20min～30min,从暗盒入射窗口检查光电管是否正确安放在盒内(即光电管阳极圈恰好在光窗正中),如不恰当应取下暗盒作适当调整,重新装好;并在暗盒光窗上装入 ϕ5mm 的光阑,并装上遮光罩,打开光源开关,让汞灯预热。

(3) 待微电流测量放大器充分预热后,先调整零点,后校正满度(即把“倍率”开关旋到“满度”挡,当指针不在“满度”(100μA)位置,可旋动仪器后盖输出端子旁旋钮,使指针处于满度),旋动“倍率”开关置各挡,指针应处于零位,如不符再略作调零。

2. 测量光电管的暗电流

(1) 连接好光电管暗盒与测量放大器之间的屏蔽电缆、地线和阳极电源线,遮光罩不取下,并在暗盒上遮一块布罩。测量放大器“倍率”旋钮置“$\times10^{-7}$”或“$\times10^{-6}$”挡。

(2) 顺时针缓慢旋转“电压调节”旋钮、并合适地改变“电压量程”和“电压极性”开关。仔细记录从 -3V～$+3$V 不同电压下的相应电流值(电流值＝倍率×电表读数×μA),此时所读的值,即为光电管的暗电流。

3. 手动测量光电管的 $I-V$ 特性

(1) 让光源出射孔对准暗盒窗口,并使暗盒离开光源 30cm～50cm,测量放大器“倍率”量“$\times10^{-7}$”挡,取去遮光罩,换上滤色片。“电压调节”从 -3V 或 -2V 调起,缓慢增加,先观察一遍不同滤色片下的电流变化情况,记下电流明显变化的电压值以便精确测量。

(2) 在粗测的基础上进行精确测量并记录,从短波长起小心地逐次换入滤色片(切忌移动)。所测数据记录在表 4－5 中。

表 4－5　距离 $L=$_______ cm　光阑孔 $\phi=$_______ mm

<table>
<tr><td rowspan="10">滤色片波长</td><td rowspan="2">362/nm</td><td>U_{KA}(V)</td><td></td><td></td><td></td><td></td><td></td><td></td><td></td><td></td><td></td><td></td><td></td><td></td></tr>
<tr><td>I_{KA}($\times10^{-11}$A)</td><td></td><td></td><td></td><td></td><td></td><td></td><td></td><td></td><td></td><td></td><td></td><td></td></tr>
<tr><td rowspan="2">405/nm</td><td>U_{KA}(V)</td><td></td><td></td><td></td><td></td><td></td><td></td><td></td><td></td><td></td><td></td><td></td><td></td></tr>
<tr><td>I_{KA}($\times10^{-11}$A)</td><td></td><td></td><td></td><td></td><td></td><td></td><td></td><td></td><td></td><td></td><td></td><td></td></tr>
<tr><td rowspan="2">436/nm</td><td>U_{KA}(V)</td><td></td><td></td><td></td><td></td><td></td><td></td><td></td><td></td><td></td><td></td><td></td><td></td></tr>
<tr><td>I_{KA}($\times10^{-11}$A)</td><td></td><td></td><td></td><td></td><td></td><td></td><td></td><td></td><td></td><td></td><td></td><td></td></tr>
<tr><td rowspan="2">546/nm</td><td>U_{KA}(V)</td><td></td><td></td><td></td><td></td><td></td><td></td><td></td><td></td><td></td><td></td><td></td><td></td></tr>
<tr><td>I_{KA}($\times10^{-11}$A)</td><td></td><td></td><td></td><td></td><td></td><td></td><td></td><td></td><td></td><td></td><td></td><td></td></tr>
<tr><td rowspan="2">577/nm</td><td>U_{KA}(V)</td><td></td><td></td><td></td><td></td><td></td><td></td><td></td><td></td><td></td><td></td><td></td><td></td></tr>
<tr><td>I_{KA}($\times10^{-11}$A)</td><td></td><td></td><td></td><td></td><td></td><td></td><td></td><td></td><td></td><td></td><td></td><td></td></tr>
</table>

(3) 在合适的毫米方格纸(25cm×20cm)上,仔细作出不同波长(频率)的 $I-V$ 曲线,从曲线中认真找出电流开始变化“抬头点”,确定 I_{KA}的截止电压 U_S,并记入表 4－6 中。

(4) 把不同频率下的截止电压 U_S 描绘在方格纸上。如果光电效应遵从爱因斯坦方程,$U_S=f(\nu)$关系曲线应该是一条直线。求出直线的斜率 $k=\dfrac{\Delta U_S}{\Delta\nu}$。代入式(4－12)求出普朗克常数 $h=ek$,并算出新测值与公认值之间的误差。

表 4-6　距离 $L=$______cm, $\phi=$______mm

波长/nm	365	405	436	546	577
频率/$\times 10^{14}$Hz	8.22	7.41	6.88	5.49	5.20
U_S/V					

(5) 改变光源与暗盒间的距离 L 或光阑孔 ϕ 重做上述实验。

4．自动描绘光电管的 $I-V$ 特性

(1) 接通 $X-Y$ 函数记录仪的电源，让其预热 3min～5min，在记录纸上用压纸磁条压紧。

(2) 将"X 量程"置"100mV/cm"挡，"Y 量程"置"1mA/cm"挡；先用 Y 旋钮调零将记录笔移至 X 坐标右方约 20cm 处，再用 Y 调零作出 Y 轴基线(即 I_{KA}轴)；(画到离坐标纸底线 5cm 处)再用 X 调零作出 X 轴基线(即 V_{KA}轴线)。

(3) 图 4-8 虚线所示，将 $X-Y$ 函数记录仪与测量放大器相连(注意：先接地线，后接信号线)，将"电压选择"开关置扫描挡，"扫描平移"置"1"挡，每换入一片滤色片后，操作 $X-Y$ 记录仪(接测量，记录按钮)。这时，记录笔在锯齿电压讯号驱动下，自动描绘出 $I=f(V)$特性曲线。不过在进行自动记录描绘时，操作者必须密切注视记录笔的移动情况，随时注意关闭"Y 输入"开关，以免记录仪过载。(注意记录仪过载时立即断开"输入"!)

(4) 如前，认真从 $I_{KA}-V$ 曲线中找出 I_{KA}的"抬头点"，以确定截止电压 U_S，作出 $U_S-\gamma$ 曲线，并求出普朗克常数。

[思考题]

1．爱因斯坦光电效应方程的物理意义是什么？

2．光电效应有哪些规律？

3．什么是截止频率、遏止电位差，什么是光电管伏安特性曲线？

实验 4.4　密立根油滴实验

由美国物理学家密立根(R. A. Millikan)设计并完成的密立根油滴实验，在近代物理学史上起过十分重要的作用。实验的结论证明了任何带电物体所带的电荷都是某一最小电荷——基本电荷的整数倍，明确了电荷的不连续性，并精确地测定了这一基本电荷的数值即 $e=(1.602\pm0.002)\times10^{-19}$C。实验构思巧妙，方法简便，结论准确，因此现在重演这个实验仍具有一定的启发性。

[实验目的]

(1) 了解、掌握密立根油滴实验的设计思想、实验方法和实验技巧。

(2) 验证电荷的不连续性并测定基本电荷的大小。

[实验原理]

利用密立根油滴仪测定电子电量，关键在于测出油滴的带电量。测定油滴的带电量通常有两种方法：一种方法为动态测量法，即测出某一油滴在重力作用时下落的速度 V_g

和受电场力作用上升的速度 V_E,从而确定该油滴的电量。另一种方法为平衡测量法,即使油滴所受电场力正好与重力相互抵消而达到平衡,从而确定该油滴所带的电量。本实验采用平衡测量法。

质量为 m、带电量为 q 的油滴,处在两块水平放置的平行带电平板之间,如图 4-10 所示。此时油滴在平板之间将同时受到两个力的作用,一个是重力 mg,一个是静电力 qE。调节板间的电压 V,可使两力达到平衡。则有

$$mg = qE = q\frac{V}{d} \tag{4-13}$$

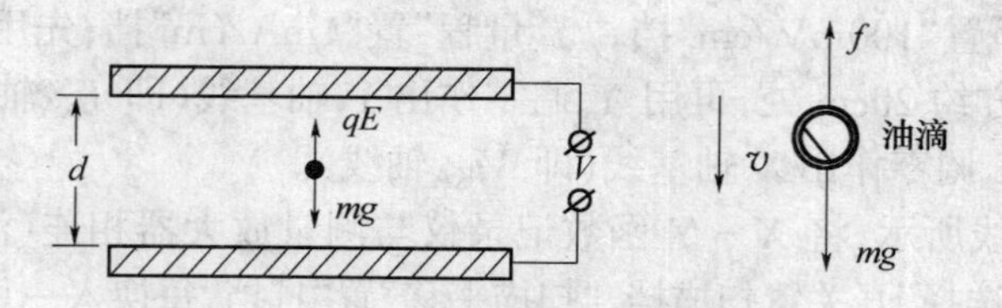

图 4-10 油滴实验原理分析示意图

从式(4-13)可见,为了测出油滴所带的电量 q 除了测出 V 和 d 之外,还需测定油滴的质量 m。由于 m 很小,需要用如下的特殊方法来测定。

平行板不加电压时,油滴受重力而加速下降,但由于空气的粘滞阻力的作用,油滴下降一段距离达某一速度 v 后阻力 f 与重力 mg 平衡,如图 4-10 所示(空气浮力忽略不计)油滴将匀速下降。由斯托克斯定律知

$$f = 6\pi\alpha\eta v = mg \tag{4-14}$$

式中,η 是空气的粘滞系数,α 是油滴的半径(由于表面张力的原因,油滴总是呈小球状)。设油的密度为 ρ,则油滴的质量 m 可用下式表示

$$m = \frac{4}{3}\pi\alpha^3\rho \tag{4-15}$$

由式(4-14)、式(4-15)得油滴半径的大小为

$$\alpha = \sqrt{\frac{9\eta v}{2\rho g}} \tag{4-16}$$

对于半径小到 10^{-6}m 的小球,空气的粘滞系数应作修正,此时的斯托克斯定律应修正为 $f=\dfrac{\pi\alpha\eta v}{1+\dfrac{b}{p\alpha}}$,式中,$b=6.17\times10^{-6}\text{m}\cdot\text{cm}$,称为修正常数,$p$ 为大气压强,单位为 Pa。根据修正后的粘滞阻力公式,得油滴半径为

$$\alpha = \sqrt{\frac{9\eta v}{2\rho g}\cdot\frac{1}{1+\dfrac{b}{p\alpha}}} \tag{4-17}$$

上式根号中还包含油滴的半径 α,由于它处在修正项中,故不需十分精确,因此它可用式(4-16)计算。

式(4-17)中的油滴匀速下降的速度 v,可用下法测出:在平行板未加电压时,测出油滴下降 l 长度时所用的时间 t,即可知

$$v = \frac{l}{t} \tag{4-18}$$

将式(4－18)、式(4－17)、式(4－15)、式(4－14)代入式(4－13),整理后得

$$q = \frac{18\pi}{\sqrt{2\rho g}}\left[\frac{\eta l}{t\left(1+\frac{b}{p\alpha}\right)}\right]^{\frac{3}{2}}\frac{d}{V} \tag{4-19}$$

实验发现,对于某一颗油滴,如果改变它所带的电量 q,则能够使油滴达到平衡的电压必须是某些特定值 V,研究这些电压变化的规律,可发现它们都满足下列方程

$$q = mg\frac{d}{V} = ne \tag{4-20}$$

式中,$n = \pm 1,2,\cdots$,而 e 则是一个不变的值。

对于不同的油滴,可以发现有同样的规律,而且 e 值是共同的常数。由此可见,所有带电油滴所带电量 q 都是最小电量 e 的整数倍,这就证明了电荷的不连续性,且最小电量 e 就是电子的电荷值为

$$e = \frac{q}{n} \tag{4-21}$$

式(4－19)和式(4－21)是用平衡法测量电子电荷的理论公式。

[实验装置]

1. 密立根油滴仪

密立根油滴仪包括油滴盒,油滴照明装置,调平系统,测量显微镜,供电电源以及电子停表,喷雾器等组成,本实验采用的是东南大学生产的 MOD－4 型油滴仪,其外形如图4－11所示。

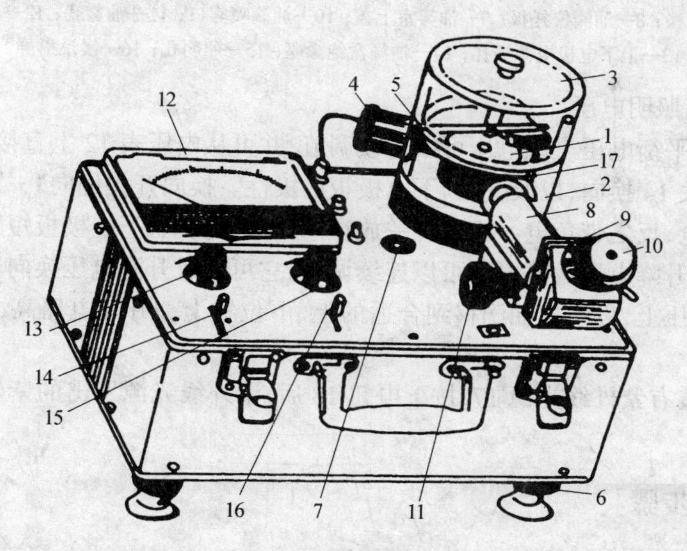

图 4－11　油滴仪装置示意图

1—油滴盒；2—有机玻璃防风罩；3—有机玻璃油雾室；4—油滴照明灯室；5—导光棒；6—调平螺丝(三只)；7—水准泡；8—测量显微镜；9—目镜头；10—接目镜；11—调焦手轮；12—电压表；13—平衡电压调节旋钮；14—平衡电压换向开关；15—升降电压调节旋钮；16—升降电压换向开关；17—特制紫外灯；18—紫外灯按钮开关(图上看不见)。

油滴盒1是由两块经过精磨的平行极板(上、下电极板)中间垫以胶木圆环组成。平行极板间的距离为 $d=5.00\times10^{-3}$m。胶木圆环上有进光孔、观察孔和石英玻璃窗口。油滴盒放在有机玻璃防风罩2中。上电极板中央有一个 ϕ0.4mm的小孔,油滴从油雾室3经油雾孔及小孔落入上下电极板之间。上述装置如图4-11所示。油滴由照明装置4、5照明。

油滴盒可用调节螺丝6调节,并由水准泡7检查其水平。

油滴盒防风罩前装有测量显微镜8,通过胶木圆环上的观察孔观察平行极板间的油滴。目镜头9中装有分划板,其纵向总刻度相当于视场中的0.300cm,用以测量油滴运动的距离 l,l 一般选择中间的0.200cm为宜(为什么?)。分划板的刻度如图4-12所示。分划板中间的横向刻度尺是用来测量布朗运动的。电源部分提供3种电压。

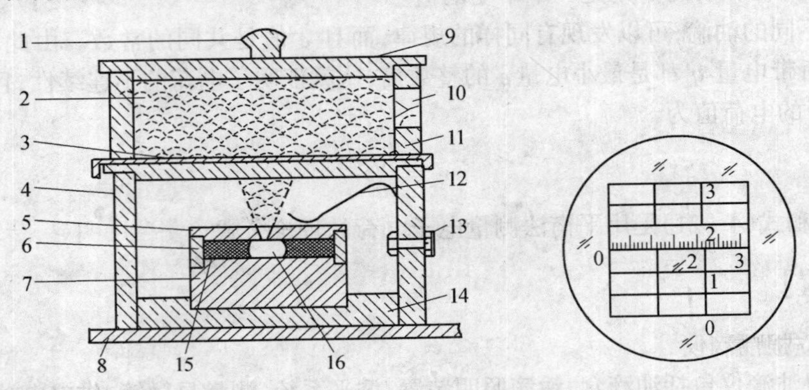

图4-12 仪器调整操作示意图

1—油雾盖提把;2—油雾室;3—油务孔开关;4—油滴盒防风罩;5—铝质上电极;6—上下电极绝缘垫圈;7—铝质下电极;8—油滴仪托板;9—油雾室上盖;10—油滴喷雾口;11—油雾孔;12—上电极压簧;13—上下电极电源插孔;14—油滴盒绝缘座;15—照明孔;16—漫反射屏。

2.2V油滴照明电压。

500V直流平衡电压。该电压可以连续调节,并可从电压表12上直接读出,并可由平衡电压换向开关14换向,以改变上、下电极板的极性。换向开关倒向"+"侧时,能达到平衡的油滴带正电,反之带负电。换向开关放在"0"位置时,上、下电极板短路,不带电。

300V直流升降电压。该电压可以连续调节,它可通过升降电压换向开关16叠加(加或减)在平衡电压上,以便把油滴移到合适的上、下位置上。升降电压高,油滴移动快,反之则慢。

油滴仪上装有紫外线光源17,按下电钮18后,紫外线光源发出的紫外线可改变油滴所带的电量 q。

[实验内容与步骤]

1. 仪器调节

(1) 将仪器放平稳,调节左右两只调平螺丝6,使水准泡指示水平,这时平行极板处于水平位置。

(2) 先预热仪器10min。利用预热时间,从测量显微镜8中观察,如果分划板位置不正，则转动目镜，将分划板位置放正，同时要将目镜插到底，调节接目镜 10，使分划板刻线清晰。

(3) 将油从油雾室旁的喷雾口喷入(喷一次即可)，微调测量显微镜的调焦手轮 11，这时视场中将出现大量清晰的油滴，如果视场太暗，油滴不够明亮，或视场上下亮度不均匀，可略微转动油滴照明灯室的灯珠座 4，使小灯泡前面的聚光珠正对前方。

2. 测量练习

(1) 练习控制油滴。在平行板上加上平衡电压(约 300V)，换向开关放在“+”或“-”均可，驱除不需要的油滴，直到剩下几颗缓慢运动的为止。注视其中的某一颗，仔细调节平衡电压，使这油滴静止不动。然后去掉平衡电压，让它匀速下降，下降一段距离后再加上平衡电压和升降电压，使油滴上升。如此反复多次地进行练习，以掌握控制油滴的方法。

(2) 练习测量油滴运动的时间。任意选择几颗运动速度快慢不同的油滴，用停表测出它们下降一段距离所需要的时间，或者加上一定的电压，测出它们上升一段距离所需要的时间。反复多练几次，以掌握测量油滴运动时间的方法。

(3) 练习选择油滴。要做好本实验，很重要的一点是选合适的油滴。选的油滴体积不能太大，太大下降速度快，不易测准。若选的油滴太小，则布朗运动明显，结果同样不易测准，通常可以选择平衡电压在 200V 以上，在 20s～30s 时间内匀速下降 2mm 的油滴最为适宜。

3. 正式测量

用平衡法进行实验时要测量的量有两个。一个是平衡电压 V，另一个是油滴在未加外电场情况下匀速下降一段距离 l 所需的时间 t。

(1) 测量平衡电压 V。经过仔细的调节将选择好的油滴置于分划板上某条横线附近，调节平衡电压的大小使油滴达到平衡，记下此时的平衡电压值。

(2) 测量运动时间 t。为保证油滴下降时速度均匀，应先让它下降一段距离后再测量时间。选定测量的一段距离 l 应在平行极板之间的中央部分，即视场中分划板的中央部分。若太靠近上电极板，小孔附近有气流，且速度不匀速，会影响测量结果；太靠近下电极板，测量完时间 t 后油滴容易丢失，影响重复测量。一般取 $l=0.200\text{cm}$ 较合适。

对同一颗油滴应进行 8 次～10 次测量，而且每次测量都要重调平衡电压。如果油滴逐渐变得模糊，要微调测量显微镜，跟踪油滴，勿使丢失。

用同样方法，分别对 4 颗～5 颗油滴进行测量。

4. 数据处理

式(4-19)中

油的密度 $\rho=981\text{kg}\cdot\text{m}^{-3}$

重力加速度 $g=9.80\text{m}\cdot\text{s}^{-2}$

空气的粘滞系数 $\eta=1.83\times10^{-5}\text{kg}\cdot\text{m}^{-1}\text{s}^{-1}$

油滴匀速下降距离 $l=2.00\times10^{-3}\text{m}$

修正常数 $b=6.17\times10^{-6}\text{m}\cdot\text{cm(Hg)}$

大气压强 $P=101325\text{Pa}(76.0\text{cm Hg})$

平行极板距离 $d=5.00\times10^{-3}\text{m}$

将以上数据代入式(4-19)得

$$q = \frac{1.43 \times 10^{-14}}{\left[t\left(1+0.02\sqrt{t}\right)\right]^{\frac{3}{2}}} \frac{1}{V} \tag{4-22}$$

由于油的密度 ρ,空气的粘滞系数 η 都是温度的函数,重力加速度 g 和大气压 p 又随实验地点和条件的变化而变化,因此,上式的计算是近似的,其引起的误差约为 1%。

为了证明电荷的不连续性和所有电荷都是基本电荷 e 的整数倍,并得到基本电荷 e 值,就应对实验测得的各个电荷值用差值法求出它们的最大公约数,此最大公约数就是基本电荷 e 值。但由于实验所带来的误差,求最大公约数比较困难,因此常用“倒过来验证”的办法进行数据处理,即用实验测得的每个电荷值 q 除以公认的电子电荷值 $e=1.60\times10^{-19}$C,得到一个接近于求一个整数的数值,这个整数就是油滴所带的基本电荷的数目 n,再用实验测得的电荷值 q 除以相应的 n,即得到电子的电荷值 e。

数据表格,学生自拟。

[思考题]

1. 什么是平衡法?

2. 在测量油滴匀速下降一段距离 l 所需时间 t 时,应选择那段 l 最合适?为什么?如何加平衡电压?升降电压指的是什么?何谓合适的待测油滴?如何选择?

3. 根据实验测得的各个电荷值 q,用什么方法确定电量的最小单位为好?

4. 对油滴进行跟踪测量时,有时油滴逐渐变得模糊,为什么?应如何避免在测量途中丢失油滴?

实验 4.5　光的干涉——牛顿环与劈尖

光的干涉是重要的光学现象之一,它为光的波动性提供了重要的实验证据。光的干涉现象广泛地应用于科学研究、工业生产和检测技术中,如用作测量光波波长,精确地测量微小物体的长度、厚度和角度,检测加工工件表面的光洁度和平整度及机械零件的内应力分布等。

本实验主要研究牛顿环和劈尖两个典型的等厚干涉现象。

[实验目的]

(1) 观察光的等厚干涉现象,熟悉光的等厚干涉特点。

(2) 用牛顿环测定平凸透镜的曲率半径。

(3) 用劈尖干涉法测定细丝直径或微小厚度。

[实验仪器]

读数显微镜、牛顿环装置、劈尖、钠光灯、照明灯、凸透镜等。

[实验原理]

利用透明薄膜上下两表面对入射光的依次反射,入射光的振幅将被分解成有一定光程差的几个部分。若两束反射光相遇时的光程差取决于产生反射光的透明薄膜厚度,则同一干涉条纹所对应的薄膜厚度相同。

1. 牛顿环

将一块平凸透镜的凸面放在一块光学平板玻璃上,因而在它们之间形成以接触点 O 为中心向四周逐渐增厚的空气薄膜,离 O 点等距离处厚度相同。如图 4-13(a)所示。当光垂直入射时,其中有一部分光线在空气膜的上表面反射,一部分在空气膜的下表面反射,因此产生两束具有一定光程差的相干光,当它们相遇后就产生干涉现象。由于空气膜厚度相等处是以接触点为圆心的同心圆,即以接触点为圆心的同一圆周上各点的光程差相等,故干涉条纹是一系列以接触点为圆心的明暗相间的同心圆,如图 4-13(b)所示。这种干涉现象最早为牛顿所发现,故称为牛顿环。

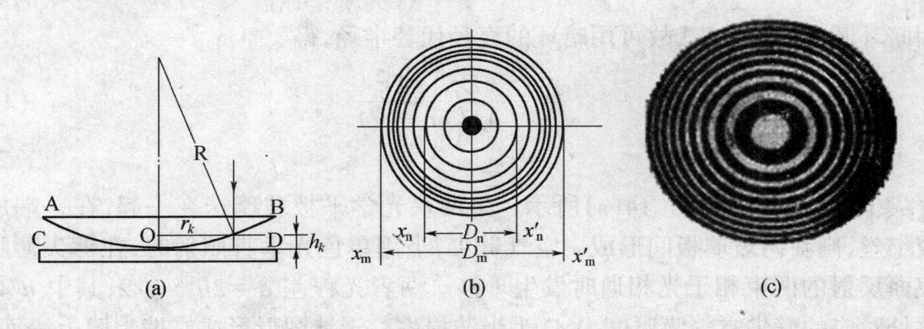

图 4-13　牛顿环干涉原理与干涉条纹

设入射光是波长为 λ 的单色光,第 k 级干涉环的半径为 r_k,该处空气膜厚度为 h_k,则空气膜上、下表面反射光的光程差为

$$\delta = 2nh_k + \frac{\lambda}{2}$$

其中 $\lambda/2$ 是由于光从光疏媒质射到光密媒质的交界面上反射时,发生半波损失引起的。因空气膜折射率 n 近似为 1,故有

$$\delta = 2h_k + \frac{\lambda}{2} \tag{4-23}$$

由图 4-13(a)的几何关系可知

$$R^2 = (R - h_k)^2 + r_k^2 \approx R^2 + 2Rh_k + r_k^2$$

$$h_k = \frac{r_K^2}{2R} \tag{4-24}$$

当光程差为半波长的奇数倍时,干涉产生暗条纹

$$2h_k + \frac{\lambda}{2} = \delta = (2k+1)\frac{\lambda}{2} \tag{4-25}$$

式中,$k=0,1,2,3\cdots$。将式(4-24)代入,可得

$$r_k = \sqrt{kR\lambda} \tag{4-26}$$

由式(4-26)可得,r_K 与 k 和 R 的平方根成正比,随 k 的增大,环纹愈来愈密,而且愈细。

同理可推得,亮环的半径为

$$r_k = \sqrt{\frac{(2k-1)}{2} R\lambda} \tag{4-27}$$

由式(4-26)、式(4-27)可知,若入射光波长 λ 已知,测出各级暗环的半径,则可算出曲率半径 R。但实际观察牛顿环时发现,牛顿环的中心不是理想的一个接触点,而是一个不甚清晰的暗或亮的圆斑。其原因是透镜与平玻璃板接触处,由于接触压力引起形变,使接触处为一圆面;又因镜面上可能有尘埃存在,从而引起附加的光程差。因此难以准确判定级数 k 和测出 r_K。因此,改用两个暗环的半径 r_m 和 r_n 的平方差来计算 R。

$$R = \frac{r_m^2 - r_n^2}{\lambda(m-n)}$$

因暗环圆心不易确定,故可用暗环的直径代替半径,得

$$R = \frac{D_m^2 - D_n^2}{4\lambda(m-n)} \tag{4-28}$$

2. 劈尖

劈尖干涉装置,如图 4-14(a)所示。将两块光学平板玻璃迭在一起,在一端放入一薄片或细丝,则在两玻璃板间形成一空气劈尖,当用单色光垂直照射时,在劈尖薄膜的上下两表面反射的两束相干光相遇时发生干涉。两者光程差 $\delta = 2h + \lambda/2$,其中 h 是某干涉条纹处对应的劈尖空气膜厚度,$\lambda/2$ 为半波损失。干涉图形形成在劈尖膜上表面附近,是一组与玻璃板交线相平行的等间距明暗相间的平行直条纹,如图 4-14(b)所示。这也是一种等厚干涉条纹。

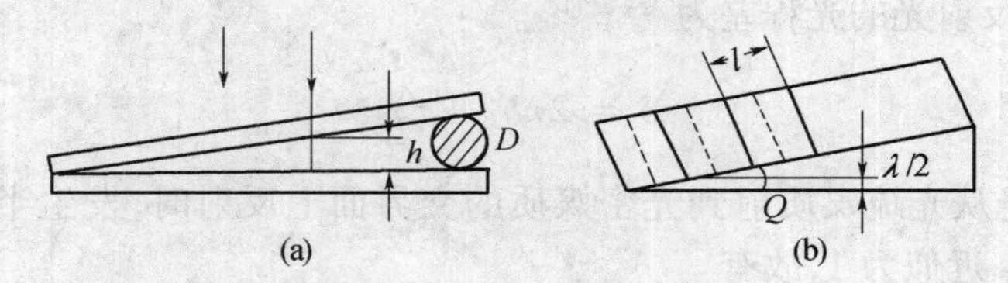

图 4-14　劈尖干涉

劈尖干涉的条件为

$$\delta = 2h_K + \frac{\lambda}{2}\begin{cases} = k\lambda & (k = 1,2,3,\cdots)\ \text{明条纹} \\ = (2k+1)\dfrac{\lambda}{2} & (k = 1,2,3,\cdots)\ \text{暗条纹} \end{cases}$$

由干涉条件可得两相邻明(或暗)条纹所对应的空气膜厚度差为

$$h_{k+1} - h_k = \frac{\lambda}{2} \tag{4-29}$$

如果由两玻璃板交线处到细金属丝处劈尖面上共有 N 条干涉条纹,则金属丝直径 $D = N\frac{\lambda}{2}$。由于 N 数目很大,为了简便,可先测出单位长度的暗条纹数 N_0,再测出两玻璃扳交线处至金属丝的距离 L,则

$$N = N_0 L,\ D = N_0 L\,\frac{\lambda}{2} \tag{4-30}$$

如果已知入射光波长 λ，并测出 N_0 和 L，则可求出细金属丝直径或薄片厚度。

[实验内容和步骤]

1. 用牛顿环测量平凸透镜表面的曲率半径

(1) 按图 4-15 所示安放好实验仪器。点亮钠光灯，将牛顿环装置放在显微镜的平台上，并将物镜对准牛顿环装置中心，调整凸透镜的位置，使显微镜视场中亮度最大。

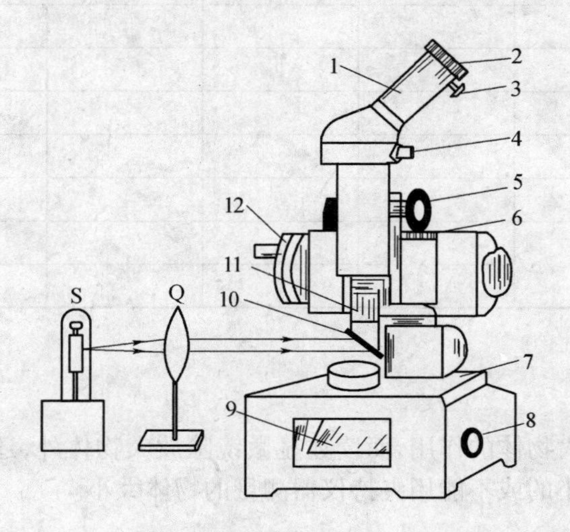

图 4-15　读数显微镜示意图

1—目镜筒；2—目镜；3、4—锁紧螺钉；5—调焦手轮；6—标尺；7—载物台；8—反光镜旋轮；9—反光镜；10—45°半反镜；11—物镜组；12—测微鼓轮。

(2) 调节显微镜调焦手轮使显微镜镜筒下降至接近牛顿环玻璃片，眼睛从显微镜中观察，使镜筒缓慢上升，直至能同时看清干涉条纹和十字叉丝，并消除视差。适当移动牛顿环位置，使叉丝交点与牛顿环中心大致重合，并使一根叉丝与标尺平行。先定性观察左右的 30 个环形干涉条纹，是否都清晰，并在显微镜的读数范围内，以便作定量测量。

(3) 转动测微鼓轮，先使镜筒由牛顿环中心向左移动，顺序数到第 25 暗环，再反向转到第 23 暗环并使叉丝纵丝对准暗环中间，记录读数(即环的位置读数)。继续转动鼓轮，依次测出第 22 至第 14 暗环位置的读数。再继续向右转动鼓轮，使镜筒经过圆心再依次测出右侧第 14 至第 23 暗环中间位置。显然，某环左右位置读数之差即为该环的直径。将数据填入表 4-7 中，用逐差法求出 R。

2. 劈尖干涉法测细丝直径

(1) 将被测细丝夹在两块平板玻璃的一端，另一端直接接触，形成劈尖，然后置于读数显微镜载物台上。

(2) 调节叉丝方位和劈尖放置方位，使镜筒移动方向与干涉条纹相垂直，以便准确测出条纹间距。

(3) 用读数显微镜测出 20 条暗条纹间的垂直距离 l，再测出棱边到细丝所在处的总长度 L，求出细丝直径 d。

(4) 重复步骤 3，各测三次，将数据填入自拟表格中。求其平均值 $\bar{d}$。

表 4-7 牛顿环半径的测量

环的级数	m	23	22	21	20	19
环的位置/mm	左→					
	←右					
环的直径/mm	D					
环的级数	n	18	17	16	15	14
环的位置/mm	左→					
	←右					
D_m^2/mm						
D_n^2/mm						
$(D_m^2-D_n^2)$/mm						
R_i						

[仪器介绍]

显微镜通常起放大物体的作用，而读数显微镜除放大物体外，还可测量物体的大小。主要用来精确测量微小的或不能用夹持仪器测量的物体大小。

1. 仪器构造

读数显微镜的结构如图 4-15 所示。它由两个主要部件构成：一是用来观看被测物体放大像的带十字叉丝的显般镜；另一是用来读数的螺旋测微计装量。

显微镜由目镜(2)、物镜(11)和十字叉丝[装在目镜筒(1)内]组成。主尺(6)是毫米刻度尺，螺旋测微计的丝杆螺距为 1mm，测微鼓轮的周界上等分为 100 个分格，每转一个分格显微镜移动 0.01mm。转动测微鼓轮使显微镜移动的距离，可从主尺(即标尺)上的指示值(毫米整数)加上测微鼓轮上的读数(精确到 0.01mm，估读到 0.001mm)而得到。

2. 光学原理

(请参阅本章实验基本知识的显微镜部分)

3. 使用步骤

(1) 将待测件置于工作台上，旋转反光镜调节手轮(8)，改变反光镜(9)的角度，使反光镜将等测件照亮。(利用牛顿环装置测凸透镜曲率半径时不必使用反光镜)

(2) 旋转棱镜室至最舒适位置，用锁紧螺钉(4)锁紧。旋转目镜，改变目镜与叉丝距离，直至十字叉丝成像最清晰。旋紧锁紧螺钉(3)。

(3) 旋转调焦手轮(5)由下而上移动显微镜筒，改变物镜到待测件之间的距离，使待测件通过物镜成的像恰好在叉丝平面上，直到在目镜中能同时看清叉丝和放大的清晰的待测件的像并消除视差为止。

(4) 转动测微鼓轮(12)，使目镜中的十字叉丝的纵丝对准被测件的起点(另一条叉丝和镜筒的移动方向平行)，从指标箭头和主尺读出毫米的整数部分，从指标和测微鼓轮上读出毫米以下的小数部分，两数之和即为被测件的起点读数 x。沿同方向继续转动测微鼓轮移动显微镜，使十字叉丝的纵丝恰好停在被测件的终点，读得终点读数 x'，于是被测

件的长度 $L=|x'-x|$。为提高测量精度，可采用重复多次测量。取其平均值。

4. 注意事项

(1) 在眼睛注视目镜，用调焦手轮对被测件进行调焦前，应先使物镜镜筒下降接近被测件，然后眼睛从目镜中观察，旋转调焦手轮使镜筒慢慢向上移动，这就避免了两者相碰挤坏被测件的危险。

(2) 防止空程误差。由于螺杆和螺母不可能完全密接，当螺旋转动方向改变时，它们的接触状态也将改变，因此移动显微镜使其从相反方向对准同一目标的两次读数将不同，由此产生的测量误差称为空程误差。为防止空程误差，在测量时应向同一方向转动测微鼓轮使叉丝和各目标对准，若移动叉丝超过目标时，应多退回一些，再重新向同一方向转动测微鼓轮去对准目标。

[思考题]

1. 如何调整读数显微镜？使用读数显微镜应注意哪些问题？
2. 牛顿环和劈尖干涉图样各有哪些特点？
3. 牛顿环的中心斑在什么情况下是暗的？在什么情况下是亮的？
4. 透射光能否形成牛顿环？它和反射光所形成的牛顿环有何差别？
5. 如何用劈尖干涉检验光学平面的表面质量？

实验 4.6　线性与非线性电学元件测定

[实验目的]

(1) 学习常用电磁学仪器仪表的正确使用及简单电路的联接。

(2) 掌握用伏安法测量电阻的基本方法及其误差的分析。

(3) 测定线性电阻和非线性电阻的伏安特性。

[实验仪器]

直流毫安表、直流微安表、直流电压表、直流稳压电源、滑线变阻器、电阻箱、待测金属膜电阻、待测晶体二极管、待测稳压管、待测小白炽灯泡、电键、导线等。

[实验原理]

在电学实验中经常要对电阻进行测量。测量电阻的方法有多种，伏安法是常用的基本方法之一，它是运用欧姆定律，测出电阻两端的电压和通过的电流来测量电阻。

$$R=\frac{V}{I} \tag{4-31}$$

伏安特性曲线为直线的电阻，称为线性电阻。常用的碳膜电阻、线绕电阻、金属膜电阻等都是线性电阻。有些电学元器件，其伏安特性曲线为曲线，称为非线性电阻元件。常见的非线性电阻有白炽灯泡、晶体二极管、稳压管、热敏电阻等。非线性电阻元件的阻值是不确定的，只有通过测量并绘制出其伏安特性曲线才能反映它的电学特性。

图 4－16 所示是内接法(见图 4－16a)和外接法(见图 4－16b)测电阻的电路图。在电流表内接法中,由于电压表测出的电压值 V 包括了电流表两端的电压,因此,测量值要大于被测电阻的实际值。在电流表外接法中,由于电流表测出的电流 I 包括了流过电压表的电流,因此,测量值要小于实际值。可见,由于电流表内阻不可忽略、电压表内阻不是无穷大,会产生系统误差。

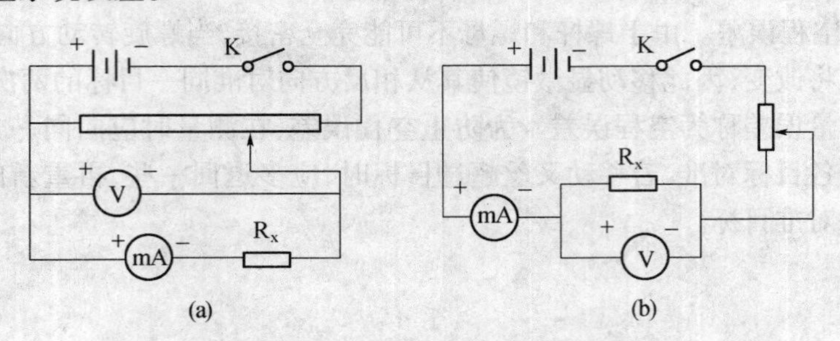

图 4－16 内接法和外接法测电阻

设 R 为测量值,R_x 为实际值,R_{mA}为电流表的内阻,R_V 为电压表的内阻。$R_x \gg R_{mA}$时,选择电流表内接法;$R_V \gg R_x$,选择电流表外接法。

经过以上处理,可以减小和消除由于电表接入带来的系统误差,但电表本身的仪器误差仍然存在,它决定于电表的准确度等级和量程,其相对误差为

$$\frac{R}{R_x} = \frac{\Delta V}{V_x} - \frac{\Delta I}{I_x} \tag{4-32}$$

式中,ΔI 为电流表和电压表允许的最大示值误差。

[实验内容及步骤]

1. 测定金属膜电阻的伏安特性

(1) 根据图 4－16 所示,按照内接法连接好电路。取金属膜电阻 R_x 为 100Ω,每改变一次电压 V,读出相应的 I 值,并填入表 4－8 中,作伏安特性曲线,再从曲线上求得电阻值。

表 4－8 伏安法测金属膜电阻的阻值

电压/V									
电流/mA									

(2) 根据图 4－16 所示,按照外接法连接好电路,仍用测量步骤 1 中 R_x,每改变一次电流值读出相应的电压来,同样作出伏安特性曲线,并从曲线上求得电阻值。

(3) 根据电表内阻的大小,分析上述两种测量方法中,哪种电路的系统误差小。

2. 测量晶体二极管的正向和反向伏安特性(选做)

晶体二极管 PN 结在正向导电时电阻很小,反向导电时电阻很大,具有单向导电性。随着所加电压的大小,电流也不是成比例的变化,它的伏安特性曲线是一条曲线,所以属非线性元件。如图 4－17 所示,在二极管两端加正向电压时,在死区电压以内,二极管呈现的电阻较大,所以只有很小的电流,一旦超过死区电压,电流增长很快。二极管的正向

电流不允许超过最大整流电流，否则将导致二极管损坏。当加反向电压时，由于少数载流子的作用，形成反向电流。反向电压在一定范围内，反向电流很小，而且几乎不变，形成反向饱和电流。当反向电压增大到一定程度后，反向电流突然增大，出现反向击穿现象，此时二极管将因击穿而损坏，所以二极管必须给出反向工作电压(通常是击穿电压的一半)。

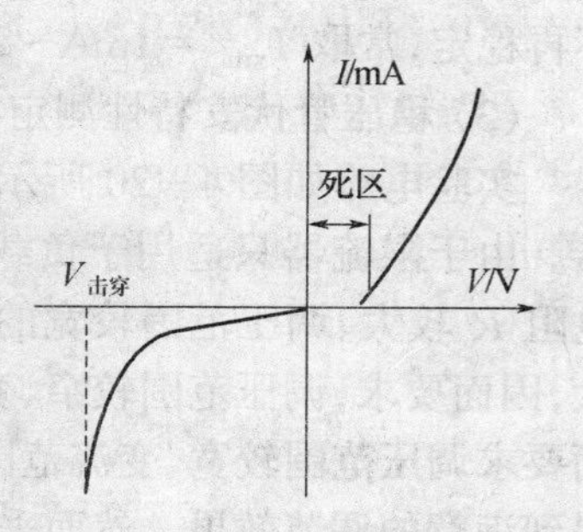

图 4－17　二极管伏安特性曲线

按图 4－18(a)所示正向连接电路，取电源电压为 1.5V，从 0V 开始，每隔 0.1V 读一次电流，直到电流达 30mA 为止，作正向伏安特性曲线。按图 4－18(b)所示反向连接电路，取电源电压为 30V，从 0V 开始，每隔 2V～3V 读一次数，直到 30V 为止，作反向伏安特性曲线。数据表格自拟。

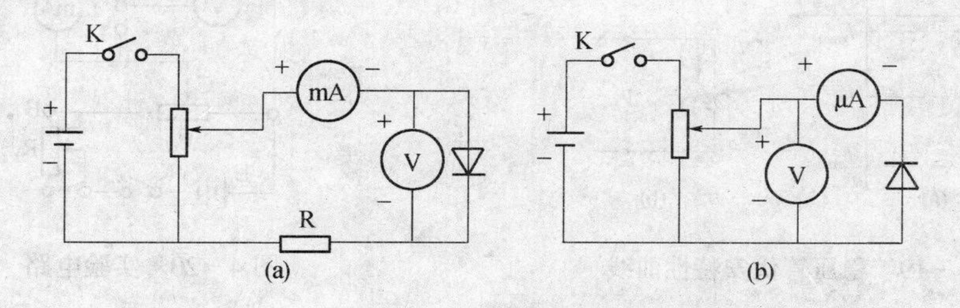

图 4－18　测二极管正向和反向伏安特性

3. 测量稳压管的伏安特性

(1) 稳压管的稳压特性。稳压管实质上就是一个面结型硅二极管，它具有陡峭的反向击穿特性，工作在反向击穿状态。在制造稳压管的工艺上，使它具有低压击穿特性。稳压管电路中，串入限流电阻，使稳压管击穿后电流不超过允许的数值，因此击穿状态可以长期持续，并能很好地重复工作而不致损坏。

稳压管的符号和特性曲线如图 4－19 所示，它的正向特性和一般硅二极管一样，但反向击穿特性较陡。由图可见，当反向电压增加到击穿电压以后，稳压管进入击穿状态在曲线的 AB 段，虽然反向电流在很大的范围内变化，但它两端的电压 V_x 变化很小，即 V_x 基本恒定。利用稳压管的这一特性，可以达到稳压的目的。

(2) 稳压管的参数

① 稳定电压 V_x。即稳压管在反向击穿后其两端的实际工作电压。这一参数随工作电流和温度的不同略有改变，并且分散性较大，例如，2CW14 型的 $V_x = 6\text{V} \sim 7.5\text{V}$。但对每一个管子而言，对应于某一工作电流，稳定电压有相应的确定值。

② 稳定电流 I_x。即稳压管的电流等于稳定电压时的工作电流。

③ 动态电阻 r_x。是稳压管电压变化和相应的电流变化之比，即 $r_x = \Delta V_x / \Delta I_x$，显然，$V_x$ 越小，稳压效果越好，动态电阻的数值随工作电流的增加而减小。但当工作电流 $I_X > 5\text{mA} \sim 10\text{mA}$ 以后，r_x 减小得不显著，而当 $I_x < 1\text{mA}$ 时，r_x 明显增加，阻值较大。

④ 最大稳定电流 I_{xmax} 和最小稳定电流 I_{xmin}。I_{xmax} 是指稳压管的最大工作电流，超过此值，即超过了管子的允许耗散功率；I_{xmin} 是指稳压管的最小工作电流，低于此值，V_x

不再稳定，常取 $I_{xmin}=1mA \sim 2mA$。

(3) 稳压管伏安特性测定的实验电路。

实验电路如图 4-20 所示。两个滑线变阻器和电源组成的电路部分称为限流分压器。由于限流器只适用于负载电阻 R 较小、变流范围较窄的场合；分压器只适用于负载电阻 R 较大、调压范围较宽的场合。而稳压管的正向电阻较小，且电流随电压的变化很大，因而要求，调压范围较窄、变流范围较宽；反向电阻很大，且电流随电压的变化很小，因而要求调压范围较宽、变流范围较窄。在这种情况下，无论采用分压器或限流器，都不能得到满意的调节效果。然而采用限流分压器，则可以起到调压、限流相互补充的作用，从而得到较好的调节效果。在限流分压的电路中，限流变阻器 R_1 应该比分压变阻器 R_0 有较大的阻值。

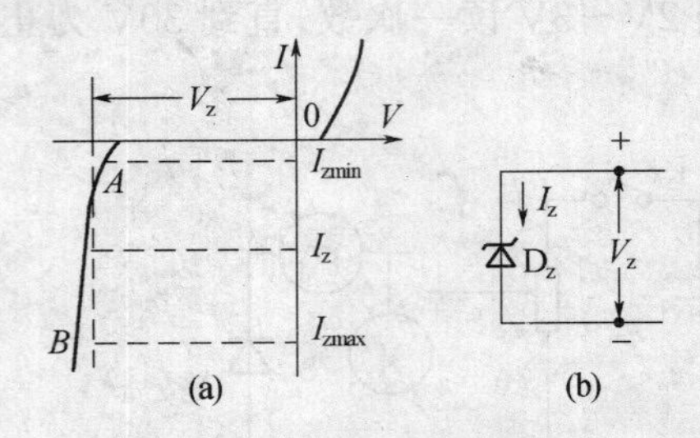

图 4-19　稳压管伏安特性曲线

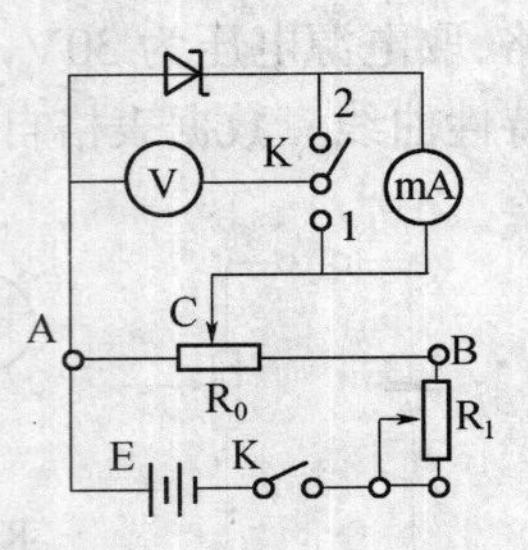

图 4-20　实验电路

(4) 测定稳压管的正向特性。

① 用万用电表欧姆挡(×100 或×1k 挡)判断稳压管的正反向。

② 按图 4-20 所示连接电路，R_1 阻值调到最大，R_0 的滑键应置于 A 端使分压为零。电源电压取 1.5V。

③ 将 K 投向 2，接通 K_0，调节 R_0、R_l 上滑键的位置，使电压表的读数逐渐增大，观察加大稳压管上电压随电流变化的现象，通过观察确定测量范围，即电压与电流的调节范围。

④ 测定稳压管的正向特性曲线，不应等间隔的取点，即电压的测量值不应等间隔地取，而是在电流变化缓慢区间，电压间隔取的疏一些，在电流变化迅速区间，电压间隔取得密一些。如测试的 2CW14 型稳压管，电压在 0～0.7V 区间取 3 个～5 个点即可，而在 0.7V 以后的区间内取 7 个～10 个点为好。

(5) 测定稳压管的反向特性。

① 将稳压管反接，K 投向 1，电源电压取 7.5V。

② 定性观察被测稳压管的反向特性，通过观察确定测试反向特性时电压的调节范围(即该型号稳压管的最大工作电流 I_{xmax} 所对应的电压值)。

③ 测试反向特性，同样在电流变化迅速区域，电压间隔应取得密一些。

④ 自主设计电路，选择合适的实验参数和测量范围，测定小白炽灯泡的伏安特性曲线。

[注意事项]

(1) 使用电源时要防止短路。接通和断开电路前应使输出为零，然后再慢慢微调。

(2) 测定金属膜电阻的伏安特性时,所加电压不得使电阻超过额定输出功率。

(3) 测定晶体二极管的伏安特性时,必须搞清管子的使用参数,以防损坏。

(4) 测定稳压管伏安特性曲线时,不应超过其最大稳定电流 I_{xmax}。

[预习思考题]

1. 电表的主要规格有哪些?电流表、电压表在使用时应注意什么问题?
2. 电阻的规格是什么?滑线变阻器有哪几种用法?在电路中起什么作用?
3. 简述伏安法测电阻的原理,并说明电流表内接和外接时系统误差如何修正?
4. 怎样判断稳压管的正反向?
5. 实验中如何做到正确联接电路和安全用电?

实验 4.7　补偿原理与电位差计的应用

电位差计又名电位计,是用于精密测量电动势(电压)的仪器。用电位差计测量电动势(电压),就是将未知电压与电位差计上的已知电压相比较,从而确定被测值。其测量精度主要取决于准确度高的标准电池、标准电阻以及高灵敏度的检流计,可达 0.01% 以上。由于其精度极高,故电位差计是精密测量中应用最广泛的仪器之一,不但可用来精确测量电动势、电压、电流、电阻等,还可用来校准电表。在非电量(如温度、压力、位移等)的电测法中也占有一席之地。

[实验目的]

(1) 了解电位差计的工作原理和结构特点。

(2) 掌握箱式电位差计的使用,并用它来校准电表和测量电表内阻。

[实验仪器]

箱式电位差计、变阻器、标准电阻、毫安表、干电池。

[实验原理]

电位差计是根据电压补偿原理构成的测量电动势的仪器。

1. 补偿原理

平时测量电路中电压一般是用电压表直接测得,其优点是方便、简单,缺点是由于电压表的分流作用,使得测量精度不高,尤其是被测值较小时,误差更大。

图 4-21(a)所示是电压表直接测电源电动势的电路图。电压表测得的电压为 $V=E_x-I_r$,式中 E_x 为电源电动势,r 为电源的内阻。

由于电压表内阻不可能无限大,则 $I\neq0$,即 $V=E_x-I_r\neq E_x$。也就是说,电压表测得的电压并不是被测的电动势。显然,只有当 $I=0$ 时,电压表测得的电压才等于电源的电动势。

图 4-21(b)所示是补偿法原理图。图中 E_S 为已知、可调、标准的电动势;E_x 是被测电动势;G 是检流计,用于判断回路电流 I 是否为零。

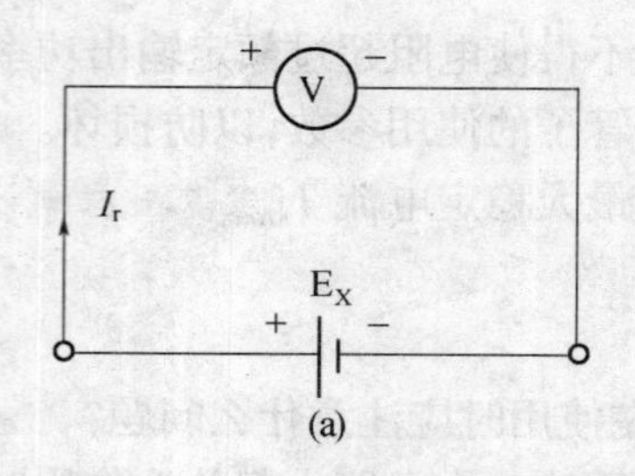

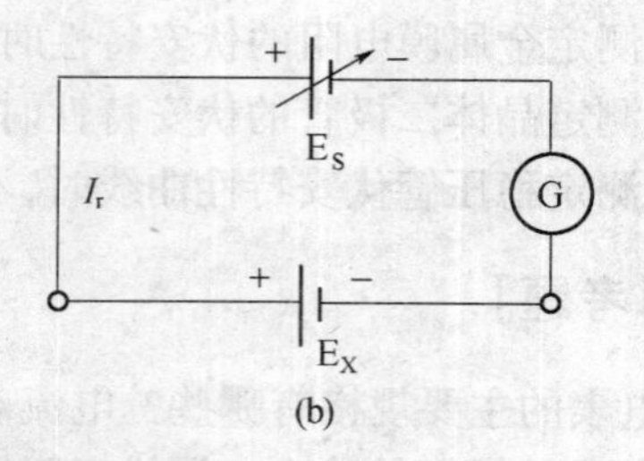

图 4－21　电压表和补偿法测电源电动势

只要调整 E_S 值，使 G 读数为零（即回路电流 $I=0$），则被测电动势值 $E_X=E_S-I_r=E_S$，这时称电路达到了补偿。在补偿条件下，只要 E_S 数值已知，则 E_X 即可测得。

2．电位差计的工作原理

电位差计的工作原理是根据补偿原理将待测电动势与标准电动势进行比较，当待测电动势得到完全补偿时，电路达到平衡，回路中无电流通过，这时就可得到被测电动势的数值。

图 4－22 为箱式电位差计的工作原理图，一般包括三个部分：

（1）工作电流调节回路：主要由 E、R_P、R_1、R、K_0 等组成；

（2）校正工作电流回路：主要由 E_S、R_S、G、K_1、K_2 等组成；

（3）待测回路：主要由 E_X、R_X、G、K_1、K_2 等组成。

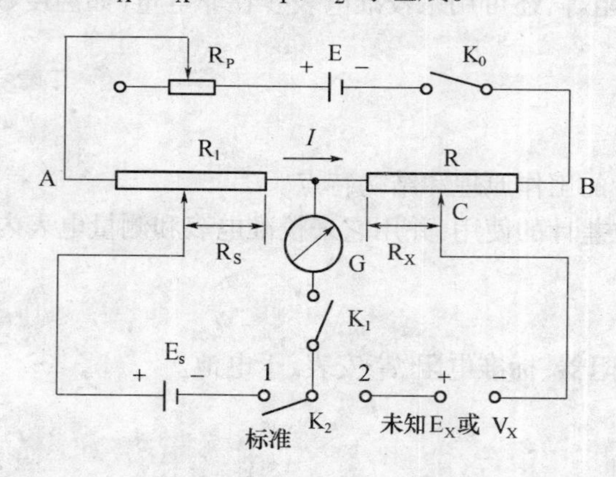

图 4－22　箱式电位差计工作原理示意图

E—工作电源；R_1—调定工作电流用可变电阻；E_S—标准电池；
R—测量电动势或电压用可变电阻；E_X（或 V_X）—待测电动势或电压；R_P—工作电流调节电阻；
G—检流计；K_2—单极转换开关；K_0、K_1—单极开关。

其工作原理为：

（1）校正工作电流 I。接通 K_0、K_1，将 K_2 扳向“标准”（“1”端），调节 R_P，使检流计指零，这时校正工作电流回路达到补偿，即可求得工作电流 $I=E_S/R_S$。式中，E_S 为标准电动势，R_S 为标准电阻，故求得的 I 精度就较高。

（2）测量被测电动势 E_X。工作电流校准好后，再将 K_2 扳向“未知”（“2”端），同时调节 R_X 阻值（滑动触头 C），再次使检流计指零，这时待测回路达到补偿，就可求得被测电动势为

$$E_X = IR_X = \frac{R_X}{R_S}E_S$$

由上述工作原理可知，利用电位差计测量电动势能提高精度的原因主要有以下两个：一是 R_S、R_X、E_S 都是标准值；二是测量时待测回路中无电流通过（对外电路相当于开路）。

应当指出的是，在实际测量中，并不需要按上述方法逐步计算被测电动势值，而是仪表中直接把电动势的数值标在了刻度盘上，因此，可直接在仪表上读得被测值。

3．UJ36 型箱式电位差计的使用说明

UJ36 型电位差计是便携式直流电位差计，仪器工作电源为 4 节 1 号电池（并联），检流计工作电源为 2 节 9V 电池（并联）。其准确度等级为 0.1 级，保证准确度温度为 +10℃～+30℃。测量范围为：×1 时 0.05mV～120mV，×0.2 时 0.01mV～24mV。

其使用方法为；

(1) 将待测电压（电动势）接在“未知”接线柱上（注意：不要接错正、负极性）。

(2) 把“倍率”开关放在需要的位置（×1、×0.2）上（根据被测值的大小进行选择），同时也接通了电位差计的工作电源和检流计的电源。

(3) 调节“调零”电位器，使检流计指零。

(4) 将“电键”开关 K 扳向“标准”，调节 R_P（多圈变阻器），使检流计指零。

(5) 再将“电键”开关扳向“未知”，旋转两只测量盘（粗调、细调），使检流计再次指零。则被测电压（电动势）值为 V_x =（粗读数 + 细读数）× 倍率

(6) 使用完后，“倍率”开关应置“断”，“电键”开关应置“中间”位置。

说明：

(1) “倍率”开关扳向“G_1”或“$G_{0.2}$”时，检流计短路，可从电位差计的“未知”接线柱输出标准电压，其标准电压值为：两测量盘读数之和（粗读数 + 细读数）乘以倍率（G_1、$G_{0.2}$ 倍率分别为 1、0.2）。

(2) 为了保证测量准确，每次测量前必须对电位差计校准工作电流（即调 R_P 使检流计指零）。

4．实验方法

(1) 校准毫安表刻度。图 4－23 中，E = 1.5V（干电池）为工作电源；R_n 为变阻器（电阻箱或滑动变阻器），用以调节校准电流 I；R 为标准电阻（可用电阻箱），其两端电压 E_X 可用电位差计测得。校准方法：

接通 K，R 固定为某一阻值（其取值要考虑到电位差计的量程和被校值 I），调节 R_n，使被校毫安表指示到要校的读数 I，然后再用电位差计测得标准电阻 R 上的电压 E_X，则 R 上电流的准确值为

$$I_S = \frac{E_X}{R} \tag{4-33}$$

则可求得该校准点 I 处的误差为

$$\Delta I = I - I_S \tag{4-34}$$

$$E_r = \frac{|\Delta I|}{I_S} \times 100\% \tag{4-35}$$

若取多个校准点，则可作出 $E_n \sim I$ 曲线（或 $\Delta I \sim I$ 曲线）。

(2) 测量毫安表内阻。图 4-24 中，$E=1.5V$（干电池）为工作电源；R_n 为变阻器（电阻箱或滑动变阻器），用以调节回路电流 I；R 为标准电阻（可用电阻箱）。校准方法，接通 K，R 固定为某一阻值（要同时考虑电位差计和毫安表的量程），调节 R_n，使毫安表指示到任一值（一般在刻度中间附近为好）。再用电位差计分别测得 A、B 之间电压 U_{AB} 和 A、C 之间电压 U_{AC}，则有

$$\frac{U_{AB}}{U_{AC}} = \frac{IR}{I(R+r)} = \frac{R}{R+r}$$

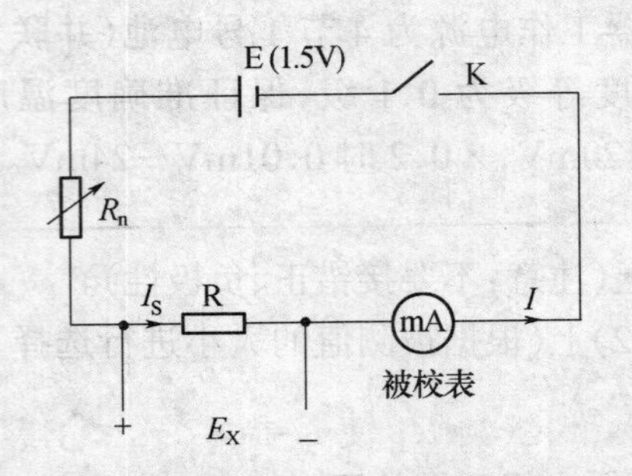

图 4-23　毫伏表校准原理图

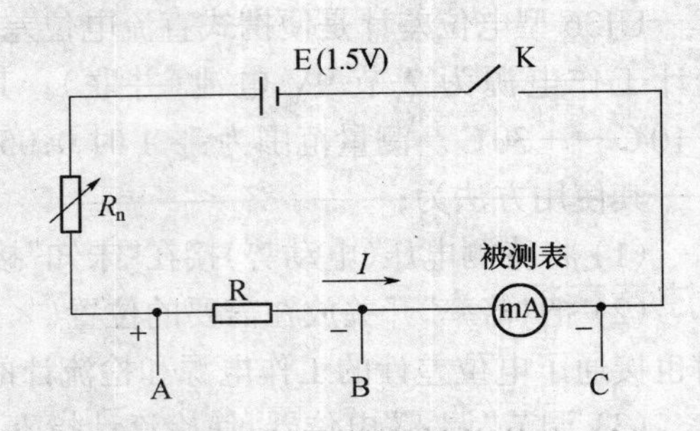

图 4-24　测量毫伏表内阻原理图

可求得毫安表内阻为

$$r = R\left(\frac{U_{AC}}{U_{AB}} - 1\right) \tag{4-36}$$

再调节 R_n 改变毫安表读数若干次，可分别求得内阻 $r_1, r_2, \cdots, r_n$，可得毫安表内阻的平均值为

$$\bar{r} = \frac{1}{n}(r_1 + r_2 + \cdots + r_n) = \frac{1}{n}\sum_{i=0}^{n} r_i \tag{4-37}$$

测量结果为　　$r = \bar{r} \pm \Delta\bar{r}$

[实验内容]

1. 用电位差计校准毫安表刻度。

按照图 4-23 所示联线电路图，标准电阻 R 取 100Ω，校准点为 0.2mA、0.4mA、0.6mA、0.8mA、1.2mA。根据式(4-30)、式(4-31)、式(4-32)求各校准点的准确值 I_S 及误差，并作出 $E_r \sim I$ 曲线。将各数据填入下表 4-9 中。

表 4-9　校毫安表刻度数据表

I/mA	E_X/mV	I_S/mA	ΔI/mA	E_r/%
0.2				
0.4				
0.6				
0.8				
1.0				

2. 用电位差计测量毫安表内阻。

按原理图(见图 4-24)所示联线,标准电阻 R 取 100Ω,改变 R_n 五次,根据式(4-33)分别求得 r_1、r_2、r_3、r_4、r_5,并根据式(4-34)求得平均值,测量结果用 $\overline{r} \pm \overline{\Delta r}$ 表示。将各数据填入表 4-10 中。

表 4-10　测毫安表内阻数据表

测量次数	U_{AB}/mV	U_A/mA	r/Ω	Δr/Ω
1				
2				
3				
4				
5				

[注意事项]

(1) 电位差计每次测量前都要进行工作电流标准化(调 R_P 使 G 指零)。

(2) 电位差计在测量中两测量盘的调节,应遵循由粗到细的原则。

(3) 电位差计使用完毕,应将"倍率"开关置"断","电键"开关置中间位置。

(4) 实验电路中,R_n 的取值应首先置最大值,然后再向小调到所需的阻值。

[思考题]

1. 为什么用电位差计测量电动势(或电压)能提高精度?
2. 在工作电流标准化时,不使用标准电池行不行?为什么?
3. 电位差计为什么要先进行工作电流标准化,然后才能测量?

实验 4.8　非平衡电桥的设计与应用

非平衡电桥应用较广,常见的如测量温度、测定应力、自动控制等。本实验要求学生自己设计实验方案,并独立完成。

[实验目的]

(1) 将 QJ23 型惠斯登电桥改装成非平衡电桥,用于设计和组装的 0℃~100℃铂电阻—电子温度计。(也就是要求将 QJ23 型惠斯登电桥改装成非平衡电桥,使用铂电阻作为感温元件,数字毫伏表作为温度显示器,从而组装成电子数字温度计。

(2) 要求:最大非线性系统误差≤0.4℃,铂电阻允许最大电流 I_{max}≤5mA(以免烧毁!),电源电压≤5V,数字毫伏表(19.999mV)显示(0℃~100℃)温度值。已知常温下,铂电阻与温度有近似的线性关系 $R_t = R_0(1+\alpha t)$。

[实验仪器]

QJ23 型惠斯登电桥、数字毫伏表(19.999mV),电压表、5V 直流电源、滑线变阻器、恒温控制器、温度计、铂电阻(约50Ω)。

[实验原理]

(一) 非平衡电桥

用非平衡电桥设计和组装热电阻温度计,如图4-25所示,R_1、R_2和R是选定的精密桥臂电阻,R_t为热电阻。当电源的输出电压E一定时,非平衡电桥的输出电压U_t为

$$U_t = E\left(\frac{R_1}{R_1 + R_2} - \frac{R}{R + R_t}\right) \qquad (4-38)$$

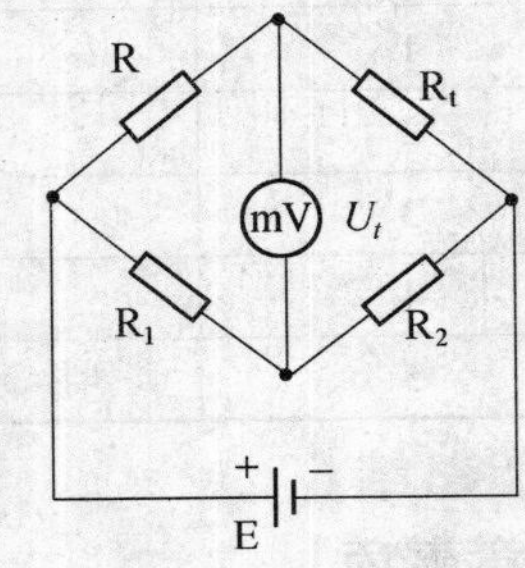

图4-25 非平衡电桥电路简图

温度改变时,U_t随着热电阻R_t的改变而改变,因此,通过U_t值可以确定温度值。一般来说,U_t与t的关系是非线性的,这给温度的标定和显示带来困难,通常可以选择电桥参数(R_1、R_2、R和E值),使其在一定温度范围内近似具有线性关系,以获得线性较好的热电阻温度计,这就是所谓的线性化设计。

(二) 线性化

将非平衡电桥输出电压U_t在温度t_0处按泰勒级数展开成温度t的线性函数形式,$U_t = a + b(t - t_0) + \Delta U$,$\Delta U \ll U_t$,其中$t_0$称为基准参考温度。为简化起见,选择$t_0 = 0$℃,写出$a$、$b$和非线性项$\Delta U$的表达式,选择电桥参数使非线性项$\Delta U$最小。

提示:$\Delta U = \sum\limits_{n-2}^{\infty} \frac{1}{n!} U_t^{(n)} (t - t_0)^n$是一个无限等比级数之和,$\Delta U = \frac{a}{1-q}$,$a$为级数首项。

(三) 数字化

由$U_t = tmV$或$\frac{t}{10}$mV得到的a、b数值和铂电阻的R_0、α及非线性误差项≤0.4℃,进而确定电桥参数C以及E、R、R_2/R_1的表达式。

为了用QJ23型惠斯登电桥改装成非平衡电桥,必须选择$R/R_1 = C$,C为比率臂的比率,由非线性误差项的大小确定。注意,显示0℃~100℃温度的数字毫伏表量程为19.999mV,电桥的电源电压≤5V。

假设铂电阻的$\alpha = 4 \times 10^{-3}$/℃,$R_0 = 46\Omega$,试计算当$t_0 = 0$℃且最大非线性误差$\Delta_{t_a} \leqslant 0.4$℃时,比率$C$应选取的数值,并进而计算$E$、$R$、$R_2/R_1$的相应数值。若$t_0 = 50$℃,选择同样比率$C$值,计算最大非线性误差$\Delta_{t_a}$以及$E$、$R$、$R_2/R_1$的数值。

[实验线路]

非平衡电桥可用数字毫伏表代替平衡电桥的检流计G而组成。根据要求设计正确的非平衡电桥线路。

本实验线路的主要安全指标为铂电阻允许最大电流$I_{max} \leqslant 5$mA(以免烧毁!)这也是改变QJ23型电桥形式的关键(设电源电压≤3V,试计算实际线路中通过铂电阻的电流能否满足$I \leqslant 5$mA)。采用外接电源和数字毫伏表,巧用QI23型惠斯登电桥改装成非平衡

电桥,进而确定电桥的参数,组装成铂电阻—电子数字温度计。

请学员考虑,惠斯登电桥中,将 G 和 E 位置对调,结果如何?

[实验内容]

(1) 测量铂电阻的 R_0 和 α。

试拟出测量方法及数据处理(最高温度不超过 80℃,至少 6 组数据)。

(2) 组装铂电阻—电子数字温度计。

合理选择和确定非平衡电桥参数 E、R、R_2/R_1。

(3) 检测电子数字温度计。

检验温度计线性,并分析系统误差和随机误差(最高温度不超过 80℃,至少 6 组数据)。注意:R 必须预设为 $k\Omega$ 量级的电阻,以保证通过铂电阻的电流 $I \leqslant 5\text{mA}$。

[实验总结]

(1) 写出总结报告,必须有原理、方法、设计、数据、结果和分析讨论。结果包括铂电阻的 α 和 R_0,非平衡电桥参数 E、R、R_2/R_1。铂电阻—电子数字温度计的线性检验及非线性修正值和置信区间。

(2) 总结误差分析和数据处理在科学实验中的作用。

(3) 总结由平衡电桥到非平衡电桥、非平衡电桥到铂电阻—电子数字温度计设计的物理思想。

(4) 讨论线性化方案。还能举出更好的线性化方案吗?

(5) 热电阻温度计与其他形式温度计的比较。

(6) 惠斯登电桥中"G、E 互易"的实验方法的启示。

(7) U_t 的线性化设计中,基准参考温度 t_0 对非线性系统的影响,t_0 的最佳值。

(8) $t_0 \neq 0$℃时,非平衡电桥的参数 C 的值以及 E、R、R_2/R_1 的数学表示式。

(9) 如果用碳膜电阻作为感温元件,且已知 $R_0 = 500\Omega$,$\alpha = -2\times10^{-4}$/℃,要求最大非线性误差 $\Delta_{t_a} \leqslant 0.2$℃,试确定 E、R、R_2/R_1 数值。

(10) 对自主性物理实验的评价、建议和设想。

实验 4.9 迈克耳逊干涉仪的调整和使用

迈克耳逊干涉仪是 1883 年美国物理学家迈克耳逊(A. A. Michelson)为研究"以太"漂移而制成的一种精密干涉仪。由于迈克耳逊干涉仪将两相干光束完全分开,它们之间的光程差要根据要求作各种改变,测量结果可以精确到与波长相比拟,所以应用很广。迈克耳逊用干涉仪最先以光的波长测定了国际标准米尺的长度,光的波长是物质基本特性之一,是永久不变的,这样就可以把长度的标准建立在一个永久不变的基础之上。用镉的蒸汽在放电管中所发出的红色谱线来量度米尺的长度,在温度为 15℃,压强为 760mmHg (1mmHg = 133Pa)的干燥空气中,测得 1m = 1、553、163.5 倍红色镉光波长,此外迈克耳逊干涉仪还被用来研究光谱线的精细结构,这些都大大推动了原子物理与计量科学的发展，迈克耳逊干涉仪的原理还被发展和改进为其他许多形式的干涉仪器。

[实验目的]

(1) 了解迈克耳逊干涉仪的设计原理。

(2) 了解仪器的构造，掌握调节方法。

(3) 考察等倾干涉、等厚干涉的形成条件。

(4) 学会测定钠黄光的波长，钠双线的波长差。

[实验仪器]

迈克耳逊干涉仪、钠光灯等。

[实验原理]

迈克耳逊干涉仪的光路如图 4－26 所示，M_1 与 M_2 是两片精细磨光的平面反射镜，其中 M_2 是固定的，M_2 用旋钮控制，可作微小移动 G_1 和 G_2 是两块厚度和折射率均相同且彼此准确平行的玻璃片。在 G_2 的一个表面上镀有半透明的薄银层(图中用粗线标出)，使照射在 G_1 上的光线，一半反射，一半透射。G_1、G_2 这两块平行玻璃片与 M_1 和 M_2 倾斜成 45°角。

光源 S 出射的光线，经过透镜 L 射入 G_1，一部分经薄银层反射向 M_2 传播，如图 4－27所示中的光线 2，经 M_2 反射后，再穿过 G_1 向 E 处传播，如图中光线 2′，另一部分穿过薄银层和玻璃片 G_2，向 M_1 传播，如图中的光线 1，经 M_1 反射后，再穿过 G_2，经薄银层反射，也向 E 处传播，如图中的光线 1′，显然 1′、2′是两条相干光线，在 E 处可以看到干涉条纹，玻璃片 G_2 起补偿光程的作用，由于光线 2 前后共通过玻璃片 $G_1$3 次，而光线只通过一次，有了玻璃片 G_2，使光线 1 和光线 2 分别穿过等厚的玻璃片 3 次，从而避免光线所经路程不相等，而引起较大的光程差，因此称 G_2 为补偿玻璃。

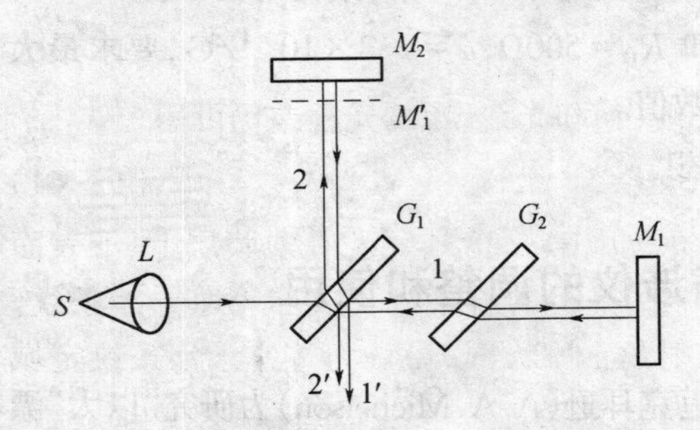

图 4－26　迈克耳逊干涉仪光路原理图

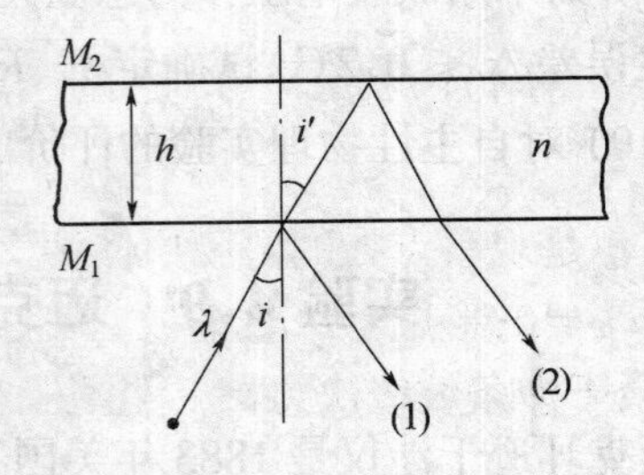

图 4－27　光程差计算示意图

n—气体薄膜的折射率；h—薄膜厚度；

λ—入射光波波长；i—入射角；i'—折射角。

设想镀银层所形成的 M_1 虚像是 M'_1，因为虚像 M'_1 和实像 M_1 相对于镀银层的位置是对称的，所以虚像 M'_1 应在 M_2 的附近。M_1 反射光线 1′可以看成是从 M'_1 处反射的。如果 M_2 和 M_1 严格垂直，那么 M'_1 与 M_2 也就严格地平行。这样，在 M_2 和 M'_1 两个平面之间就形成了“空气薄膜”，与玻璃薄膜的干涉情况完全相似。

设扩展光源中任一束光，以入射角 i 射到薄膜表面上，在上表面反射的一束光(1)和在下表面反射的一束光(2)为两束平行的相干光，它们在无限远处相遇产生干涉，利用眼睛观察，可以看到干涉图像。在图 4－27 中，光线(1)和光线(2)两束相干光间的光程差为

$$\delta = 2nh\cos i' = 2h\sqrt{n^2 - \sin^2 i} \qquad (4-39)$$

当介质的折射率 n 一定，且薄膜厚度一定时，光程差只决定于入射角 i。随着入射角 i 改变，光程差也要发生相应的变化。入射角相同的光线，在薄膜上、下表面反射后，若用透镜会聚光束，则将在透镜焦平面上发生干涉。干涉条纹将是一个以透镜光轴为圆心的一组明暗相间的同心圆环，即为等倾干涉。下面对等倾干涉条纹进行一些简单的讨论。

(1) 根据干涉条件

当 $\delta = k\lambda$　　　　　$(k=0,1,2,\cdots)$为明条纹

当 $\delta = (2k+1)\lambda/2$　　$(k=0,1,2,\cdots)$为暗条纹

对于光环中心($i=0$)的明暗亦由干涉条件决定。

(2) 等倾干涉的定域在无穷远。

(3) 随着入射角 i 的增加，光程差 δ 随着减小，干涉条纹的级次降低，故由中央到边缘干涉条纹的级次由高到低。且中内环纹稀疏，边缘环纹密集。

(4) 从式(4－36)可以看出干涉条纹(明纹或暗纹)与膜厚 h 有关，h 大时条纹间距小，h 小时条纹间距大。当膜厚 h 发生变化时，光程差也发生相应变化，此时可看到干涉圆环半径的变化，当膜厚 h 增加时，光程差 δ 也增大，干涉圆环扩大，向低干涉级次方向移动。对于空气薄膜，中心处的光程差 $\delta=2h$，故膜厚每增加 $\lambda/2$ 时，中心就会"冒出"一级干涉条纹。反之，当膜厚每减少 $\lambda/2$ 时，圆环中心要"内缩"一级干涉条纹，故可根据条纹"冒出"或"内缩"的个数，来计算膜厚的改变量，从而测出长度，其测量精度可与波长相比拟。

设视场中移过的干涉条纹(明纹或暗纹)数目为 ΔN，膜厚改变为 Δh，则由上面的分析知

$$\Delta h = \Delta N \cdot \lambda/2 \qquad (4-40)$$

当 M_2 和 M'_1 不严格平行，而有很小夹角时，光线(1)和光线(2)的光程差仍可用

$$\delta = 2hn\cos i' \qquad (4-41)$$

表示。h 是观察点处的薄膜层厚度。i'为折射角，如图 4－28 所示。在薄膜层上、下表面相交处 $h=0$，形成零级直条纹，其他各条纹是一些平行的直条纹。故称等厚干涉条纹。h 愈大，干涉条纹级次愈高。当薄膜很薄，且入射角 i 不大时，可认为等厚干涉条纹定域在薄膜表面。

如果不用单色光(只含一种波长的光)而是用两种不同波长，而波长相差不大的光做光源(如钠双线波长分别为 589.0nm 和 589.6nm)，而且两者光强近乎相等，这时，两种不同波长的光将各自产生干涉条纹。当光程差满足条件为

$$\delta_1 = k_1\lambda_1 = \left(k_1 + \frac{1}{2}\right)\lambda_2$$

时，在一种光的明条纹处，另一种光产生暗条纹，这样整个视

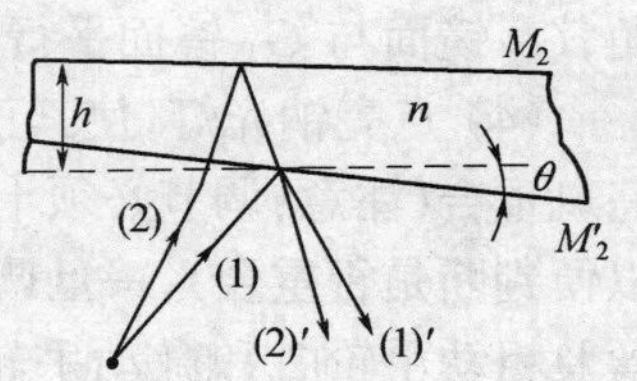

图 4－28　等厚干涉光路图

场中将看不到干涉条纹(此时称为零视见度),同样,当光程为

$$\delta_2 = k_2\lambda_1 = \left(k_2 + 1 + \frac{1}{2}\right)\lambda_2$$

时,视见度也为零,连续两次视见度为零时的光程差的变化为

$$\delta_2 - \delta_1 = (k_2 - k_1)\lambda_1 = (k_2 - k_1)\lambda_2$$

所以

$$\lambda_1 - \lambda_2 = \frac{\lambda_1\lambda_2}{\delta_2 - \delta_1} = \frac{(\bar{\lambda})^2}{\delta_2 - \delta_1}$$

$\bar{\lambda}$ 为两种光的平均波长,而 $\delta_2 - \delta_1$ 为光程差的变化,即 2 倍 M_2 移动的距离,可在干涉仪上直接读出。

[实验仪器介绍]

本实验采用杭州光学仪器厂生产的迈克耳逊干涉仪,其结构如图 4-29 所示,导轨 7 固定在一只稳定的底座上,由三只调平螺丝 9 支撑,调平后可以拧紧锁紧圈 10 以保持座架稳定。丝杆 8 螺距为 1mm。转动粗动手轮 2 经一对转动比大约 2∶1 的齿轮带动丝杆旋转。与丝杆啮合的可调螺母 4 通过防转挡块及顶块带动移动镜 11 在导轨面上滑动,实现粗动。移动距离的毫米数可在机体侧面的毫米刻度 5 上读得。通过读数窗口在刻盘 3 上读到 0.01mm。转动微动手轮 1 经 1∶100 涡轮副传动,可实现转动。微动手轮的最小读数值为 0.0001mm。移动镜 11 和参考镜 13 的倾角,可分别用镜背面的三颗滚花螺丝 12 来调节,各螺丝的调节范围是有限度的。如果螺丝向后顶得过松,在移动时可能因振动而使镜面倾角变化。如果螺丝向前顶的太紧,致使条纹不规则。因此必须使螺丝在能对于干涉条纹有影响的范围内进行调节。在参考镜 13 附近有两个微动螺丝 14,垂直螺丝使镜面干涉图像上、下微动。水平螺丝则使干涉图像水平移动,丝杆顶进力通过滚花螺帽 8 来调正。

[实验内容步骤]

(一) 调节干涉仪(干涉仪构造见图 4-29)

(1) 先粗调底座上三只调平螺丝 9,使仪器大致水平,并拧紧锁紧圈 10,以保持座架稳定。

(2) 置钠光灯于透镜前,调整光路,使钠光灯、透镜光心、分光板中心、全反射镜 M_1 的中心在一直线上。

(3) 转动粗动手轮 2 使 M_2、M_1 与 G_1 的距离大致相等,并使 G_1 镜面与 M_2 成 45°角,G_2 镜面与 G_1 镜面平行(G_1 与 G_2 镜实验室已调好,基本上不要动)。

(4) 点亮钠光灯,使其正常发光,然后细心调节 M_2 后 3 只螺丝,使两个反射镜中的亮斑重合(注意:调节必须十分小心,动作要轻缓,最好能找一个标志,如镜边沿某个爪子,以便判断是否重合),一旦调到重合,立即会出现等倾干涉条纹,此时再微调 M_1 后 3 只螺丝及粗动手轮 2 和微动手轮 1,使条纹疏密适中,亮暗分明,并尽量使圆环落在视域中心处。

(5) 用眼睛观察干涉条纹,当眼睛上下移动时,如条纹“冒出”或“内缩”则应调节 M_1

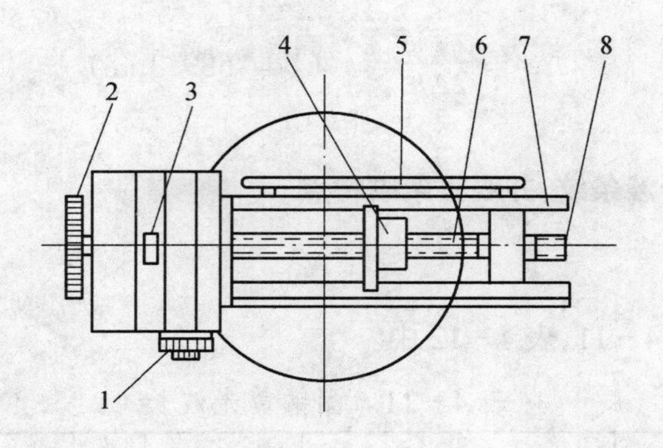

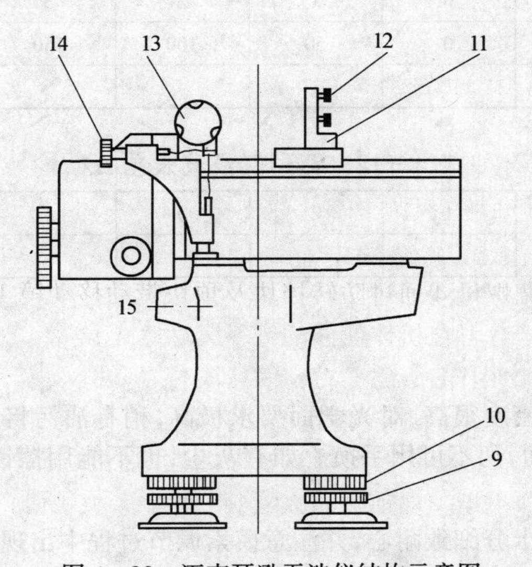

图 4－29　迈克耳逊干涉仪结构示意图

1—微动手轮；2—粗动手轮；3—刻度盘；4—可调螺母；5—(毫米)刻度；6—丝杆；7—导轨；8—滚花螺帽；9—调平螺丝；10—锁紧圈；11—移动镜；12—滚花螺丝；13—参考镜；14—微动螺丝；15—底座。

旁的垂直弹簧螺丝，当眼睛左右移动时，如果条纹“冒出”或“内缩”则应调节水平弹簧螺丝，直到使眼睛移动时的条纹稳定为止。经过以上几步调节。干涉仪基本调节好，此时应能看见稳定的干涉条纹。

(二) 测钠光波长 λ

轻微调节粗动手轮，以减小 h(或增大 h)，观察光圈的“内缩”(或“冒出”)现象。然后确定“内缩”或“冒出”(选一种)，调节微动手轮改变 h，眼睛盯牢中心圆环(根据自己的习惯选明纹或暗纹)每“内缩”(或“日出”)50 条时，记下一次 h 值，共记下 250 条，并用逐差法算出

$$\overline{\Delta h} = \frac{1}{3}\sum_{i=0}^{2}(h_{i+3} - h_i)$$

并由式(4－37)求出 λ。

(三) 测钠双线波长差 $\Delta\lambda$

调粗动手轮及微动手轮使视见度为 0，记下 M_2 的位置读数 h'，再连续调节 5 次视见度为 0，同样用逐差法求出$\overline{\Delta h'}$，用公式为

$$\Delta\lambda = \frac{(\bar{\lambda})^2}{2\Delta h'} \qquad (\bar{\lambda} = 589.3\text{nm})$$

求出 $\Delta\lambda$。

(四) 调出等厚干涉条纹,并观察条纹特点

[数据表格]

测量数据填入表 4-11、表 4-12 中。

表 4-11 测钠黄光波长

次数 i	0	1	2	3	4	5
"内缩"("冒出")条纹数	0	50	100	150	200	250
h_i						

表 4-12 测钠双线波长差 $\Delta\lambda$

次数 i	1	2	3	4	5	6
h_i						

[注意事项]

(1) 光学仪器的精密度很高,对光学面要求极高,稍有沾污将影响测量,特别对半反射面,全反射面等镀膜面,切不可用手摸。如有灰尘,也不能用擦镜纸擦抹,要用吹气球,或用其他办法除去。

(2) 调节过程必须十分细致耐心,并注意摸索调节过程中出现的规律。

[思考题]

1. 如何调出等厚干涉条纹?等厚干涉条纹的特点如何?
2. 本实验中的环纹与牛顿环实验中的环纹有什么区别?
3. 等倾干涉图样与等厚干涉图样各定域在何处?

实验 4.10 光栅衍射与全息光栅制作

衍射光栅是一种分光用的光学元件,它不仅用于光谱学,还广泛用于计量、光通信、信息处理等方面。过去制作光栅都是在精密的刻线机上用金刚石在玻璃表面刻出许多平行等距刻痕作成原刻光栅复制而成的。随着激光技术的发展又制作了全息光栅。光栅的主要用途是形成光谱,由它构成的光栅摄谱仪、光栅单色仪在现代工业和科学研究方面已得到极其广泛的应用。本实验中使用透射平面光栅或全息光栅,通过测定光栅常数及光波波长,对光栅的特性有初步的了解。

[实验目的]

(1) 进一步熟悉分光计的调整与使用。

(2) 学习利用衍射光栅测定光波波长及光栅常数的原理和方法。

(3) 加深理解光栅衍射现象、光栅公式及其成立条件。

[实验原理]

1．测定光栅常数和光波波长

常用的透射光栅是用光学玻璃片刻制而成的。光栅上的刻痕起着不透光的作用，只有在两刻痕之间的光滑部分，光才能通过，相当于一条狭缝。一理想的光栅可看作是许多平行的、等距离的和等宽的狭缝，刻痕间的距离称为光栅常数。

设有一光栅 a 为缝宽，b 为刻痕宽度，$d = a + b$ 为光栅常数。有一平行光与光栅法线成角度 i，入射于光栅上产生衍射，如图 4－30 所示。从 B 点作 BC 垂直于入射线 CA，作 BD 垂直于衍射线 AD，AD 与光栅法线所成的夹角为 φ。如果在这个方向上由于光振动的加强面在 F 处产生了一个明条纹，则光程差$(CA + AD)$必等于波长的整数倍，即

$$d(\sin\varphi \pm \sin i) = m\lambda \tag{4-42}$$

入射光线和衍射光线都在光栅法线的同侧时，上式等号左边括号内取正号；两者分别居于法线异侧时取负号。式中的 m 为衍射光谱的级次，m 为 $0, \pm 1, \pm 2, \pm 3, \cdots$ 正负整数，m 的符号取决于光程差的符号，与上式等号左边括号内结果的符号一致。

在光线正入射的情形下，则式(4－39)变成

$$d\sin\varphi_{\mathrm{m}} = m\lambda \tag{4-43}$$

式中，φ_{m} 为第 m 级谱线的衍射角。据此可用分光计测出衍射角 φ_{m}，从已知波长可以测出光栅常数 d；反之，如已知光栅常数 d，则可测出波长 λ。

如果入射光源中包含几种不同波长的复合光，则这束复合平行光通过光栅后形成的谱线将按级按次序排列在该级谱线系列中。对不同的波长有一一对应的衍射角 φ，从而在不同的位置上形成不同的彩色谱线，称为该入射光源的光谱。图 4－32 所示为汞灯光源通过光栅后形成的光谱示意图。

根据式(4－40)，若已知入射光在某一级某一条光谱线的波长值，并测出该谱线的衍射角 θ，就可以求出所用光栅的光栅常数 d。反之，若已知所用光栅的光栅常数 d，并测出衍射角 θ，就可求出该级这一条谱线的波长值。

2．用最小偏向角法测定光波波长

图 4－31 所示，波长为 λ 的光束入射在光栅上，入射角为 i，若与入射线同在光栅法线 n 一侧的 m 级衍射线的衍射角为 φ，则由式(4－39)可知

$$d(\sin\varphi + \sin i) = m\lambda \tag{4-44}$$

若以 Δ 表示入射光与第 m 级衍射光的夹角，称为偏向角，则

$$\Delta = \varphi + i \tag{4-45}$$

显然，Δ 随入射角 i 而变，不难证明 $\varphi = i$ 时为一极小值，记作 δ，称为最小偏向角。并且仅在入射光和衍射光处于法线同侧时才存在最小偏向角。此时

$$i = \varphi = \frac{\delta}{2} \tag{4-46}$$

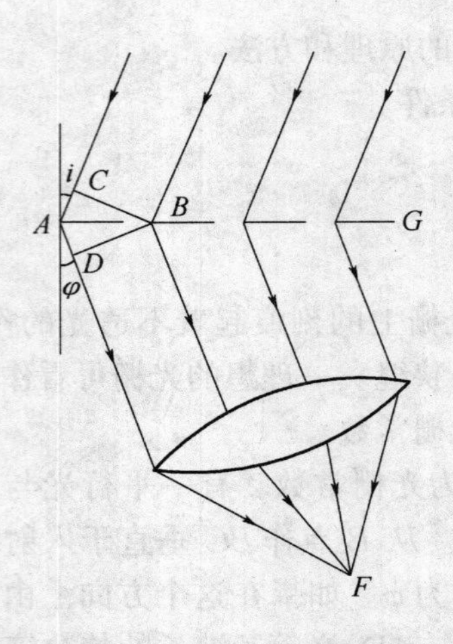

图 4-30　光栅衍射

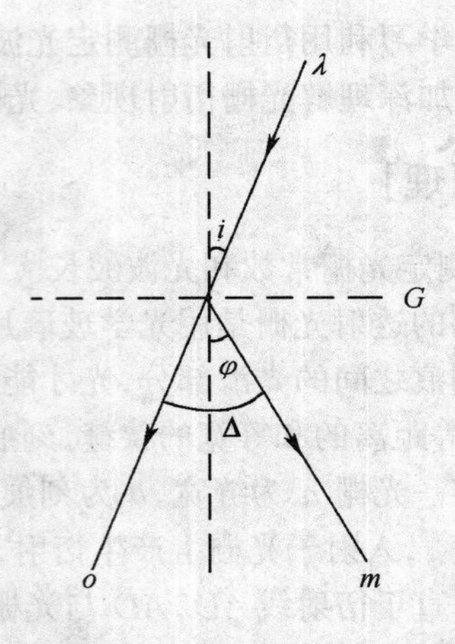

图 4-31　衍射光栅偏向角示意

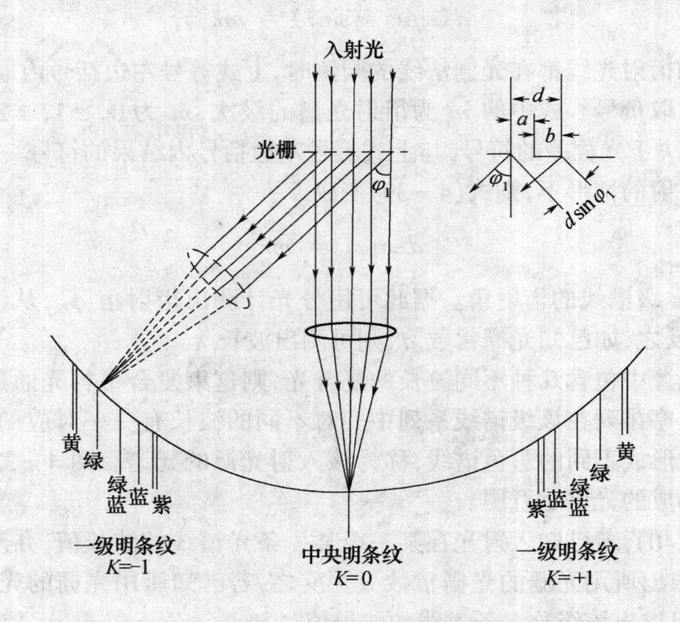

图 4-32　光栅衍射光谱示意图

代入式(4-41)得

$$2d\sin\frac{\delta}{2} = m\lambda \ (m = 0, \pm 1, \pm 2, \pm 3, \cdots) \tag{4-47}$$

由此可见，如已知光栅常数 d，只要测出了最小偏向角 δ，就可根据式(4-44)算出波长。

[实验内容]

(一) 调整仪器

1. 调整分光计

调整方法见本章实验二。本实验中调整的要求为：

① 使望远镜对准无穷远。

② 望远镜轴线与分光计中心轴线相垂直。

③ 平行光管出射平行光。

狭缝宽度调至约 1mm，并使叉丝竖线与狭缝平行，叉丝交点恰好在狭缝像中点，再注意消除视差。调好后固定望远镜。

2. 安置光栅

安置光栅时要求达到：

① 入射光垂直照射光栅表面。

② 平行光管狭缝与光栅刻痕相平行。

具体调节步骤为

① 将光栅按图 4－33 所示放在载物台上。先用目视使光栅平面和平行光管轴线大致垂直，然后以光栅面作为反射面，用自准法调节光栅面与望远镜轴线相垂直（注意：望远镜已调好，不能再动！）。可以调节光栅支架或载物台的两个螺丝 B_1、B_2，使得从光栅面反射回来的叉丝像与原叉丝相重合，随后固定载物台。

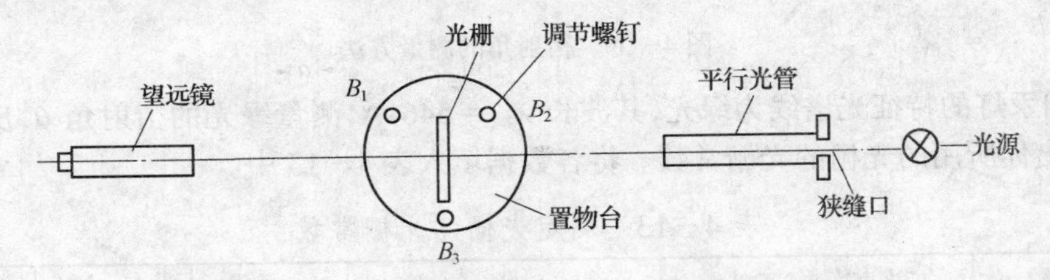

图 4－33　望远镜、平行光管和光栅位置示意图

② 转动望远镜，观察衍射光谱的分布情况，注意中央明条纹两侧的衍射光谱是否在同一水平面内。如果观察到光谱线有高低变化，说明狭缝与光栅刻痕不平行。此时可调节载物台的螺丝 B_3，直到中央明纹两侧的衍射光谱基本上在同一水平面内为止。

必须注意：调节好后需返回检查平行光管狭缝、光栅刻痕和分光仪主轴（中心转轴）三者之间是否真正平行。这时，可反复调节螺钉 B_3 和用手直接微微转动平行光管的狭缝套筒，同时转动望远镜观察汞灯各条谱线是否有倾斜，是否严格平行。但须注意，在转动狭缝套筒时绝对不能改变狭缝与物镜间的距离，否则将改变出射光为平行光的要求。

（二）测定光栅常数

同定刻度盘的位置，左右转动望远镜，观察分布于中央极大亮条纹左右两侧一系列彩色衍射谱线，如图 4－34 所示。

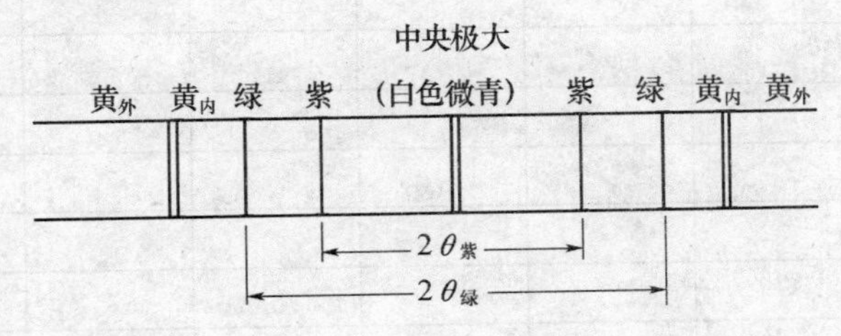

图 4－34　汞灯光谱示意图

测量衍射角 θ。为了减少由于不能绝对保证入射光与光栅平面严格垂直而引起的所测衍射角的误差，因此测量时采用读取零级左右两侧同一级中对应谱线间的双倍衍射角，然后乘以1/2，求得衍射角 θ。2θ 的测量方法如图4-35所示。

$$2\theta = \frac{1}{2}\left[\left|\theta_{左}^{1} - \theta_{左}^{2}\right| + \left|\theta_{右}^{1} - \theta_{右}^{2}\right|\right]$$

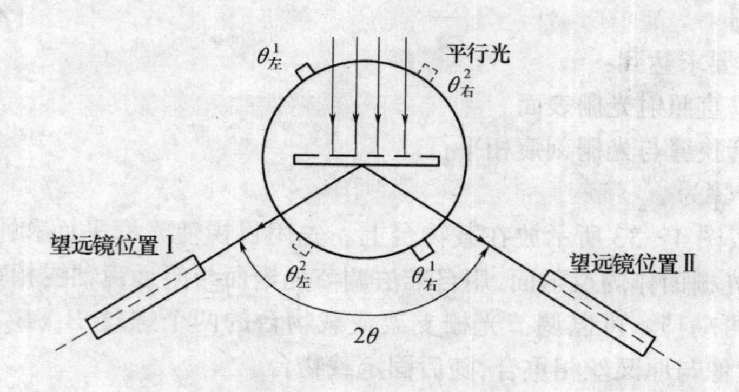

图4-35　衍射角的测量方法

已知汞灯的特征光谱线为绿光，其波长 $\lambda_{绿}=5461\text{Å}$，测量绿光的衍射角 θ，反复测量3次，求出你所用的光栅的光栅常数。将各数据填入表4-13中。

表4-13　测定光栅的光栅常数

测量次数	$\theta_{左}^{1}$	$\theta_{右}^{1}$	$\theta_{左}^{2}$	$\theta_{右}^{2}$	θ	d/nm	$\bar{d}$/nm
1							
2							
3							

（三）测量未知光波波长

测量汞灯其他谱线：紫、黄内、黄外三条谱线的衍射角 θ，反复测三次，根据已求出的光栅常数 d 的平均值，求相应三条谱线的波长。将各数据填入表4-14中。

表4-14　测量紫、$黄_{内}$、$黄_{外}$三条谱线的波长

谱线	测量次	$\theta_{左}^{1}$	$\theta_{右}^{1}$	$\theta_{左}^{2}$	$\theta_{右}^{2}$	θ	λ/Å	$\bar{\lambda}$/Å
紫	1							
	2							
	3							
$黄_{内}$	1							
	2							
	3							
$黄_{外}$	1							
	2							
	3							

注意：黄$_{内}$、黄$_{外}$这两条谱线靠得很近，测量时必须仔细分辨和对准测读，否则误差很大。

[注意事项]

(1) 光栅是精密光学元件，严禁用手触摸刻痕，以免弄脏或损坏。

(2) 不要用眼睛直视点燃的汞灯，以防紫外线灼伤眼睛。

[思考题]

(1) 本实验是如何调节分光仪的望远镜和平行光管的？

(2) 如何精确调节入射平行光和光栅平面垂直？

[附：全息光栅制作]

要成功地拍摄一张精细条纹的全息照片，除了要求相干性较好的光源外，还需要采用高分辨率的全息感光材料，采用机械稳定性良好的光学元件装置和一个抗震性能良好的工作台。拍摄全息照片必须用相干光源。He－Ne 激光的相干长度大，故小型 He－Ne 激光器(功率为 1mW～3mW)常用来拍摄较小的漫射对象(漫射物)，并可获得较好的全息图。显然，激光的功率大些会更好，可使拍摄曝光的时间缩短，减少干扰。此外，氩离子激光，红宝石激光也常用作全息照相的光源。

全息照相的基本原理是以波的干涉和衍射为基础的，光干涉的理论分析指出，干涉图像中亮条纹和暗条纹之间亮暗程度的差异(反差)，主要取决于参与干涉的两束光波的强度(振幅的平方)，而干涉条纹的疏密程度则取决于这两束光位相的差别(光程差)。全息照相就是采用干涉方法，以干涉条纹的形式记录物光波的全部信息。

当物光和参考光均为平行光时，它们干涉的结果是一组平行的条纹——光栅。由于用全息照相方法获得，称为全息光栅。它制作方便、尺寸较大、杂散光干扰小、故应用较广。拍摄的步骤为

(1) 按下图布置光路。

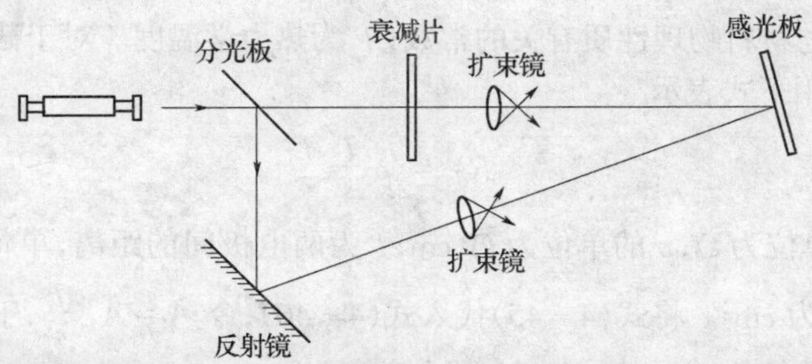

(2) 调整光路，使由分光板分离的两束光，经倒置望远镜扩展成两束平行光，投射于全息干版板处。两光束在感光版处的夹角 θ 约为 15°～20°，光强比 $B=1:1$，光程近似相等(即由分光板到感光板两束光的路程差 $\Delta L<0.5$cm)。

(3) 测量片夹处的总光强。参考实验室所给数据，选择曝光时间。

(4) 用遮光板遮掉激光，安装感光板，注意乳胶面应向着激光束。

(5) 移去遮光板曝光。经显影、定影、漂白处理后，漂洗晾干。

(6) 用一束激光垂直射入所摄全息光栅，观测它的衍射图样。按公式 $d = L\lambda/\Delta$ 估算此光栅的光栅常数 d(其中 L 为全息照片到观察屏的距离，Δ 为明条纹间距，λ 为入射光的波长)。另一方面，又根据光路中物光和参考光的夹角 θ，按下表查出记录的全息干涉条纹的平均间距 $\bar{\Delta}$，并将它和估算值 d 作一比较。

实验 4.11 热敏电阻温度特性研究与数字温度计设计

热敏电阻是阻值对温度变化非常敏感的一种半导体电阻，它有负温度系数和正温度系数两种。负温度系数的热敏电阻的电阻率随着温度的升高而下降(一般是按指数规律)；而正温度系数热敏电阻的电阻率随着温度的升高而升高；金属的电阻率则是随温度的升高而缓慢地上升。热敏电阻对于温度的反应要比金属电阻灵敏得多，热敏电阻的体积也可以做得很小，用它来制成的半导体温度计，已广泛地使用在自动控制和科学仪器中，并在物理、化学和生物学研究等方面得到了广泛的应用。

[实验目的]

(1) 研究热敏电阻的温度特性。

(2) 掌握单臂电桥及非平衡电桥的原理。

(3) 掌握计算机在实验实时控制、数据采集、数据处理等方面的应用。

[实验仪器]

热学实验仪、单臂电桥、热电偶、电位差计、标准电势与待测低电势、直流检流计。

[实验原理]

(一) 热敏电阻温度特性原理(NTC 型)

在一定的温度范围内，半导体的电阻率 ρ 和温度 T 之间有如下关系：

$$\rho = A_1 e^{B/T} \tag{4-48}$$

式中，A_1 和 B 是与材料物理性质有关的常数；T 为热力学温度。对于截面均匀的热敏电阻，其阻值 R_T 可用下式表示

$$R_T = \rho \frac{l}{s} \tag{4-49}$$

式中，R_T 的单位为 Ω，ρ 的单位为 $\Omega\cdot cm$；l 为两电极间的距离，单位为 cm；s 为电阻的横截面积，单位为 cm^2。将式(4-45)代入式(4-46)，令 $A = A_1 \frac{l}{s}$，于是可得

$$R_T = Ae^{B/T} \tag{4-50}$$

对一定的电阻而言，A 和 B 均为常数。对式(4-47)两边取对数，则有

$$\ln R_T = B\frac{1}{T} + \ln A \tag{4-51}$$

$\ln R_T$ 与 $\frac{1}{T}$ 成线性关系，在实验中测得各个温度 T 的 R_T 值后，即可通过作图求出 B

和A值，代入式(4－47)，即可得到RT的表达式。式中RT为在温度T(K)时的电阻值(Ω)，A为在某温度时的电阻值(Ω)，B为常数(K)，其值与半导体材料的成分和制造方法有关。图4－36所示表示了热敏电阻(NTC)与普通电阻的不同温度特性。

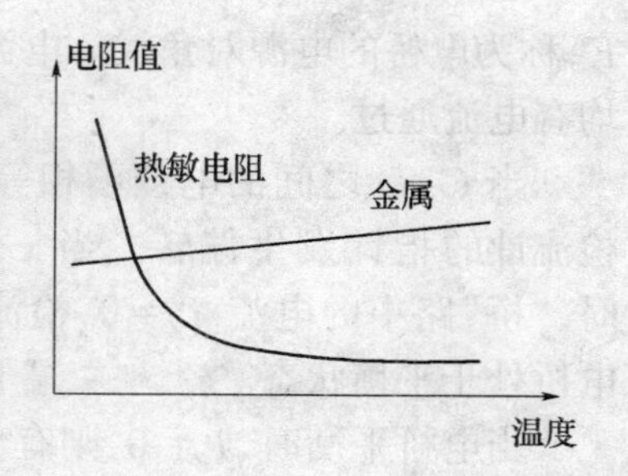

图4－36　电阻随温度变化曲线

（二）热电偶测温原理

热电偶亦称温差电偶，是由A、B两种不同材料的金属丝的端点彼此紧密接触而组成的。当两个接点处于不同温度时(见图4－37)，在回路中就有直流电动势产生，该电动势称温差电动势或热电动势。当组成热电偶的材料一定时，温差电动势E_x仅与两接点处的温度有关，并且两接点的温差在一定的温度范围内有如下近似关系式

$$E_x \approx \alpha(t - t_0) \tag{4-52}$$

式中，α称为温差电系数，对于不同金属组成的热电偶，α是不同的，其数值上等于两接点温度差为10℃时所产生的电动势。

为了测量温差电动势，就需要在图4－38所示的回路中接入电位差计，但测量仪器的引入不能影响热电偶原来的性质，例如，不影响它在一定的温差$t-t_0$下应有的电动势E_X值。要做到这一点，实验时应保证一定的条件。根据伏打定律，即在A、B两种金属之间插入第三种金属C时，若它与A、B的两连接点处于同一温度t_0(见图4－37)，则该闭合回路的温差电动势与上述只有A、B两种金属组成回路时的数值完全相同。所以，我们把A、B两根不同化学成份的金属丝的一端焊在一起，构成热电偶的热端(工作端)。将另两端各与铜引线(即第三种金属C)焊接，构成两个同温度(t_0)的冷端(自由端)。铜引线与电位差计相连，这样就组成一个热电偶温度计(见图4－38)。通常将冷端置于冰水混合物中，保持$t_0=0$℃，将热端置于待测温度处，即可测得相应的温差电动势，再根据事先校正好的曲线或数据来求出温度t。热电偶温度计的优点是热容量小，灵敏度高，反应迅速，测温范围广，还能直接把非电学量温度转换成电学量。因此，在自动测温、自动控温等系统中得到广泛应用。

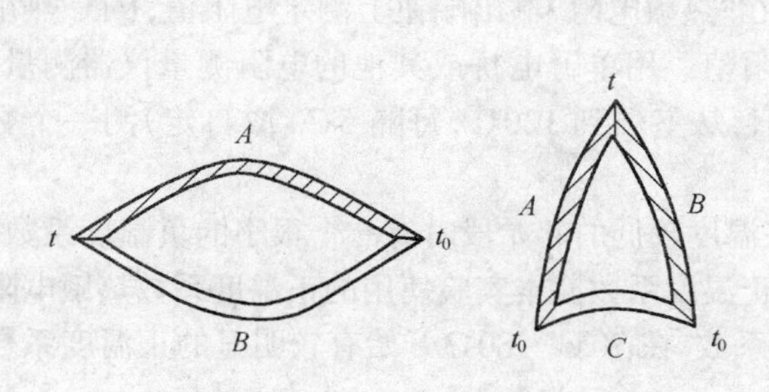

图4－37　热电偶结构示意图

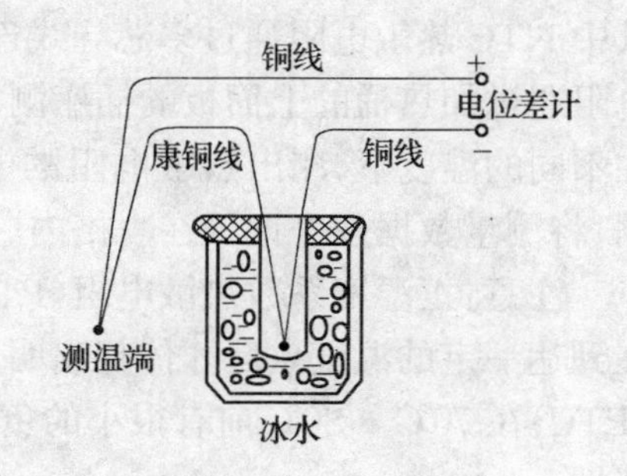

图4－38　热电偶测温原理

（三）单臂电桥原理

惠斯登电桥线路如图4－39所示，四个电阻R_1、R_2、R_0、R_X连成一个四边形，称电桥的四个臂。四边形的一个对角线接有检流计，称为“桥”，四边形的另一个对角线上接电源

E,称为电桥的电源对角线。电源接通,电桥线路中各支路均有电流通过。

当 C、D 之间的电位不相等时,桥路中的电流 $I_g \neq 0$,检流计的指针发生偏转。当 C、D 两点之间的电位相等时,“桥”路中的电流 $I_g = 0$,检流计指针指零,这时我们称电桥处于平衡状态。

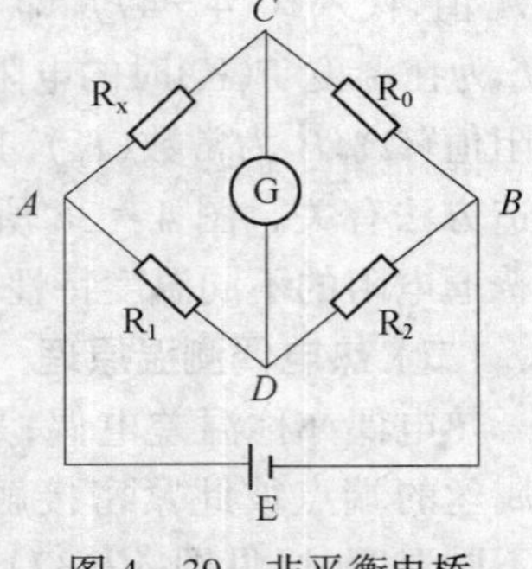

图 4-39 非平衡电桥

当电桥平衡时,$I_g = 0$,则有

$$\begin{cases} U_{AC} = U_{AD} \\ U_{CB} = U_{DB} \end{cases},\text{即} \begin{cases} I_1 R_x = I_2 R_1 \\ I_1 R_0 = I_2 R_2 \end{cases}$$

于是

$$\frac{R_x}{R_0} = \frac{R_1}{R_2}$$

根据电桥的平衡条件,若已知其中三个臂的电阻,就可以计算出另一个桥臂的电阻,因此,电桥测电阻的计算式为

$$R_x = \frac{R_1}{R_2} R_0 \tag{4-53}$$

电阻$\frac{R_1}{R_2}$为电桥的比率臂,R_0 为比较臂,常用标准电阻箱。R_x 作为待测臂,在热敏电阻测量中用 R_T 表示。在温度 t 条件下,电桥平衡,检流计的示数为零。改变热敏电阻的温度,热敏电阻的阻值会发生相应地变化,电桥的平衡破坏,检流计的示数不为零。检流计示数与热敏电阻的阻值即温度之间有一一对应的关系,可以通过检流计的示数测量温度。

[实验内容]

(一) 热敏电阻温度特性曲线测定

本实验将热敏电阻(NTC、PTC)固定在恒温加热器的发热元件中,通过温控仪加热。其中 NTC 热敏电阻通过多芯导线连接,在“热敏电阻”输出端钮上测定电阻值;PTC 热敏电阻通过加热桶的上面板的插座测定电阻值。用单臂电桥或其他的电阻测量仪器测量。在不同的温度下,测出热敏电阻的电阻值,从室温到 120℃,每隔 5℃(或自定)测一个数据,将测量数据逐一记录在表格内。

注意:正温度系数热敏电阻(PTC)在温度较低的起始段时有一个很小的负温度系数,在到达一定的温度点后才体现出明显的正温度系数。本实验使用的正温度系数热敏电阻(PTC)在 70℃ ~80℃ 前有很小的负温度系数,在 70℃ ~80℃ 开始有较明显的正温度系数特性。

(二) 热电偶的温差电系数 α_0 的测定

用实验方法测量热电偶的温差电动势与工作端温度之间的关系曲线,称为对热电偶定标。本实验采用常用的比较定标法,即用一标准的测温仪器(如标准水银温度计或已知高一级的标准热电偶)与待测热电偶置于同一能改变温度的调温装置中,测出 $E_X - t$ 定标曲线。

（三）数字温度计设计

根据测定的热敏电阻或热电偶的温度特性曲线，选择测温区间，定标，设计数字温度计。

[实验步骤]

（一）热敏电阻温度特性曲线

（1）图 4－40 所示，把各连线接好，参照附录三的使用方法，根据不同的温度值，估计被测热敏电阻（或铜电阻）的阻值，选择合适的电桥比例，并把比较臂放在适当的位置，先按下电桥的“B”按钮（电源按钮），再按下“G”按钮（检流计按钮），仔细调节比较臂，使检流计指零。重复以上步骤。

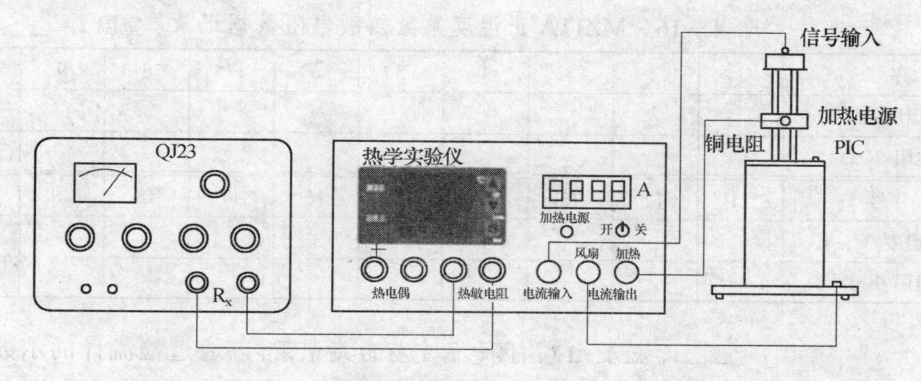

图 4－40　热学实验仪面板和电路连接示意图

（2）测量负温度系数和正温度系数的热敏电阻时，QJ23 电桥的“R_X”端二接线柱与加热装置上相应的热敏电阻连接导线相连，即可测量。

（3）按等精度作图的方法，用所测的各对应数据作出 $R_T \sim t$ 曲线。

（二）热电偶温度特性曲线

（1）图 4－40 所示连接线路，注意热电偶及各电源的正、负极的正确连接。将热电偶的冷端置于冰水混合物中之中，确保 $t_0 = 0$℃（测温端置于加热器内）。

（2）测量待测热电偶的电动势。按 UJ31 电位差计的使用步骤，先接通检流计，并调好工作电流，即可进行电动势的测量。先将电位差计倍率开关 $K1$ 置×1 挡，测出室温时热电偶的电动势，然后开启温控仪电源，给热端加温。每隔 10℃左右测一组（t，E_X），直至 100℃为止。由于升温测量时，温度是动态变化的，故测量时可提前 2℃进行跟踪，以保证测量速度与测量精度。测量时，一旦达到补偿状态应立即读取温度值和电动势值，再做一次降温测量，即先升温至 100℃，然后每降低 10℃测一组（t，E_X），再取升温降温测量数据的平均值作为最后测量值。另外一种方法是设定需要测量的温度，等控温仪稳定后再测量该温度下温差电动势。这样可以测得更精确些，但需花费较长的实验时间。

[数据与记录]

(一)实验数据记录表

测量数据填入表4-15、表4-16、表4-17中。

表4-15 MF51负温度系数热敏电阻数据记录 室温 t =______℃

序号	1	2	3	4	5	6	7	8	9	10
温度/℃										
电阻/K·Ω										
序号	11	12	13	14	15	16	17	18	19	20
温度/℃										
电阻/K·Ω										

表4-16 MZ11A正温度系数热敏电阻数据记录 室温 t =______℃

序号	1	2	3	4	5	6	7	8	9	10
温度/℃										
电阻/K·Ω										
序号	11	12	13	14	15	16	17	18	19	20
温度/℃										
电阻/K·Ω										

表4-17 热电偶定标数据记录

室温 t =______℃ EN(t)=______V t_0=0℃

序号	1	2	3	4	5	6	7	8	9	10
温度 t/℃										
电动势/mV										
序 号	11	12	13	14	15	16	17	18	19	20
温度 t/℃										
电动势/mV										

(二)热电偶定标曲线

用直角坐标纸作 $E_x \sim t$ 曲线。定标曲线为不光滑的折线,相邻点应直线相连,这样在两个校正点之间的变化关系用线性内插法予以近似,从而得到除校正点之外其他点的电动势和温度之间的关系。所以,作出了定标曲线,热电偶便可以作为温度计使用了。

(三)求铜—康铜热电偶的温差电系数 α

在本实验温度范围内,$E_x - t$ 函数关系近似为线性,即 $E_2 = \alpha \times t$(t_0=0℃)。所以,在定标曲线上可给出线性化后的平均直线,从而求得 α。在直线上取两点 $a(E_a, t_a)$,$b(E_b, t_b)$(不要取原来测量的数据点,并且两点间尽可能相距远一些),求斜率

$$K = \frac{E_b - E_a}{t_b - t_a}$$

即为所求的 $\bar{\alpha}$。

[附录]

附表 1　铜电阻 Cu50 的电阻—温度特性　　$\alpha = 0.004280$ /℃

温度/℃	0	1	2	3	4	5	6	7	8	9
	电阻值/Ω									
-50	39.24									
-40	41.40	41.18	40.97	40.75	40.54	40.32	40.10	39.89	39.67	39.46
-30	43.55	43.34	43.12	42.91	42.69	42.48	42.27	42.05	41.83	41.61
-20	45.70	45.49	45.27	45.06	44.84	44.63	44.41	42.20	43.98	43.77
-10	47.85	47.64	47.42	47.21	46.99	46.78	46.56	46.35	46.13	45.92
-0	50.00	49.78	49.57	49.35	49.14	48.92	48.71	48.50	48.28	48.07
0	50.00	50.21	50.43	50.64	50.86	51.07	51.28	51.50	51.81	51.93
10	52.14	52.36	52.57	52.78	53.00	53.21	53.43	53.64	53.86	54.07
20	54.28	54.50	54.71	54.92	55.14	55.35	55.57	55.78	56.00	56.21
30	56.42	56.64	56.85	57.07	57.28	57.49	57.71	57.92	58.14	58.35
40	58.56	58.78	58.99	59.20	59.42	59.63	59.85	60.06	60.27	60.49
50	60.70	60.92	61.13	61.34	61.56	61.77	61.93	62.20	62.41	62.63
60	62.84	60.05	63.27	63.48	63.70	63.91	64.12	64.34	64.55	64.76
70	64.98	65.19	65.41	65.62	65.83	66.05	66.26	66.48	66.69	66.90
80	67.12	67.33	67.54	67.76	67.97	68.19	68.40	68.62	66.83	69.04
90	69.26	69.47	69.68	69.90	70.11	70.33	70.54	70.76	70.97	71.18
100	71.40	71.61	71.83	72.04	72.25	72.47	72.68	72.90	73.11	73.33
110	73.54	73.75	73.97	74.18	74.40	74.61	74.83	75.04	75.26	75.47
120	75.68									

附表 2　铜—康铜热电偶分度表

温度/℃	热电势/mV									
	0	1	2	3	4	5	6	7	8	9
-10	-0.383	-0.421	-0.458	-0.496	-0.534	-0.571	-0.608	-0.646	-0.683	-0.720
-0	0.000	-0.039	-0.077	-0.116	-0.154	-0.193	-0.231	-0.269	-0.307	-0.345
0	0.000	0.039	0.078	0.117	0.156	0.195	0.234	0.273	0.312	0.351
10	0.391	0.430	0.470	0.510	0.549	0.589	0.629	0.669	0.709	0.749
20	0.789	0.830	0.870	0.911	0.951	0.992	1.032	1.073	1.114	1.155
30	1.196	1.237	1.279	1.320	1.361	1.403	1.444	1.486	1.528	1.569
40	1.611	1.653	1.695	1.738	1.780	1.882	1.865	1.907	1.950	1.992
50	2.035	2.078	2.121	2.164	2.207	2.250	2.294	2.337	2.380	2.424
60	2.467	2.511	2.555	2.599	2.643	2.687	2.731	2.775	2.819	2.864

(续)

温度/℃	热电势/mV									
	0	1	2	3	4	5	6	7	8	9
70	2.908	2.953	2.997	3.042	3.087	3.131	3.176	3.221	3.266	3.312
80	3.357	3.402	3.447	3.493	3.538	3.584	3.630	3.676	3.721	3.767
90	3.813	3.859	3.906	3.952	3.998	4.044	4.091	4.137	4.184	4.231
100	4.277	4.324	4.371	4.418	4.465	4.512	4.559	4. 607	4.654	4.701
110	4.749	4.796	4.844	4.891	4.939	4.987	5.035	5.083	5.131	5.179
120	5.227	5.275	5.324	5.372	5.420	5.469	5.517	5.566	5.615	5.663
130	5.712	5.761	5.810	5.859	5.908	5.957	6.007	6.056	6.105	6.155
140	6.204	6.254	6.303	6.353	6.403	6.452	6.502	6.552	6.602	6.652
150	6.702	6.753	6.803	6.853	6.903	6.954	7.004	7.055	7.106	7.156
160	7.207	7.258	7.309	7.360	7.411	7.462	7.513	7.564	7.615	7.666
170	7.718	7.769	7.821	7.872	7.924	7.975	8.027	8.079	8.131	8.183
180	8.235	8.287	8.339	8.391	8.443	8.495	8.548	8.600	8.652	8.705
190	8.757	8.810	8.863	8.915	8.968	9.024	9.074	9.127	9.180	9.233
200	9.286									
注:不同的热元件的输出会有一定的偏差,以上表格内的数据仅供参考										

实验 4.12 黑 盒 实 验

使用万用表、示波器等常用测量仪器,依据不同类型电学元件的特性,对电学元件进行判别,并测量其大小,是电学实验中的基本技能与要求。本实验由两部分组成:一是学习电路焊接的基本技能;二是学习使用万用表、示波器等常用实验仪器对电学元件进行判别。

[实验目的]

(1) 学习基本的电路焊接技术。

(2) 学习依据不同类型电学元件的特性对电学元件进行判别。

(3) 进一步熟悉万用表、示波器、信号发生器等常用仪器的使用。

(4) 培养锻炼设计检测步骤和综合分析、判断推理能力。

[实验仪器]

焊台、电学元件(定值电阻、电容、二极管、1.5V 电池)、黑盒子(用于密封元件的盒子)、电阻箱、数字万用表、信号发生器、示波器、导线若干。

[实验原理]

(一) 待测黑盒子

设计一个非闭合的电路,电路中可能包括的电学元件有:1.5V 干电池、定值电阻、电容、二极管,也可以是短路或者断路,将电路图画在预习报告上。注意:两个接线端之间最多焊接一个元件,元件之间不形成并联回路。

(二)电学元件的特性

(1) 1.5V 干电池。有正、负极性,电压值恒定。

(2) 二极管。单向导电性。可根据在二极管上加正、反向电压时,二极管的电阻阻值不同(通常差别会很大)来进行判别。有些数字万用表有检测二极管的专用量程,能通过是否蜂鸣来判断二极管的正向,有的还能测得二极管的正向导通电压降。

(3) 定值电阻。正反向电阻值相等。

(4) 电容。具有通交流、隔直流的特点。

(三)注意事项

(1) 使用数字万用表的直流电压挡进行检测时,数字万用表不仅显示电压的大小,还会通过显示数值的正负显示电池的正负极性。数值为正时,红表笔与正极相连;数值为负时,红表笔与负极相连。

(2) 使用数字万用表电阻挡测电阻时,万用表内电路有电源。因此,只有确认黑盒上某两接线柱之间没有干电池(电源)后,才能使用数字万用表的电阻挡进行检测,这样才不会因为外加电压使万用表损坏。

(3) 可以利用数字万用表的电阻挡内部电路存在电源来检测二极管及其正向,注意,红表笔与电源正极相连。二极管的种类比较多,不同种类的二极管参数各异,实验时,可以选择不同量程的电阻挡反复测量。

(4) 用数字万用表电阻挡检测电容时,万用表内阻和电容构成了一个 RC 电路,会对电容器充电,利用电容器的充放电特性,可以粗略判断检测元件是否为电容。注意:使用不同的量程时,万用表的内阻不同,构成的 RC 电路的时间常数也不同,充放电现象的明显程度也会存在差异。实验时,可以选择不同量程的电阻挡认真观察,反复测量。若电容器已经充电,则充电过程不会发生,因此,可用导线将电容器两极连接,发电后在进行测量。

(5) 注意区分小电阻和短路。

[实验内容]

(一)焊接实验

进入实验室后,在实验教员的指导下,按照自己设计的焊接方案,用焊台将选定的各电学元件焊在黑盒子内。

焊接完成后,要认真检查是否存在虚焊。检查完毕后,将黑盒子封好,并贴上标签,交给指导实验教员。

(二)黑盒内电学元件的判断

(1) 自行设计简捷、科学、合理的实验方案,对给定的黑盒进行检测,判定黑盒内的电学元件类型,并给出判定依据。

(2) 测定电学元件的参数。电池给出正负极,及电势高低;二极管标明正负极,并测出其正向导通电压;测定电阻和电容的数值。

(3) 用信号发生器、示波器、电阻、电容等连接成一个 RC 电路,通过计算,确定电阻的大小和方波的频率,使能够观察到明显的电容充放电现象。电容的大小为

$$C = \frac{U_R}{2\pi fRU_C}$$

式中，U_R 为电阻两端的电压；U_C 为电容两端的电压；f 为方波的频率；R 为电阻的大小。

[注意事项]

RC 电路有积分电路与微分电路之分。查阅相关资料，确定实验中的 RC 电路，并正确连线。测定电学元件的参数。电池给出正负极，及电势高低；二极管标明正负极，并测出其正向导通电压；测定电阻和电容的数值。

[思考题]

电容有一般电容和电解电容之分。怎样测定电解电容的大小与极性？自行设计简捷、科学、合理的实验方案，对给定的黑盒进行检测，判定黑盒内的电学元件类型，并给出判定依据。

实验 4.13　偏振光旋光的实验研究

许多物质如石英晶体、氯酸钠、糖浓度、松节油及许多有机化合物等都有旋光性。利用旋光性测定糖溶液的浓度的一种仪器称旋光糖量计。除了在制糖工业中广泛应用外，制药工业、药品检测及商品检测部门中也常用旋光仪来测定一些药物和商品(如可卡因、尼古丁、樟脑等)的浓度。本实验主要是学习理解偏振光的产生和检测方法；观察旋光现象，了解旋光物质的旋光性质；测定糖溶液的旋光率和浓度的关系；学习自己组装旋光仪及熟悉旋光仪的原理和使用方法。

[实验目的]

(1) 观察光的偏振现象，了解圆偏振光和椭圆偏振光的产生和检测方法。

(2) 理解旋光仪的工作原理，能正确搭建和调整光路。

(3) 了解一些物质的旋光性，会测定物质的旋光度。

(4) 掌握通过测定旋光物质的旋光率测定旋光物质浓度的方法。

[实验仪器]

旋光仪、电子分析天平、半导体激光器、光功率计。

[实验原理]

线偏振光通过某些物质的溶液后，偏振光的振动面将旋转一定的角度，这种现象称为旋光现象。旋转的角度称为该物质的旋光度。通常用旋光仪来测量物质的旋光度。溶液的旋光度与溶液中所含旋光物质的旋光能力、溶液的性质、溶液浓度、样品管长度、温度及光的波长等有关。当其他条件均固定时，旋光度 θ 与溶液浓度 C 呈线性关系，即

$$\theta = \beta C \tag{4-54}$$

式中的比例常数 β 与物质旋光能力、溶剂性质、样品管长度、温度及光的波长等有关；C 为溶液的浓度。

常用比旋光度即旋光率来度量物质的旋光能力，比旋光度用下式表示

$$[\alpha]_{\lambda}^{t}=\frac{\theta}{l\cdot C} \tag{4-55}$$

式中，$[\alpha]_{\lambda}^{t}$ 右上角的 t 表示被测物质的温度（单位：℃）；λ 是旋光仪采用的单色光源的波长（单位：nm）；θ 为测得的旋光度（°）；l 为样品管的长度（单位：dm），C 为溶液浓度（单位：g/100mL）。

由式（4－52）可知：①偏振光的振动面是随着光在旋光物质中向前进行而逐渐旋转的，因而振动面转过角度 θ 透过的长度 l 成正比；②振动面转过的角度 θ 不仅与透过的长度 l 成正比，而且还与溶液浓度 C 成正比。

如果已知待测物质浓度 C 和液柱长度 l，只要测出旋光度 θ 就可以计算出旋光率。如果已知液柱长度 l 为固定值，可依次改变溶液的浓度 C，就可测得相应旋光度 θ。并作旋光度 θ 与浓度的关系直线，从直线斜率、长度 l 及溶液浓度 C，可计算出该物质的旋光率；同样，也可以测量旋光性溶液的旋光度 θ，确定溶液的浓度 C。

旋光性物质还有右旋和左旋之分。面对入射光方向观察，如果振动面按顺时针方向旋转，则称右旋物质；如果振动面向逆时针方向旋转，称左旋物质。表 4－18 给出了一些药物在温度 $t=20$℃，偏振光波长为钠光 $\lambda\approx589.3$nm（相当于太阳光中的 D 线）时的旋光率。

表 4－18　某些药物的旋光率（单位：$(°)\cdot g^{-1}\cdot cm^{3}\cdot dm^{-1}$）

药名	$[\alpha]_{\lambda}^{20}$	药名	$[\alpha]_{\lambda}^{20}$
果糖	－91.9	桂皮油	－1～＋1
葡萄糖	＋52.5～＋53.0	蓖麻油	＋50 以上
樟脑（醇溶液）	＋41～＋43	维生素	＋21～＋22
蔗糖	＋65.9	氯霉素	－20～－17
山道年（醇溶液）	－175～－170	薄荷脑	－50～－49

［实验内容与步骤］

（一）组装偏振光旋光实验仪

偏振光旋光实验仪装置简图如图 4－41 所示，图中 2 为起偏器 P_1，5 为检偏器 P_2，1 为半导体激光器 S（波长 $\lambda=650$nm），4 为盛放待测溶液的玻璃试管 R，由半导体激光器发出的部分偏振光经起偏器 P_1 后变为线偏振光，在放入待测溶液前先调整检偏器 P_2，使 P_2 与 P_1 的偏振化方向垂直，透过 P_2 的光最暗，功率计示值重新变最小。当放入待测溶液后，由于旋光作用，透过检偏器 P_2 的光由暗变亮，功率计示值变大。再旋转检偏器 P_2，使功率计示值重新变最小，所旋转的角度就是旋转角 θ，这样就可以利用式（4－52）求出待测液体浓度。

用半导体激光器作光源在光具座上组装一台旋光仪。旋光仪光路结构如图 4－41 所示。首先将半导体激光器发出激光与起偏器、光功率计探头调节成高等同轴。调节起偏器转盘，使输出偏振光最强（半导体激光器发出的是部分偏振光）。将检偏器放在光具座的滑块上，使检偏器与起偏器等高同轴（检偏器与起偏器平行）。调节检器转盘使从检偏

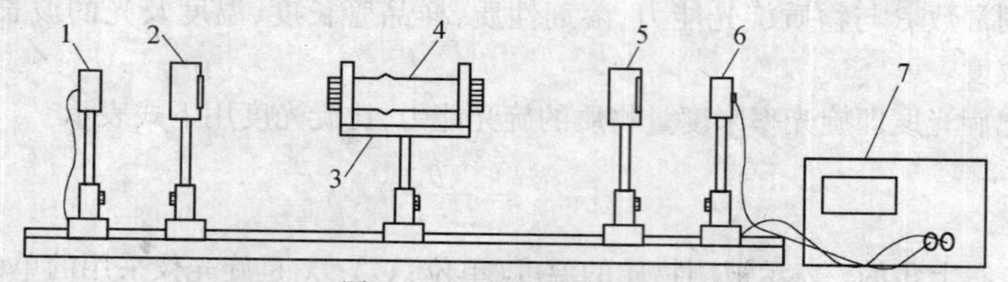

图 4-41　仪器装置简图

1—半导体激光器；2—起偏器及转盘；3—样品管调节架；
4—样品试管；5—检偏器及转盘；6—光探测器(硅光电池)；7—光功率计。

器输出光强为零，此时检偏器的透光轴与起偏器的透光轴相互垂直。将样品管(内有葡萄糖溶液)放于支架上，用白纸片观察偏振光入射至样品管的光点和从样品管出射光点形状是否相同，以检验玻璃是否与激光束等高同轴。如果不同轴可调节“样品管支架”下的调节螺丝使达到同轴为止。

(二) 定性研究葡萄糖水溶液的旋光特性

转动起偏器转盘和检偏器转盘，观察透过检偏器的光强变化情况，定性研究葡萄糖水溶液的旋光特性。

(三) 定量测量葡萄糖水溶液的浓度

(1) 配置不同的容积克浓度(单位：g/100mL)的葡萄糖水溶液。简单的方法是将各溶液浓度配成为 C_0、$\frac{C_0}{2}$、$\frac{C_0}{4}$、$\frac{C_0}{8}$，加上纯水(浓度为零)，共 5 种试样，浓度 C_0 取 24% 至 30% 为宜。分别将不用浓度溶液注入相同长度的样品试管中，测出不同浓度 C 下旋光度 θ。并同时记录测量环境温度 t 和记录激光波长 λ。

(2) 以溶液浓度为横坐标，旋光度为纵坐标，绘出葡萄糖溶液的旋光直线，由此直线斜率代入式(4-52)，求得该物质的旋光率 $[\alpha]_{650}^{t}$。

(3) 用旋光仪测出未知浓度的葡萄糖溶液样品的旋光度，再根据旋光直线确定其浓度。

(四) 测量果糖溶液的旋光率(选做)

[数据表格及处理]

(一) 不同浓度的旋光物质的旋光度测量

将测量数据填入表 4-19 中。

表 4-19　不同浓度溶液的旋光度的测量

浓度 \ 测量角度		旋光度 θ/(°)			旋光度平均值 $\bar{\theta}$/(°)
		1	2	3	
空气	0				
葡萄糖	C_0				
	$\frac{C_0}{2}$				
	$\frac{C_0}{4}$				
	$\frac{C_0}{8}$				
纯水	0				

浓度为 C_0 的葡萄糖溶液由实验教员配制好提供给学员使用。配制方法是:

葡萄糖采用市售口服葡萄糖(粉状)。用分辨率为 0.1mg 的电子分析天平称量过滤纸的质量和葡萄糖与过滤纸的总质量,葡萄糖质量 = 总质量 − 过滤纸质量。

纯水用量筒计量其体积为 100.0mL。将其倒入烧杯。纯水 100.0mL 加入 30.100g 葡萄糖粉,经充分溶解后(可适当加温),溶解过程尚需搅拌,但不能将水溅出或蒸发,倒入量筒测量得葡萄糖溶液的体积为 118.5mL。配制出的葡萄糖溶液的浓度

$$C_0 = \frac{30.100\text{g}}{118.5\text{mL}} = 25.40\text{g}/100\text{ml} = 0.2540\text{g}\cdot\text{cm}^{-3}$$

实验开始时,先把浓度为 C_0 的葡萄糖溶液灌满样品试管后封好,进行旋光度测量,记录检偏器的消光位置。

然后,将 C_0 浓度的样品试样倒入一次性杯子中,接着用水清洗样品试管,并倒入废液杯中。用样品试管作“量筒”,盛满纯水,倒入原先盛有 C_0 浓度的容器中,用搅拌棒搅拌溶液,使其充分混合,便得到$\frac{C_0}{2}$浓度的葡萄糖溶液。将浓度为$\frac{C_0}{2}$的葡萄糖溶液灌满样品试管,进行旋光度测量,记录检偏器的消光位置。

重复前面的操作,得到$\frac{C_0}{4}$、$\frac{C_0}{8}$浓度的葡萄糖溶液,并测得相应的旋光度。

(二) 最小二乘法直线拟合与旋光率计算

液体浓度增加时,迎着偏振光入射方向看,角度示值减小的旋光物质是右旋物质;反之是左旋物质。

将 C_0 作为 1 个单位考虑,用旋光度—溶液浓度进行最小二乘法直线拟合,得到的斜率既是浓度为 C_0 时的旋光度。拟合的相关系数 = −0.9998。用米尺测量样品试管长度。葡萄糖的旋光率为

$$[\alpha]_{650}^{9.9} = \frac{\theta}{l\cdot C}[(^\circ)\cdot\text{dm}^{-1}\cdot\text{g}^{-1}\cdot\text{cm}^3]$$

[旋光仪的性能参数]

(1) 光源:半导体激光器,波长 650nm,功率 1.5mW～2.0mW,工作电压直流 3V,与专用电源相连接(220V/3V)。

(2) 光具座:长度 650mm,分度值 1mm,底座质量 4.7kg。

(3) 二块偏振片,其外转盘可 360°自由转动读数,分度值 1°。

(4) 带光电接收器的数字功率计 1 台,量程有 0～199.9μW 和 0～1.999mW 两档,其工作电源为 220V 交流电压。

(5) 待测样品管,长度 200mm,5 只。

(6) 样品管支架及调节装置,长 110mm,1 个。

(7) 遮光罩及手电筒各 1 个。

(8) 滑块 5 块。

[注意事项]

(1) 半导体激光器功率较强,不要用眼睛直接观察激光束,以免损坏眼睛。

(2) 半导体激光器不可直接入射至探测器上,以免损坏探测器。

(3) 测量时,一般将数字式光功率计的量程置于 0~1.999mW 档,以后根据需要把量程减小到 0~199.9μW 挡。

(4) 测量应注意使激光束入射至探测器的中间部位。

实验 4.14 光电传感器综合实验

光敏传感器是将光信号转换为电信号的传感器,也称为光电式传感器,它可用于检测直接引起光强度变化的非电量,如光强、光照度、辐射测温、气体成分分析等;也可用来检测能转换成光量变化的其他非电量,如零件直径、表面粗糙度、位移、速度、加速度及物体形状、工作状态识别等。光敏传感器具有非接触、响应快、性能可靠等特点,因而在工业自动控制及智能机器人中得到广泛应用。

光敏传感器的物理基础是光电效应,即光敏材料的电学特性都因受到光的照射而发生变化。光电效应通常分为外光电效应和内光电效应两大类。外光电效应是指在光照射下,电子逸出物体表面的外发射的现象,也称光电发射效应,基于这种效应的光电器件有光电管、光电倍增管等。内光电效应是指入射的光强改变物质导电率的物理现象,称为光电导效应。大多数光电控制应用的传感器,如光敏电阻、光敏二极管、光敏三极管、硅光电池等都是内光电效应类传感器。当然近年来新的光敏器件不断涌现,例如,具有高速响应和放大功能的 APD 雪崩式光电二极管、半导体光敏传感器、光电闸流晶体管、光导摄像管、CCD 图像传感器等。本实验主要是研究光敏电阻、硅光电池、光敏二极管、光敏三极管四种光敏传感器的基本特性以及光纤传感器基本特性和光纤通信基本原理。

[实验目的]

(1) 了解光敏电阻、光敏二极管、硅光电池、光敏三极管的基本特性,测出它的伏安特性曲线和光照特性曲线。

(2) 了解光纤传感器基本特性和光纤通信基本原理。

[实验仪器]

光电传感器综合实验仪(包括光敏电阻、光敏二极管、光敏三极管、硅光电池四种光电传感器,直流恒压源、发光二极管、光纤、光纤座、暗箱、九孔板等)、数字万用表、电阻箱、信号发生器、示波器。

实验时,实验元件都置于暗箱中的九孔插板中,通过暗箱左边的连接孔来实现箱内元件同外部电源以及测量仪表的连接。光强可以通过改变光源(灯泡元件盒)的供电电压或调节光源到传感器的距离来实现。该实验仪既可以在自然光条件下进行实验也可以在暗光的条件下做实验。

[实验原理]

(一) 伏安特性

光敏传感器在一定的入射光强照度下,光敏元件的电流 I 与所加电压 U 之间的关系称为光敏器件的伏安特性。改变照度则可以得到一组伏安特性曲线，它是传感器应用设计时选择电参数的重要依据。某种光敏电阻、硅光电池、光敏二极管、光敏三极管的伏安特性曲线如图 4-42、图 4-43、图 4-44、图 4-45 所示。

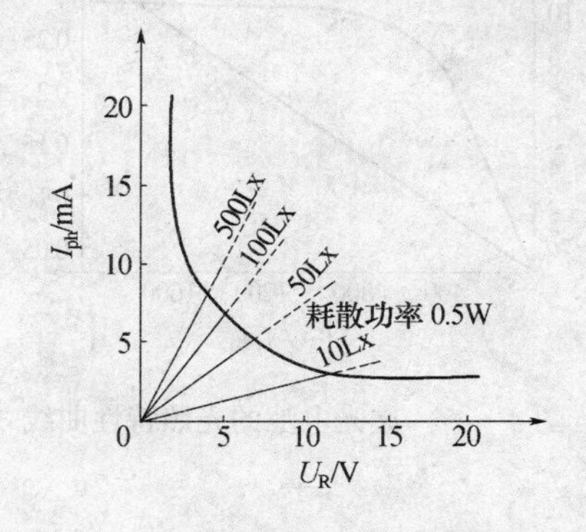

图 4-42 光敏电阻的伏安特性曲线

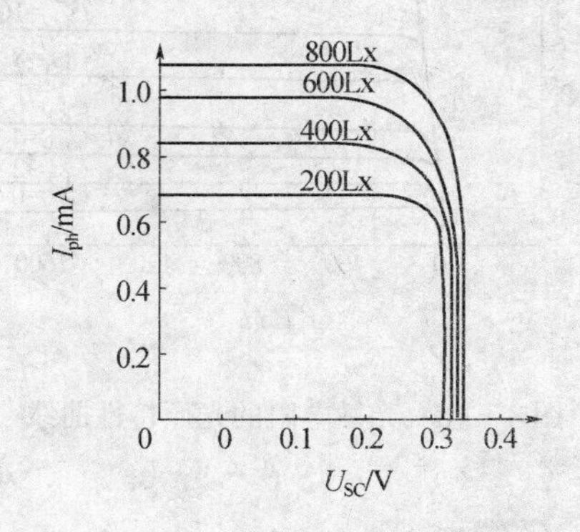

图 4-43 硅光电池的伏安特性曲线

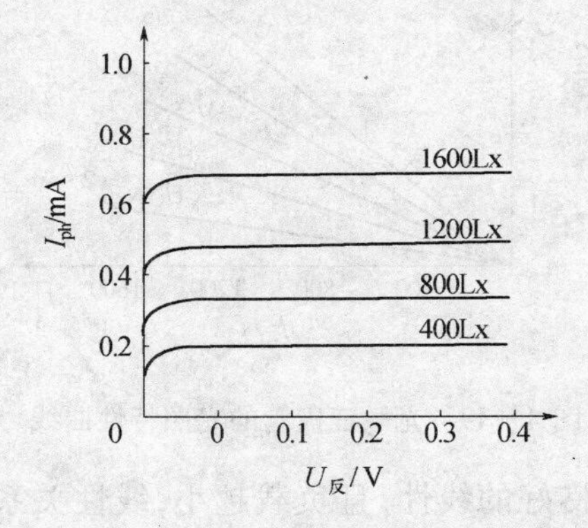

图 4-44 光敏二极管的伏安特性曲线

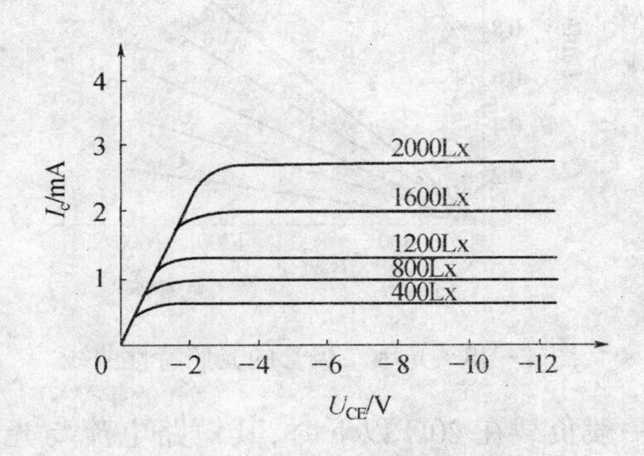

图 4-45 光敏三极管的伏安特性曲线

从上述四种光敏器件的伏安特性可以看出，光敏电阻类似一个纯电阻，其伏安特性线性良好，在一定照度下，电压越大光电流越大，但必须考虑光敏电阻的最大耗散功率，超过额定电压和最大电流都可能导致光敏电阻的永久性损坏。光敏二极管的伏安特性和光敏三极管的伏安特性类似，但光敏三极管的光电流比同类型的光敏二极管大好几十倍，零偏压时，光敏二极管有光电流输出，而光敏三极管则无光电流输出。在一定光照度下硅光电池的伏安特性呈非线性。

（二）光照特性

光敏传感器的光谱灵敏度与入射光强之间的关系称为光照特性，有时光敏传感器的输出电压或电流与入射光强之间的关系也称为光照特性，它也是光敏传感器应用设计时选择参数的重要依据之一。某种光敏电阻、硅光电池、光敏二极管、光敏三极管的光照特性如图 4-46、图 4-47、图 4-48、图 4-49 所示。

从上述四种光敏器件的光照特性可以看出光敏电阻、光敏三极管的光照特性呈非线性，一般不适合作线性检测元件，硅光电池的开路电压也呈非线性且有饱和现象，但硅光电池的短路电流呈良好的线性，故以硅光电池作测量元件应用时，应该利用短路电流与光照度的良好线性关系。所谓短路电流是指外接负载电阻远小于硅光电池内阻时的电流，

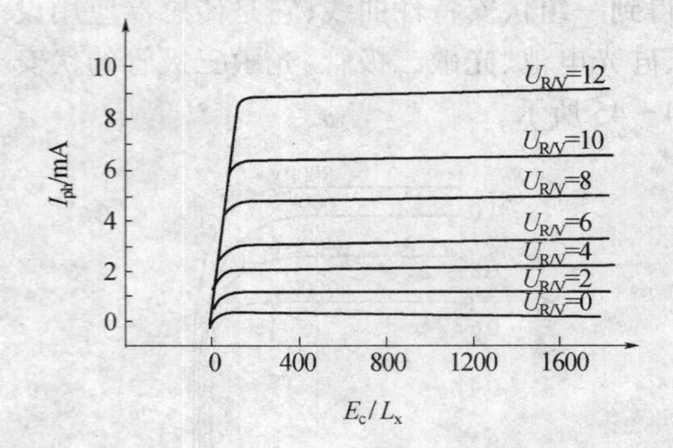

图 4-46　光敏电阻的光照特性曲线

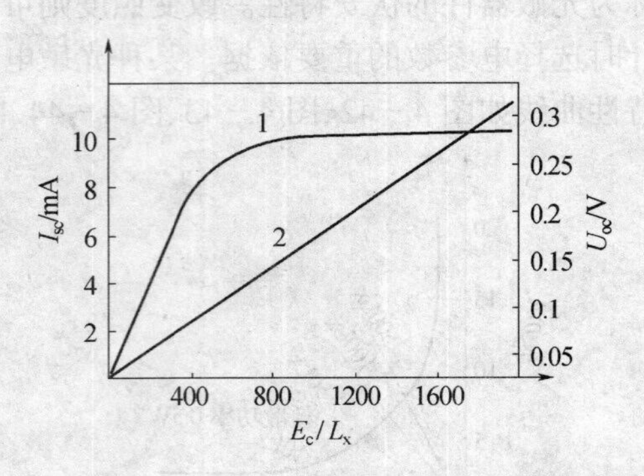

图 4-47　硅光电池的光照特性曲线

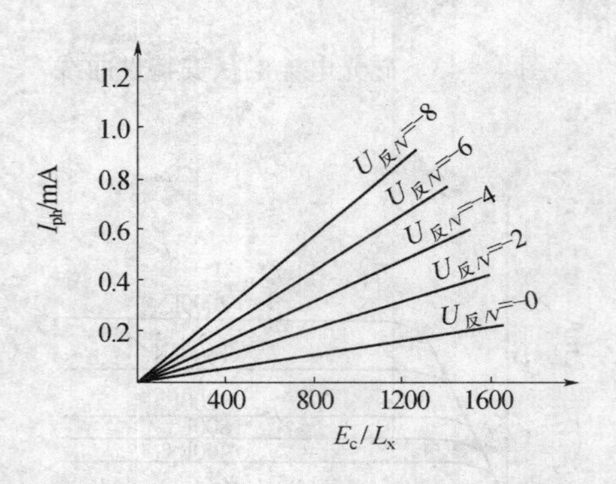

图 4-48　光敏二极管的光照特性曲线

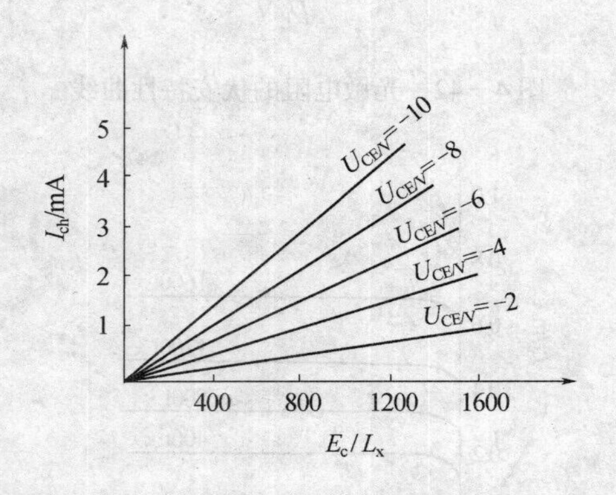

图 4-49　光敏三极管的光照特性曲线

一般负载在 20Ω 以下时，其短路电流与光照度呈良好的线性，且负载越小，线性关系越好、线性范围越宽。光敏二极管的光照特性亦呈良好线性，而光敏三极管在大电流时有饱和现象，故一般在作线性检测元件时，可选择光敏二极管而不能用光敏三极管。

[实验内容]

实验中对应的光照强度均为相对光强，可以通过改变点光源电压或改变点光源到各光电传感器之间的距离来调节相对光强。光源电压的调节范围在 0～12V，光源和传感器之间的距离调节范围为：5mm～230mm。

(一) 光敏电阻的特性实验

1．光敏电阻伏安特性实验

(1) 按原理图 4-50 所示接好实验线路，将光源用的钨丝灯盒、检测用的光敏电阻盒、电阻盒置于暗箱九孔插板中，电源由 DH-VC3 直流恒压源提供，光源电压 0～12V(可调)。

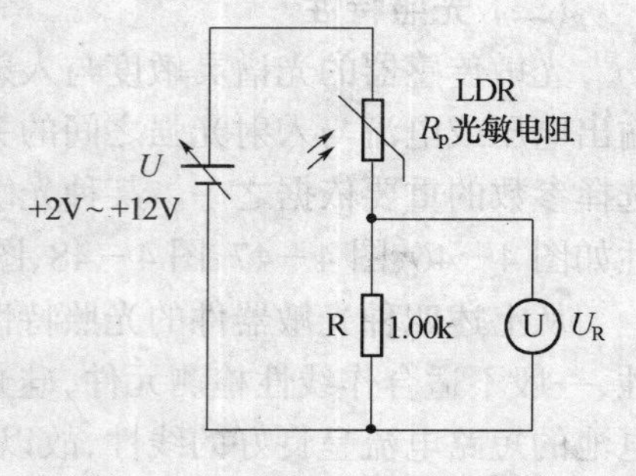

图 4-50　光敏电阻特性测试电路

(2) 通过改变光源电压或调节光源到光敏电阻之间的距离以提供一定的光强，每次在一定的光照条件下，测出加在光敏电阻上电压 U 为 +2V、

+4V、+6V、+8V、+10V 时 5 个光电流数据，即 $I_{ph}=\frac{U_R}{1.00k\Omega}$，同时算出此时光敏电阻的阻值 $R_p=\frac{U-U_R}{I_{ph}}$。以后逐步调大相对光强重复上述实验，进行 5 次～6 次不同光强实验数据测量。

(3) 根据实验数据画出光敏电阻的一组伏安特性曲线。

2．光敏电阻的光照度特性实验

(1) 按原理图 4-50 所示接好实验线路，将光源用的钨丝灯盒、检测用的光敏电阻盒、电阻盒置于暗箱九孔插板中，电源由 DH-VC3 直流恒压源提供。

(2) 从 $U=0$ 开始到 $U=12V$，每次在一定的外加电压下测出光敏电阻在相对光照强度从“弱光”到逐步增强的光电流数据，即：$I_{ph}=\frac{U_R}{1.00k\Omega}$，同时算出此时光敏电阻的阻值，即 $R_p=\frac{U-U_R}{I_{ph}}$。

(3) 根据实验数据画出光敏电阻的一组光照特性曲线。

（二）硅光电池的特性实验

1．硅光电池的伏安特性实验

(1) 将光源用的钨丝灯盒、检测用的硅光电池盒、电阻盒置于暗箱九孔插板中，电源由 DH-VC3 直流恒压源提供，R_X 接到暗箱边的插孔中以便于同外部电阻箱相连。按图 4-51 所示连接好实验线路，开关 K 指向“1”时，电压表测量开路电压 U_{OC}，开关指向“2”时，R_X 短路，电压表测量 R 电压 U_R。光源用钨丝灯，光源电压 0～12V(可调)，串接好电阻箱(0～10000Ω 可调)。

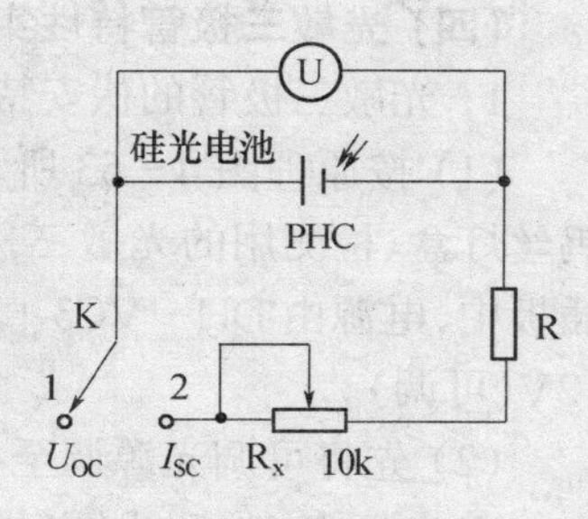

图 4-51　硅光电池特性测试电路

(2) 先将可调光源调至相对光强为“弱光”位置，每次在一定的照度下，测出硅光电池的光电流 I_{ph} 与光电压 U_{SC} 在不同的负载条件下的关系（0～10000Ω）数据，其中 $I_{ph}=\frac{U_R}{10.00\Omega}$。(10.00 为取样电阻 R)，以后逐步调大相对光强(5 次～6 次)，重复上述实验。

(3) 根据实验数据画出硅光电池的一组伏安特性曲线。

2．硅光电池的光照度特性实验

(1) 实验线路如图 4-51 所示，电阻箱调到 0Ω。

(2) 先将可调光源调至相对光强为“弱光”位置，每次在一定的照度下，测出硅光电池的开路电压 U_{OC} 和短路电流 I_S，其中短路电流为 $I_S=\frac{U_R}{10.00\Omega}$(取样电阻 R 为 10.00Ω)，以后逐步调大相对光强(5 次～6 次)，重复上述实验。

(3) 根据实验数据画出硅光电池的光照特性曲线。

（三）光敏二极管的特性实验

1．光敏二极管伏安特性实验

(1) 按原理图 4-52 所示接好实验线路，将光源用的钨丝灯盒、检测用的光电二极管盒、电阻盒置于暗箱九孔插板中，电源由 DH-VC3 直流恒压源提供，光源电压 0～12V

(可调)。

(2) 先将可调光源调至相对光强为“弱光”位置，每次在一定的照度下，测出加在光敏二极管上的反偏电压与产生的光电流的关系数据，其中光电流：$I_{ph}=\dfrac{U_R}{1.00\text{k}\Omega}$(1.00kΩ 为取样电阻 R)，以后逐步调大相对光强(5 次～6 次)，重复上述实验。

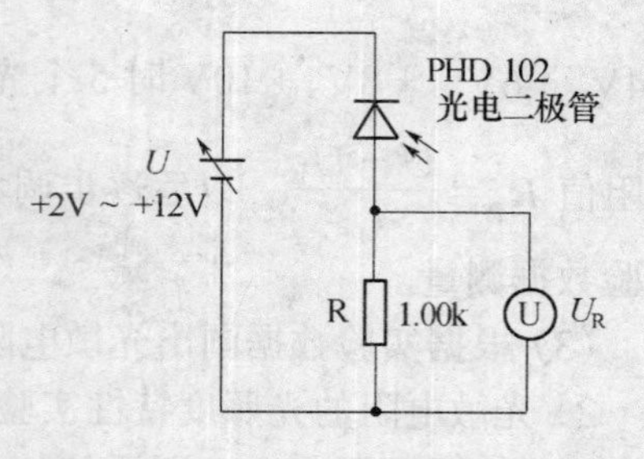

图 4－52　光敏二极管特性测试电路

(3) 根据实验数据画出光敏二极管的一组伏安特性曲线。

2. 光敏二极管的光照度特性实验

(1) 按原理图 4－52 所示接好实验线路。

(2) 反偏压从 $U=0$ 开始到 $U=+12\text{V}$，每次在一定的反偏电压下测出光敏二极管在相对光照度为“弱光”到逐步增强的光电流数据，其中光电流 $I_{ph}=\dfrac{U_R}{1.00\text{k}\Omega}$(1.00kΩ 为取样电阻 R)。

(3) 根据实验数据画出光敏二极管的一组光照特性曲线。

(四) 光敏三极管特性实验

1. 光敏三极管的伏安特性实验

(1) 按原理图 4－53 所示接好实验线路，将光源用的钨丝灯盒、检测用的光敏三极管盒、电阻盒置于暗箱九孔插板中，电源由 DH－VC3 直流恒压源提供，光源电压 0～12V(可调)。

(2) 先将可调光源调至相对光强为“弱光”位置，每次在一定光照条件下，测出加在光敏三极管的偏置电压 U_{CE}与产生的光电流 I_C 的关系数据。其中光电流 $I_C=\dfrac{U_R}{1.00\text{k}\Omega}$(1.00kΩ 为取样电阻 R)。

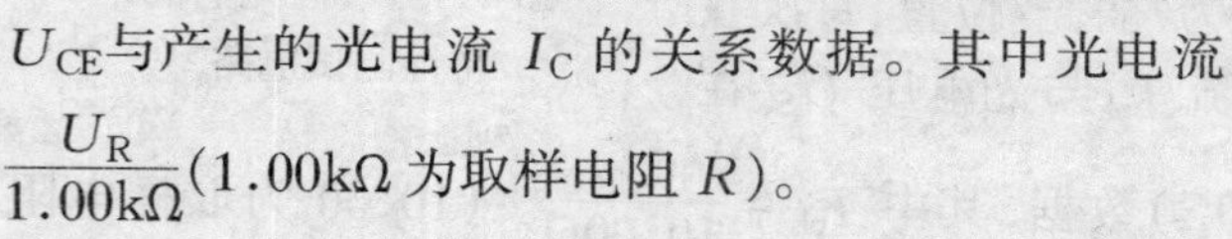

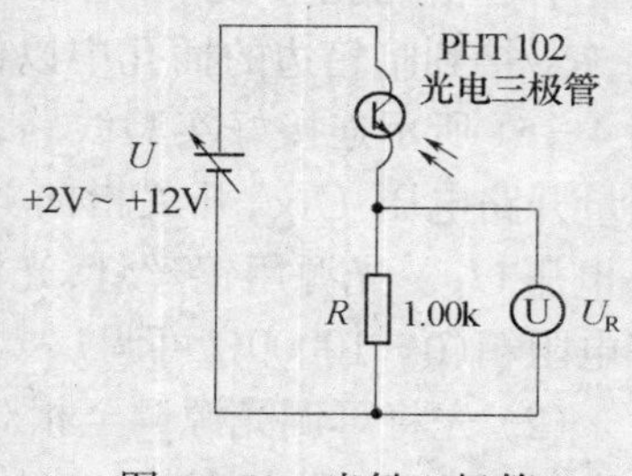

图 4－53　光敏三极管特性测试实验

(3) 根据实验数据画出光敏三极管的一组伏安特性曲线。

2. 光敏三极管的光照度特性实验

(1) 实验线路如图 4－53 所示。

(2) 偏置电压 U_C:从 0 开始到＋12V，每次在一定的偏置电压下测出光敏三极管在相对光照度为“弱光”到逐步增强的光电流 I_C 的数据，其中光电流 $I_C=\dfrac{U_R}{1.00\text{k}\Omega}$(1.00kΩ 为取样电阻 R)。

(3) 根据实验数据画出光敏三极管的一组光照特性曲线。

(五) 光纤传感器原理及其应用

1. 光纤传感器基本特性研究

图 4－54 和图 4－55 所示分别是用光电三极管和光电二极管构成的光纤传感器原理图。图中 LED3 为红光发射管，提供光纤光源；光通过光纤传输后由光电三极管或光电二极管接受。LED3、PHT 101、PHD 101 上面的插座用于插光纤座和光纤。

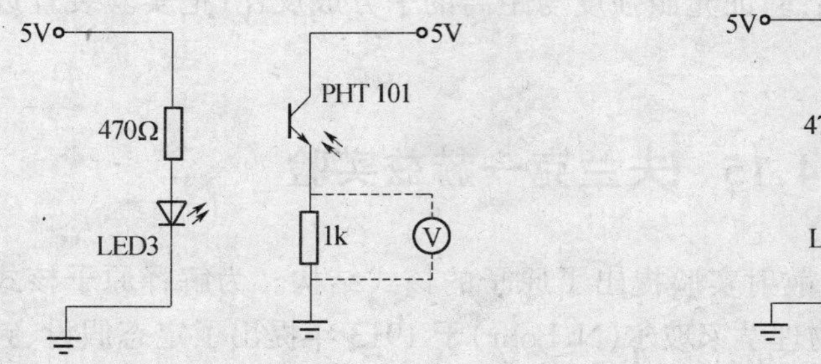

图 4－54　光纤传感器之光电三极管

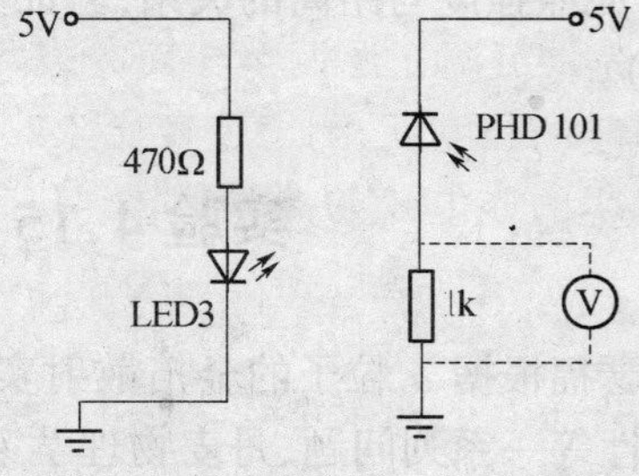

图 4－55　光纤传感器之光电二极管

① 通过改变红光发射管供电电流的大小来改变光强，分别测量通过光纤传输后，光电三极管和光电二极管上产生的光电流，得出它们之间的函数关系。注意：流过红光发射管 LED3 的最大电流不要超过 40mA；光电三极管的最大集电极电流为 20mA，功耗最大为 75mW/25℃。

② 红光发射管供电电流的大小不变，即光强不变，通过改变光纤的长短来测量产生的光电流的大小与光纤长短之间的函数。

2．光纤通信的基本原理

实验时按图 4－56 所示接线，把波形发生器设定为正弦波输出，幅度调到合适值，示波器将会有波形输出；改变正弦波的幅度和频率，接受的波形也将随之改变，并且喇叭盒也发出频率和响度不一样的单频声音。注意：流过 LED3 的最高峰值电流为 180mA/1kHz。

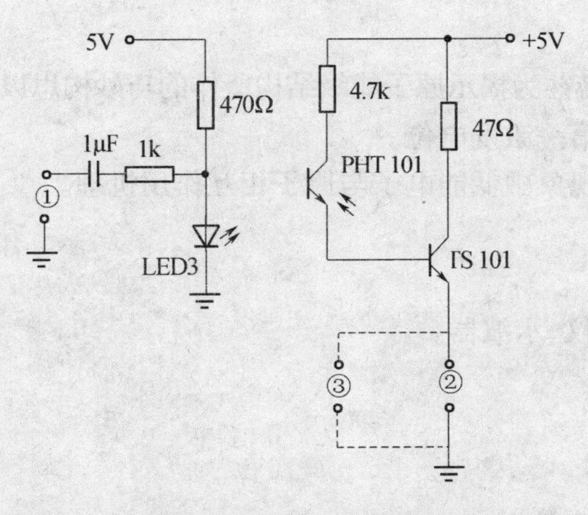

图 4－56　光纤通信的基本应用的原理图

图中：①为波形发生器，②为喇叭，③为示波器。

说明：实际实验的过程中用喇叭盒代替耳机听筒，光电三极管 PHT 101 也可以换成光电二极管 PHD 101 来做实验。

［思考题］

1．光敏传感器感应光照有一个滞后时间，即光敏传感器的响应时间，如何来测试光敏传感器的响应时间？

2. 光照强度与距离的关系，验证光照强度与距离的平方成反比（把实验装置近似为点光源）。

实验 4.15 夫兰克—赫兹实验

卢瑟福根据 α 粒子的金箔散射实验提出了原子的核式结构。为解释原子核式结构的稳定性等一系列问题，丹麦物理学家玻尔（N.Bohr）于 1913 年提出了定态假设、频率公式、角动量量子化条件，建立了波尔的氢原子理论。该理论指出原子中存在能级，原子光谱中的每根谱线表示原子从某一个较高能态向另一个较低能态跃迁时的辐射。波尔的理论在解释氢原子光谱问题中取得了成功。

1914 年，即波尔论文发表后的第二年，德国物理学家夫兰克（J.Franck）和赫兹（G.Hertz）对勒纳用来测量电离电位的实验装置作了改进，他们同样采取慢电子（几个到几十个电子伏特）与单元素气体原子碰撞的办法，但着重观察碰撞后电子发生什么变化（勒纳则观察碰撞后离子流的情况）。实验发现，电子和原子碰撞时会交换某一定值的能量，且可以使原子从低能级激发到高能级，并测定了汞原子的第一激发电位。直接证明了原子发生跃变时吸收和发射的能量是分立的、不连续的，令人信服地证明了原子能级的存在和玻尔理论的正确。为此，他们获得了 1925 年诺贝尔物理学奖。

夫兰克—赫兹实验至今仍是探索原子结构的重要手段之一，实验中用的“拒斥电压”筛去小能量电子的方法，已成为广泛应用的实验技术。

[实验目的]

(1) 学习夫兰克和赫兹为揭示原子能级结构所作的巧妙构思以及所采取的实验方法。

(2) 测定氩原子的第一激发电位。

(3) 了解气体放电现象中低能电子与原子相互作用机理。

[实验仪器]

夫兰克—赫兹实验仪、示波器。

[实验原理]

(一) 波尔原子理论

玻尔提出的原子理论指出：

(1) 原子只能较长地停留在一些稳定状态，这样的状态称为定态。原子在这些状态时，既不发射也不吸收能量。各定态有一定的能量，其数值是彼此分隔的。原子的能量不论通过什么方式发生改变，它只能从一个定态跃迁到另一个定态。

(2) 原子从一个定态跃迁到另一个定态而发射或吸收辐射时，辐射频率是一定的。如果用 E_m 和 E_n 分别代表有关两定态的能量的话，辐射的频率 ν 决定于如下关系

$$h\nu = E_m - E_n \tag{4-56}$$

式中，普朗克常数 $h = 6.63 \times 10^{-34}\text{J}\cdot\text{s}$。

原子能量状态的改变，可以通过两种方法来实现：一是原子本身吸收或辐射电磁波（光波）；二是原子和其他粒子发生碰撞，从而实现能量的交换。实验中常采用后一种方法，因为用电子轰击原子是控制原子所处状态的最方便的方法，电子的动能可以通过改变加速电子的电场电压很方便地控制和调节。

设初速度为零的电子在电位差为 U_0 的加速电场作用下，经过电场加速的电子获得能量 eU_0。当具有这种能量的电子与稀薄气体的原子发生碰撞时，就会发生能量交换。如以 E_1 代表氩原子的基态能量、E_2 代表氩原子的第一激发态能量，那么当氩原子吸收从电子传递来的能量恰好为

$$eU_0 = E_2 - E_1 \tag{4-57}$$

时，氩原子就会从基态跃迁到第一激发态。而且相应的电位差称为氩的第一激发电位。测定出这个电位差 U_0，就可以根据式(4-54)求出氩原子的基态和第一激发态之间的能量差。若增大加速电子的电势差，使电子获得更高的能量，当满足 $eU_0 = E_3 - E_1$ 时，氩原子就能从基态跃迁到第二激发态。以此类推，可以让氩原子跃迁到第三、第四……激发态，如果电子的能量刚好足以使原子电离，则此时加速电子的电场电势差，就称为该原子的电离电位。

（二）激发电位的测定

夫兰克—赫兹实验的原理图如图 4-57 所示。在夫兰克—赫兹管中充上要测量的气体（本实验中是氩气），电子由热阴极 K 发出，在热阴极 K 的附近处有第一栅极 G_1，加一个小的正向电压 U_{G_1K}，起到驱散附着在热阴极上电子云的作用。在热阴极 K 与第二栅极 G_2 之间加电场使电子加速，加速电压 U_{G_2K}。第一栅极 G_1 和第二栅极 G_2 之间的距离比较大，从而保证了电子和原子之间足够高的碰撞频率。

在板极 A 和第二栅极 G_2 之间加有反向拒斥电压 U_{G_2A}。管内空间电位分布如图 4-58所示。当电子通过 KG_2 空间进入 G_2A 空间时，如果有较大的能量（$\geqslant eU_{G_2A}$），就能冲过反向拒斥电场而到达板极 A 形成板极电流，为微电流计 μA 表检出。如果电子在 KG_2 空间与氩原子碰撞，把自己一部分能量传给氩原子而使后者激发的话，电子本身所剩余的能量就很小，以致通过第二栅极后已不足于克服拒斥电场而被折回到第二栅极，这时，通过微电流计 μA 表的电流将显著减小。

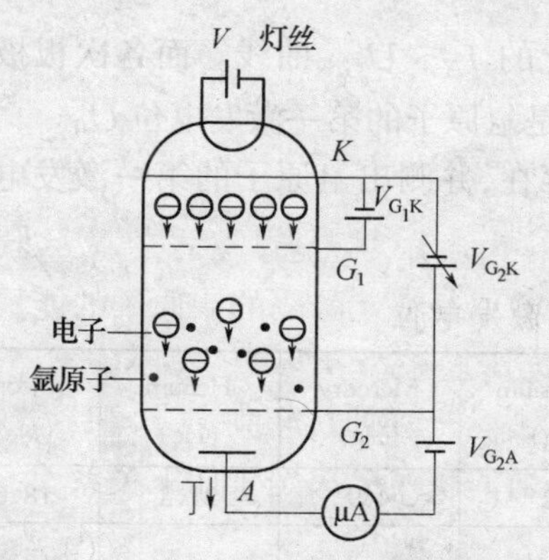

图 4-57 夫兰克—赫兹实验原理图

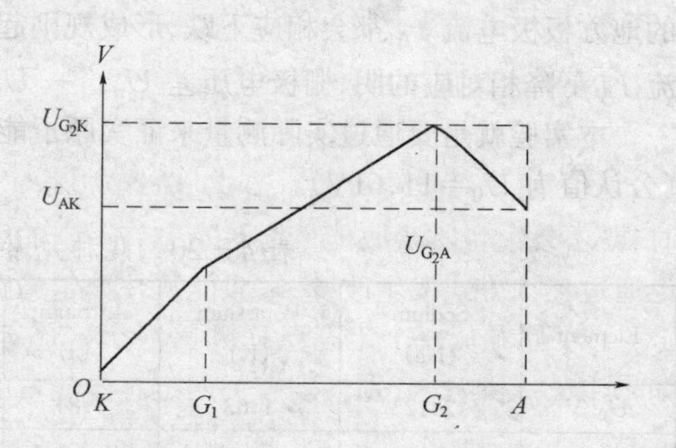

图 4-58 夫兰克—赫兹管空间电位分布

实验时，使 U_{G_2K}电压逐渐增加并仔细观察电流计 I_A 的电流指示，这样就可以得到板极 A 电流随 KG_2 空间加速电压变化的情况。如果原子能级确实存在，而且基态和第一激发态之间有确定的能量差的话，就能观察到如图 4-59 所示的 $I_A \sim U_{G_2K}$曲线。

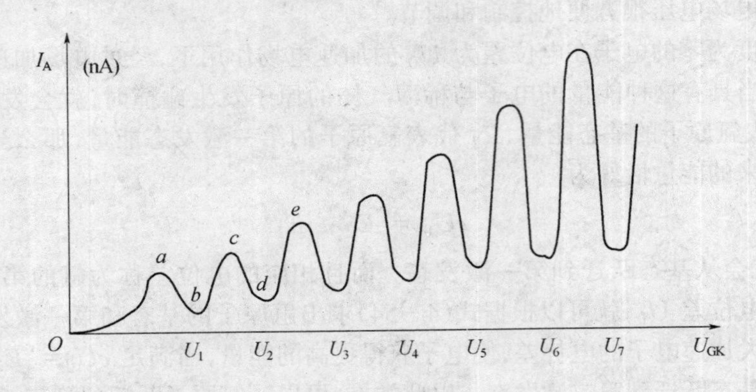

图 4-59　夫兰克—赫兹管 $I_A \sim U_{G_2K}$曲线

图 4-59 所示的曲线反映了氩原子在 KG_2 空间与电子进行能量交换的情况。当 KG_2 空间电压逐渐增加时，电子在 KG_2 空间被加速而取得越来越大的能量。但起始阶段，由于电压较低，电子的能量较少，即使在运动过程中它与原子相碰撞也只有微小的能量交换（为弹性碰撞）。穿过第二栅极的电子所形成的板极电流 I_A 将随第二栅极电压 U_{G_2K}的增加而增大（见图 4-59 的 oa 段）。当 KG_2 间的电压达到氩原子的第一激发电位 U_0 时，电子在第二栅极附近与氩原子相碰撞，将自己从加速电场中获得的全部能量交给后者，并且使后者从基态激发到第一激发态。而电子本身由于把全部能量给了氩原子，即使穿过了第二栅极也不能克服反向拒斥电场而被折回第二栅极（被筛选掉）。所以板极电流将显著减小（见图 4-59 的 ab 段）。随着第二栅极电压的增加，电子的能量也随之增加，在与氩原子相碰撞后还留下足够的能量，可以克服反向拒斥电场而达到板极 A，这时电流又开始上升（bc 段）。直到 KG_2 间电压是二倍氩原子的第一激发电位时，电子在 KG_2 间又会因二次碰撞而失去能量，因而又会造成第二次板极电流的下降（cd 段），同理，凡在

$$U_{G_2K} = nU_0 (n = 1,2,3,\cdots) \qquad (4-58)$$

的地方板极电流 I_A 都会相应下跌，形成规则起伏变化的 $I_A \sim U_{G_2K}$曲线。而各次板极电流 I_A 下降相对应的阴、栅极电压差 $U_{n+1} - U_n$ 应该是氩原子的第一激发电位 U_0。

本实验就是要通过实际测量来证实原子能级的存在，并测出氩原子的第一激发电位（公认值为 $U_0 = 11.61\text{V}$）。

表 4-20　几种元素的第一激发电位

Element	Sodium (Na)	Potassium (K)	Lithium (Li)	Magnesium (Mg)	Mercury (Hg)	Helium (He)	Neon (Ne)
U_0/V	2.12	1.63	1.84	3.2	4.9	21.2	18.6
λ/Å	5898 5896	7664 7699	6707.8	4571	2500	584.3	640.2

原子处于激发态是不稳定的。在实验中被慢电子轰击到第一激发态的原子要跳回基态,进行这种反跃迁时,就应该有 eU_0 电子伏特的能量发射出来。反跃迁时,原子是以放出光量子的形式向外辐射能量。这种光辐射的波长为

$$eU_o = h\nu = h\frac{c}{\lambda} \tag{4-59}$$

对于氩原子 $\lambda = \frac{hc}{eU_0} = \frac{6.63\times10^{-34}\times3.00\times10^{8}}{1.6\times10^{-19}\times11.5}m = 1081\text{Å}$

[实验内容]

(一) 准备

(1) 熟悉实验仪器使用方法(见仪器介绍)。

(2) 按要求连接夫兰克—赫兹管各组工作电源线,检查无误后开机。将实验仪预热20min~30min。开机后的初始状态如下:(1)实验仪的"1mA"电流挡位指示灯亮,表明此时电流的量程为1mA挡;电流显示值为0000.(10^{-7}A);(2)实验仪的"灯丝电压"挡位指示灯亮,表明此时修改的电压为灯丝电压;电压显示值为000.0V;最后一位在闪动,表明现在修改位为最后一位;(3)"手动"指示灯亮。表明仪器工作正常。

(二) 氩元素的第一激发电位测量

1. 手动测试

(1) 设置仪器为"手动"工作状态,按"手动/自动"键,"手动"指示灯亮。

(2) 设定电流量程(电流量程可参考机箱盖上提供的数据)。按下相应电流量程键,对应的量程指示灯点亮。

(3) 设定电压源的电压值(设定值可参考机箱盖上提供的数据),用↓/↑,←/→键完成,需设定的电压源有:灯丝电压 V_F、第一加速电压 V_{G_1K}、拒斥电压 V_{G_2A}。

(4) 按下"启动"键,实验开始。用↓ /↑,←/→键完成 V_{G_2K}电压值的调节,从0.0V起,按步长1V(或0.5V)的电压值调节电压源 V_{G_2K},同步记录 V_{G_2K}值和对应的 I_A 值,同时仔细观察夫兰克—赫兹管的板极电流值 I_A 的变化(可用示波器观察)。切记为保证实验数据的唯一性 V_{G_2K}电压必须从小到大单向调节,不可在过程中反复;记录完成最后一组数据后,立即将 V_{G_2K}电压快速归零。

(5) 重新启动。在手动测试的过程中,按下启动按键,V_{G_2K}的电压值将被设置为零,内部存储的测试数据被清除,示波器上显示的波形被清除,但 V_F、V_{G_1K}、V_{G_2A}、电流挡位等的状态不发生改变。这时,操作者可以在该状态下重新进行测试,或修改状态后再进行测试。建议:手动测试 I_A—V_{G_2K},进行一次或修改 V_F 值再进行一次。

2. 自动测试

智能夫兰克—赫兹实验仪除可以进行手动测试外,还可以进行自动测试。进行自动测试时,实验仪将自动产生 V_{G_2K}扫描电压,完成整个测试过程;将示波器与实验仪相连接,在示波器上可看到夫兰克—赫兹管板极电流随 V_{G_2K}电压变化的波形。

(1) 自动测试状态设置。自动测试时 V_F、V_{G_1K}、V_{G_2A}及电流挡位等状态设置的操作过程,夫兰克—赫兹管的连线操作过程与手动测试操作过程一样。

(2) V_{G_2K}扫描终止电压的设定。进行自动测试时,实验仪将自动产生 V_{G_2K}扫描电压。实验仪默认 V_{G_2K}扫描电压的初始值为零,V_{G_2K}扫描电压大约每 0.4s 递增 0.2V。直到扫描终止电压。

要进行自动测试,必须设置电压 V_{G_2K}的扫描终止电压。

首先,将"手动/自动"测试键按下,自动测试指示灯亮;按下 V_{G_2K}电压源选择键,V_{G_2K}电压源选择指示灯亮;用↓/↑,←/→键完成 V_{G_2K}电压值的具体设定。V_{G_2K}设定终止值建议以不超过 85V 为好。

(3) 自动测试启动。将电压源选择选为 V_{G_2K},再按面板上的"启动"键,自动测试开始。在自动测试过程中,观察扫描电压 V_{G_2K}与夫兰克—赫兹管板极电流的相关变化情况。(可通过示波器观察夫兰克—赫兹管板极电流 I_A 随扫描电压 V_{G_2K}变化的输出波形)在自动测试过程中,为避免面板按键误操作,导致自动测试失败,面板上除"手动/自动"按键外的所有按键都被屏蔽禁止。

(4) 自动测试过程正常结束。当扫描电压 V_{G_2K}的电压值大于设定的测试终止电压值后,实验仪将自动结束本次自动测试过程,进入数据查询工作状态。测试数据保留在实验仪主机的存储器中,供数据查询过程使用,所以,示波器仍可观测到本次测试数据所形成的波形。直到下次测试开始时才刷新存贮器的内容。

(5) 自动测试后的数据查询。自动测试过程正常结束后,实验仪进入数据查询工作状态。这时面板按键除测试电流指示区外,其他都已开启。自动测试指示灯亮,电流量程指示灯指示于本次测试的电流量程选择挡位;各电压源选择按键可选择各电压源的电压值指示,其中 V_F、V_{G_1K}、V_{G_2A}三电压源只能显示原设定电压值,不能通过按键改变相应的电压值。用↓/↑,←/→键改变电压源 V_{G_2K}的指示值,就可查阅到在本次测试过程中,电压源 V_{G_2K}的扫描电压值为当前显示值时,对应的夫兰克—赫兹管板极电流值 I_A 的大小,记录 I_A 的峰、谷值和对应的 V_{G_2K}值(为便于作图,在 I_A 的峰、谷值附近需多取几点)。

(6) 中断自动测试过程。在自动测试过程中,只要按下"手动/自动键",手动测试指示灯亮,实验仪就中断了自动测试过程,原设置的电压状态被清除。所有按键都被再次开启工作。这时可进行下一次的测试准备工作。本次测试的数据依然保留在实验仪主机的存储器中,直到下次测试开始时才被清除。所以,示波器仍会观测到部分波形。

(7) 结束查询过程回复初始状态。当需要结束查询过程时,只要按下"手动/自动"键,手动测试指示灯亮,查询过程结束,面板按键再次全部开启。原设置的电压状态被清除,实验仪存储的测试数据被清除,实验仪回复到初始状态。

建议:"自动测试"应变化两次 V_F 值,测量两组 $I_A-V_{G_2K}$数据。若实验时间允许,还可变化 V_{G_1K}、V_{G_2A}进行多次 $I_A-V_{G_2K}$测试。

[数据与结果]

(1) 在坐标纸上描绘各组 $I_A-V_{G_2K}$数据对应曲线。

(2) 计算每两个相邻峰或谷所对应的 V_{G_2K}之差值 ΔV_{G_2K},并求出其平均值 $\bar{u}_0$,将实验值 $\bar{u}_0$ 与氩的第一激发电位 $U_0=11.61\text{V}$ 比较,计算相对误差,并写出结果表达式。

[思考题]

请对不同工作条件下的各组曲线和对应的第一激发电位进行比较，分析哪些量发生了变化，哪些量基本不变，为什么？

[仪器介绍]

(一) 实验仪面板简介

1. 夫兰克—赫兹实验仪前面板如图 4-60 所示。

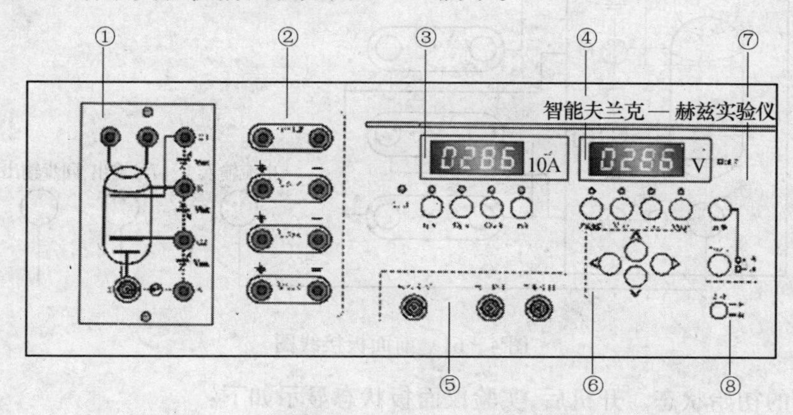

图 4-60　夫兰克—赫兹实验仪前面板

以功能划分为 8 个区：

① 是夫兰克—赫兹管各输入电压连接插孔和板极电流输出插座；

② 是夫兰克—赫兹管所需激励电压的输出连接插孔，其中左侧输出孔为正极，右侧为负极；

③ 是测试电流指示区：4 位七段数码管指示电流值；4 个电流量程档位选择按键用于选择不同的最大电流量程挡；每一个量程选择同时备有一个选择指示灯指示当前电流量程挡位；

④ 是测试电压指示区：四位七段数码管指示当前选择电压源的电压值；4 个电压源选择按键用于选择不同的电压源；每一个电压源选择都备有一个选择指示灯指示当前选择的电压源；

⑤ 是测试信号输入输出区：电流输入插座输入夫兰克—赫兹管板极电流；信号输出和同步输出插座可将信号送示波器显示；

⑥ 是调整按键区，用于：改变当前电压源电压设定值；设置查询电压点；

⑦ 是工作状态指示区：通信指示灯指示实验仪与计算机的通信状态；启动按键与工作方式按键共同完成多种操作；

⑧ 是电源开关。

2. 夫兰克—赫兹实验仪后面板说明

夫兰克—赫兹实验仪后面板上有交流电源插座，插座上自带有保险管座；如果实验仪已升级为微机型，则通信插座可联计算机，否则，该插座不可使用。

（二）操作说明

正确连接夫兰克—赫兹实验仪连线，在确认供电电网电压无误后，将随机提供的电源连线插入后面板的电源插座中；**连接面板上的连接线（连线图见 4－61 图）。务必反复检查，切勿连错！！！**

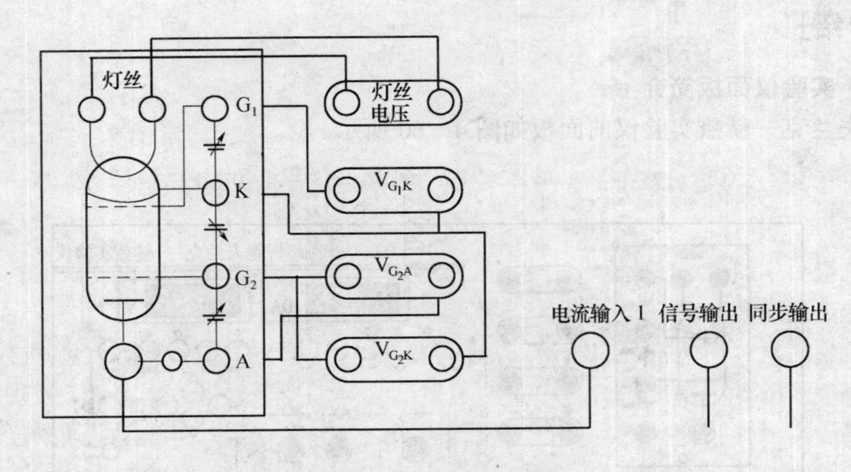

图 4－61 前面板接线图

开机后的初始状态。开机后，实验仪面板状态显示如下：

(1) 实验仪的“1mA”电流挡位指示灯亮，表明此时电流的量程为 1mA 挡；电流显示值为 0000.$\times 10^{-7}$A（若最后一位不为 0，属正常现象）；

(2) 实验仪的“灯丝电压”挡位指示灯亮，表明此时修改的电压为灯丝电压；电压显示值为 000.0V；最后一位在闪动，表明现在修改位为最后一位；

(3) “手动”指示灯亮，表明此时实验操作方式为手动操作。

(4) 变换电流量程。如果想变换电流量程，则按下在区＜3＞中的相应电流量程按键，对应的量程指示灯点亮，同时电流指示的小数点位置随之改变，表明量程已变换。

(5) 变换电压源。如果想变换不同的电压，则按下在区＜4＞中的相应电压源按键，对应的电压源指示灯随之点亮，表明电压源变换选择已完成，可以对选择的电压源进行电压值设定和修改。

(6) 修改电压值。按下前面板区＜6＞上的←/→键，当前电压的修改位将进行循环移动，同时闪动位随之改变，以提示目前修改的电压位置。按下面板上的↑/↓键，电压值在当前修改位递增/递减一个增量单位。如果当前电压值加上一个单位电压值的和值超过了允许输出的最大电压值，再按下↑键，电压值只能修改为最大电压值。如果当前电压值减去一个单位电压值的差值小于零，再按下↓键，电压值只能修改为零。

（三）注意事项

(1) 先不要开电源，各工作电源请按下图连接，千万不能错！！！ 待老师检查后在打开电源。

(2) 灯丝电压不宜过高，否则加快 FH 管老化。

(3) V_{G_2K}不宜超过 85V，否则管子易被击穿。

(4) 灯丝电源具有输出端短路保护功能，并伴随报警声（长笛声）。当出现报警声时应立即关断主机电源并仔细检查面板连线。输出端短路时间不应超过8s,否则会损坏元器件。

(5) 实验仪工作参数的设置:

灯丝电压:DC 0 V∽6.3V

第一栅压 V_{G_1K}:DC 0 V∽5V

第二栅压 V_{G_2K}:DC 0 V∽85V

拒斥电压 V_{G_2A}:DC 0 V∽12V

实验 4.16 微波光学综合实验

微波在科学研究、工程技术、交通管理、医疗诊断、国防工业的国民经济的各个方面都有十分广泛的应用。研究微波,了解它的特性具有十分重要的意义。

微波和光从本质上都是电磁波,都具有波动这一共性。都能产生反射、折射、干涉和衍射等现象。因此用微波作波动实验与用光作波动实验所说明的波动现象及规律是一致的。由于微波的波长比光波的波长,在数量级上大一万倍左右,因此用微波来做波动实验比光学实验更直观,方便和安全。例如,在验证晶格的组成特征时,布喇格衍射就非常的形象和直观。

[实验目的]

(1) 通过微波的反射、棱镜的折射、双缝干涉、偏振等实验,加深光波和微波的干涉、衍射、偏振等波动性质的理解。

(2) 通过微波光学综合实验仪,完成法布里—罗布干涉仪、迈克尔逊干涉仪、布喇格衍射等实验,加深对这些重要的光学仪器设计思想和工作原理的理解和掌握。

(3) 完成对布儒斯特角、(驻波法)微波波长等重要物理量的测量。

[实验仪器]

微波光学综合实验仪。包括:微波信号源、发射器组件、接收器组件、中心平台、其他配件等。

主要参数性能:输出频率10.545GHz,波长2.84459cm,功率15mW,频率稳定度可达5×10^{-5},幅度稳定度:10^{-2},喇叭天线的增益大约是20dB,波瓣的理论半功率点宽度大约为:H面20,E面16。

[实验原理]

(一) 波的反射与折射

微波和光都是电磁波,都具有波动这一共性,都能产生反射、折射、干涉和衍射等现象。反射满足反射定律,即反射角等于入射角。在光学实验中,可以用肉眼看到反射的光线。本实验将通过电流表示数的大小反映反射微波最大能量的方向,进而验证电磁波的反射定律。

电磁波在某种均匀媒质中以匀速沿直线传播，在不同媒质中传播的速度不同。当它通过两种媒质的分界面时，传播方向就会改变，如图 4-62 所示，这称为波的折射。

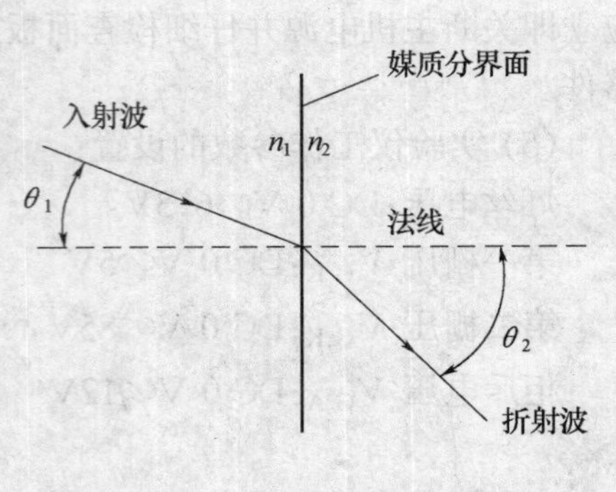

图 4-62　波的折射

折射满足折射定律

$$n_1\sin\theta_1 = n_2\sin\theta_2$$

θ_1 为入射波与两媒质分界面法线的夹角，称为入射角。θ_2 为折射波与两媒质分界面法线的夹角，称为折射角。

每种媒质可以用折射率 n 表示，折射率是电磁波在真空中的传播速率与在媒质空中的传播速率之比。一般而言，分界面两边介质的折射率不同，分别用 n_1 和 n_2 表示。两种介质的折射率不同(即波速不同)导致波的偏转。或者说当波入射到两不同媒质的分界面时将会发生折射。

(二) 驻波

微波喇叭既能接收微波，同时它也会反射微波，因此发射器发射的微波在发射喇叭和接收喇叭之间来回反射，振幅逐渐减小。当发射源距接收检波点之间的距离等于 $n\lambda/2$ 时(n 为整数，λ 为波长)，经多次反射的微波与最初发射的波同相，此时信号振幅最大，电流表读数最大。

$$\Delta d = N\frac{\lambda}{2}$$

上式中的 Δd 表示发射器不动时接收器移动的距离，N 为出现接收到信号幅度最大值的次数。利用此式可测量微波的波长，测量原理与声速测定实验中测量超声波的波长相同。

(三) 波的偏振

微波信号源输出的电磁波经喇叭后电场矢量方向是与喇叭的宽边垂直的，相应磁场矢量是与喇叭的宽边平行的，垂直极化。而接收器由于其物理特性，它也只能收到与接收喇叭口宽边相垂直的电场矢量，(对平行的电场矢量有很强的抑制，认为它接收为零)。所以当两喇叭的朝向(宽边)相差 θ 度时，它只能接收一部份信号 $A = A_0\cos\theta$(A_0 为两喇叭一致时收到的电流表读数)。

可以通过改变夹角，观察电磁波的偏振现象，验证马吕斯定律。

(四) 双缝干涉

两束传播方向不一致的波相遇将在空间相互叠加，形成类似驻波的波谱，在空间某些点上形成极大值或极小值。而电磁波通过两狭缝后，就相当于两个波源在向四周发射，对接收器来说就等于是两束传播方向不一致的波相遇。

双缝屏外波束的强度随探测角度的变化而变化。若两狭缝之间的距离为 d，接收器距离双缝屏的距离大于 $10d$，当探测角 θ 满足 $d\sin\theta = n\lambda$ 时会出现最大值(其中 λ 为入射波的波长，n 为整数)，如图 4-63 所示。

(五) 劳埃德镜

劳埃德镜是干涉现象的又一个列子。和其他干涉条纹一样，用它也可测量微波的波长。

从发射器发出的微波一路直接到达接收器，另一路经反射镜反射后再到达接收器。由于两列波的波程及方向不一样，它们必然发生干涉。在交汇点，若两列波同相，将测到极大值。若反相将测到几极小值。其原理可用图 4－64 表示。

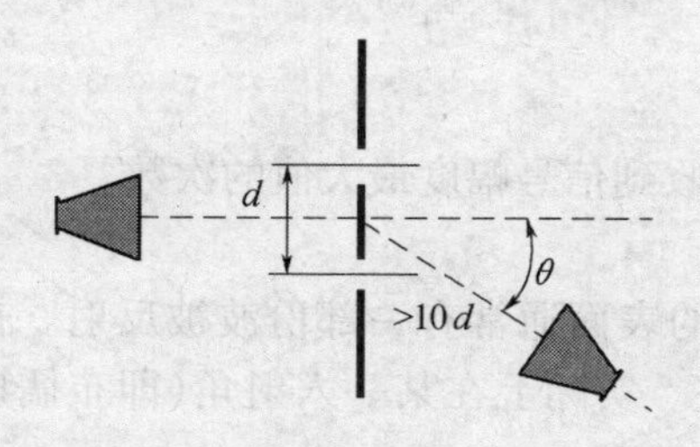

图 4－63　双缝干涉示意图

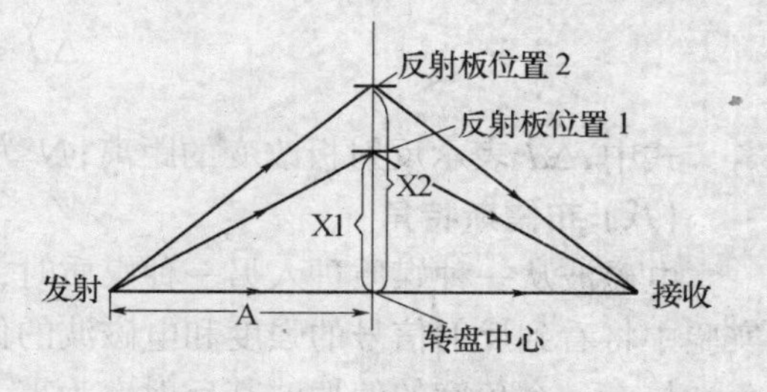

图 4－64　劳埃德镜示意图

发射器和接收器距离转盘中心的距离应相等，反射板从位置 1 移到位置 2 的过程中，电流表出现了 n 个极小值后再次达到极大值。由光程差根据图 4－64 所示可以得到计算波长公式如下

$$\sqrt{A^2 + X_2^2} - \sqrt{A^2 + X_1^2} = n\frac{\lambda}{2}$$

（六）法布里—珀罗干涉仪

当电磁波入射到部份反射镜（透射板）表面时，入射波将被分割为反射波和入射波。法布里—贝罗干涉仪在发射波源和接收探测器之间放置了两面相互平行并与轴线垂直的部分反射镜。

发射器发出的电磁波有部份将在两透射板之间来回反射，同时有一部分波透射出去被探测器接收。若两块透射板之间的距离为 $n\lambda/2$，则所有入射到探测器的波都是同相位的，收器接探测到的信号最大。若两块透射板之间的距离不为 $n\lambda/2$，则产生相消干涉，信号不为最大。

因此，可以通过改变两面透射板之间的距离来计算微波波长，计算公式为

$$\Delta d = N\frac{\lambda}{2}$$

式中，Δd 表示两面透射板改变的距离；N 为出现接收到信号幅度最大值的次数。

（七）迈克耳逊干涉仪

和法布里—贝罗干涉仪类似，迈克尔逊干涉仪将单波分裂成两列波，透射波经再次反射后和反射波叠加形成干涉条纹。迈克尔逊干涉仪的结构如图 4－65 所示。

A 和 B 是反射板（全反射），C 是透射板（部分反射）。从发射源发出的微波经两条不同的光路入射到接收器。一部分经 C 透射后射到 A，经 A 反射后再经 C 反射进入接收器。另一路分波从 C 反射到 B，经 B 反射回 C，最后透过 C 进入接收器。

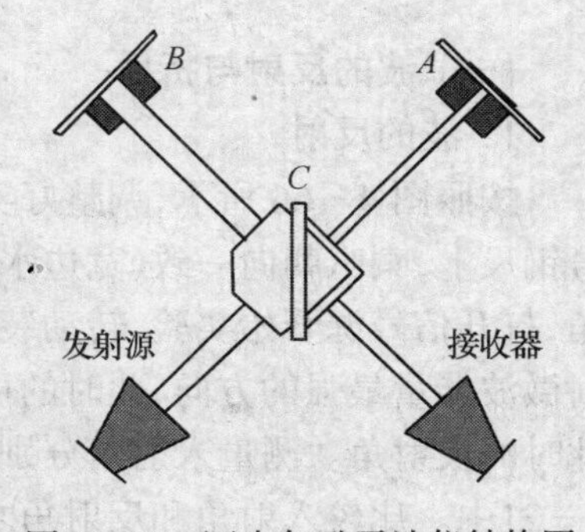

图 4－65　迈克尔逊干涉仪结构图

若两列波同相位，接收器将探测到信号的最大值。

移动任一块反射板，改变其中一路光程，使两列波不再同相，接收器探测到信号就不再是最大值。若反射板移过的距离为 $\lambda/2$，光程将改变一个波长，相位改变 360°，接收器探测到的信号出现一次最小值后又回到最大值。

因此，可以通过反射板（A 或 B）改变的距离来计算微波波长，计算公式为

$$\Delta d = N\frac{\lambda}{2}$$

式中，Δd 表示反射板改变的距离；N 为出现接收到信号幅度最大值的次数。

（八）布儒斯特角

电磁波从一种媒质进入另一种媒质时，在媒质的表面通常有一部份波被反射。在本实验中将看到反射信号的强度和电磁波的偏振有关。实际上在某一入射角（即布儒斯特角）时，有一个角度的偏振波其反射率为零。

（九）布拉格衍射

任何的真实晶体都具有自然外形和各向异性的性质，这和晶体的离子，原子或分子在空间按一定的几何规律排列密切相关。

晶体内的离子，原子或分子占据着点阵的结构，两相邻结点的距离叫晶体的晶格常数。真实晶体的晶格常数约在 10^{-8}cm 的数量级。X 射线的波长与晶体常数属于同一数量级。实际上晶体是起着衍射光栅的作用。因此可以利用 X 射线在晶体点阵上的衍射现象来研究晶体点阵的间距和相互位置的排列，以达到对晶体结构的了解。

本实验是仿照 X 射线入射真实晶体发生衍射的基本原理，用金属球制做了一个方形点阵的模拟晶体，用微波代替 X 射线。将微波射向模拟晶体，观察从不同晶体点阵面反射的微波相互干涉所需要的条件：布喇格方程 $2d\ \sin\theta = n\lambda$。

布喇格定律将晶体的晶面间距和 X 射线衍射角联系起来研究晶体结构。在本实验中用一嵌有 10mm 大小金属球的醚类聚氨脂泡沫胶立方体，用立方"晶体"来验证布喇格定律。

实验前，应先了解布喇格衍射的原理。特别是入射波必须满足两个条件，即

（1）入射角等于反射角。

（2）满足布喇格公式 $2d\sin\theta = n\lambda$。其中 d 为晶面间距，θ 为掠射角，n 为正整数，λ 为入射波波长。

［实验内容］

（一）波的反射与折射

1. 波的反射

按照图 4－66 所示，调整好实验仪器。将发射器安置在 2 号钢尺上，接收器安置在 1 号钢尺上，喇叭朝向一致（宽边水平）。发射器和接收器距离中心平台约 35cm。固定入射角，打开信号源开始实验，转动装有接收器的可转动臂，使电流表读数最大，此角度就是反射微波能量最强的方向，此时的可转动臂与反射平面法线之间的夹角就是反射角，记录下此时的反射角。测量入射角分别为 20°、30°、40°、50°、60°、70°时对应的反射角，记录在表 4－21中。比较入射角和反射角之间的关系。

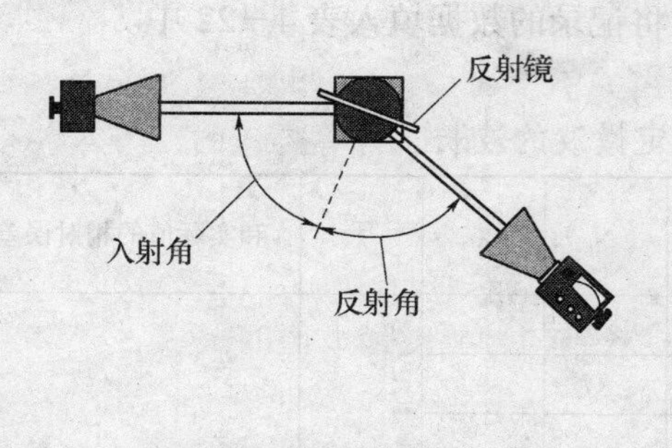

图 4-66　波的反射

表 4-21　反射角与入射角之间的关系

入射角度/(°)	反射角度	误差度数	误差百分比
20			
30			
40			
45			
50			
60			
70			

2. 波的折射

图 4-67 所示，布置实验仪器。接通信号源，调节衰减器和电流表挡位开关，使电流表的显示电流值适中(约 1/2 量程)。

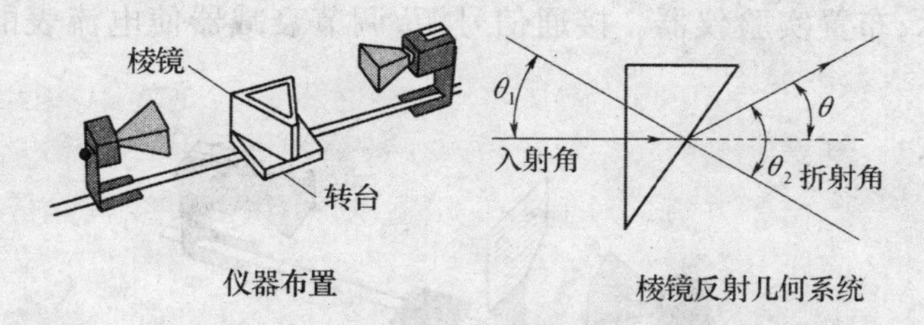

图 4-67　波的折射

绕中心平台的中心轴缓慢转动接收器，记下电流表读数最大时钢尺 1 转过的角度。设空气的折射率为 1，根据折射定律，计算聚乙烯板的折射率。转动棱镜，改变入射角，重复前 3 步实验。

(二) 驻波法测定微波的波长

图 4-68 所示，布置实验仪器，要求发射器和接收器处于同一轴线上，喇叭口正对。接通信号源，调整发射器和接收器距离中心平台的位置(约 20cm)，再调节发射器衰减器和电流表挡位开关，使电流表的显示电流值适中(3/4 量程左右)。

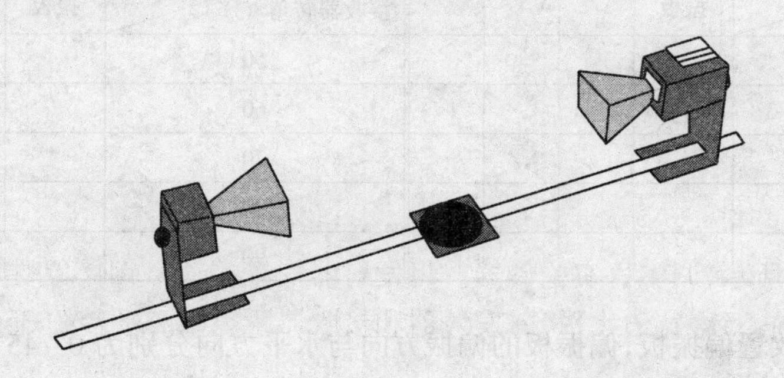

图 4-68　驻波实验原理图

将接收器沿钢尺缓慢滑动远离发射器(发射器和接收器处于同一轴线上)，观察电流表的显示变化。当电流表在某一位置出现极大值时，记下接收器所处位置刻度 X_1，然后缓慢将接收器沿远离发射器方向缓慢滑动，当电流表读数出现 N（至少十）个极小值后再次出现极大值时，记下接收器所处位置刻度 X_2，将记录的数据填入表 4－22 中。

计算微波的波长，并与实际值比较。

表 4－22　驻波法测定微波的波长

测量次数	$X_1(d_1)$	$X_2(d_2)$	$\Delta d=\lvert X_1-X_2\rvert$	N	λ	$\overline{\lambda}$	和实际值的相对误差
1							
2							
3							
4							
5							

（三）波的偏振

图 4－69 所示，布置实验仪器。接通信号源，调节衰减器使电流表的显示电流值满刻度。

图 4－69　波的偏振

松开接收器上的喇叭止动旋钮，以 10°增量旋转接收器，记录下每个位置电流表上的读数于表 4－23 中。

表 4－23　波的偏振

偏振板角度/(°) 接收器转角/(°)	未加偏振板	0	45	90	偏振板角度/(°) 接收器转角/(°)	未加偏振板	0	45	90
0					50				
10					60				
20					70				
30					80				
40					90				

两喇叭之间放置偏振板，偏振板的偏振方向与水平方向分别为 0°、45°、90°时，重复上述步骤，并分析比较各组数据。

（四）双缝干涉

图 4－70 所示，布置实验仪器。接通信号源，调节衰减器和电流表挡位开关，使电流表的显示电流值最大。光缝夹持条上安装 50mm 光缝屏及两块反射板组成双缝。尽可能

让两狭缝平行，对称。狭缝的宽度为 15mm(可根据狭缝添加臂上的刻度安装)，接收器到中心平台距离大于 650mm。

使发射器和接收器都处于垂直偏振(喇叭宽边平行地面)，调节相互距离及衰减器，使电流表满刻度。缓慢转动可动臂，观察电流表的变化。记录下电流表各极大值和极小值时的角度和对应电流于表 4-24 中。并根据表4-23 中数据，绘制接收电流随转角变化的曲线图，分析实验结果。

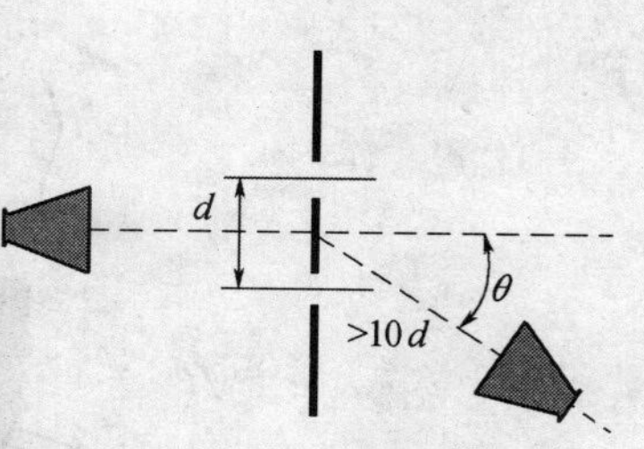

图 4-70　双缝干涉示意图

表 4-24　波的双缝干涉

接收器转角/(°)	电流值/μA	接收器转角/(°)	电流值/μA	接收器转角/(°)	电流值/μA
-50		-5		40	
-45		0		45	
-40		5		50	
-35		10			
-30		15			
-25		20			
-20		25			
-15		30			
-10		35			

(五) 劳埃德镜

图 4-71 所示，布置实验仪器。接通信号源，调节衰减器和电流表挡位开关，使电流表的显示电流值适中(3/4 量程左右)。要求：发射器和接收器处于同一直线上，且到中心平台的距离相等(均为 500mm 左右)。

反射板夹持在移动支架上，并安置在 3 号钢尺上。反射板面平行于两喇叭的轴线。在 3 号钢尺上缓慢移动反射板，观察并记录电流表的读数及移动的距离。改变发射器和接收器之间的距离，重复步骤 2,3。分析实验数据，计算波长。

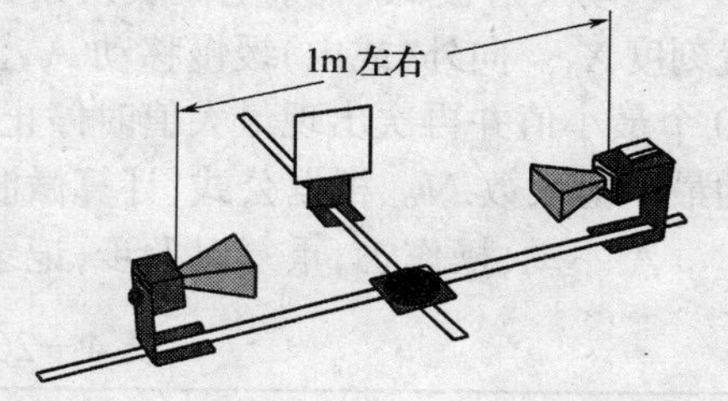

图 4-71　劳埃德镜实验

(六) 法布里—珀罗干涉

图 4-72 所示，布置实验仪器。接通信号源，调节衰减器和电流表挡位开关，使电流表的显示电流值适中(3/4 量程左右)。

调节两透射板之间的距离，观察相对最大值和最小值。调节两透射板之间的距离，使接收到的信号最强(电流表读数在不超过满量程的条件下达到最大)，记下两透射板之间的距离 d_1。使一面透射板向远离另一面透射板的方向移动，直到电流表读数出现至少十个最小值并再次出现最大值时，记下经过最小值的次数 N 及两透射板之间的距离 d_2。根据上面公式，计算微波的波长 λ。改变两透射板之间的距离，重复以上步骤，记入表4-25 中。

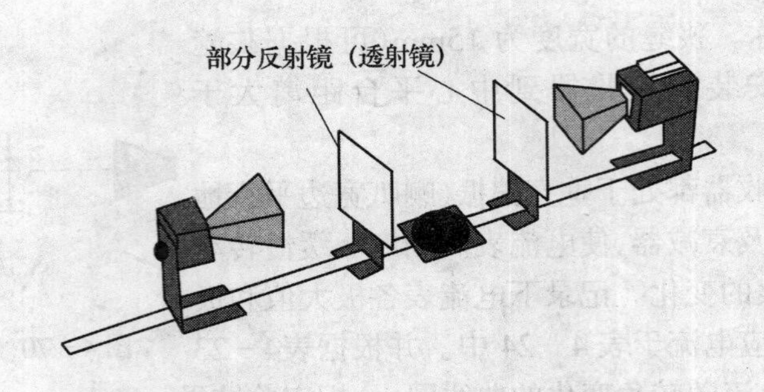

图 4－72　法布里—珀罗干涉

表 4－25　法布里—珀罗干涉实验

测量次数	d_1	d_2	$\Delta d = \lvert X_1 - X_2 \rvert$	N	测量值 λ	$\overline{\lambda}$	和实际值的相对误差
1							
2							
3							
4							
5							

（七）迈克尔逊干涉仪

图 4－61 所示，布置实验仪器。接通信号源，调节衰减器使电流表的显示电流值适中。C 与各条臂成 45°关系，发射器安装在 2 号钢尺上，接收器安装在 4 号钢尺上，A、B 两块反射板分别安装在 3 号、1 号钢尺上。

移动反射板 A，观察电流表读数变化，当电流表上数值最大时，记下反射板 A 所处位置刻度 X_1。向外（或内）缓慢移动 A，注意观察电流表读数变化，当电流表读数出现至少 10 个最小值并再次出现最大值时停止，记录这时反射板 A 所处位置刻度 X_2，并记下经过的最小值次数 N。根据公式，计算微波的波长。

A 不动，操作 B，重复以上步，记录数据于表 4－26 中。

表 4－26　迈克耳逊干涉实验

测量次数	X_1	X_2	$\Delta d = \lvert X_1 - X_2 \rvert$	N	测量值 λ	$\overline{\lambda}$	和实际值的相对误差
1							
2							
3							
4							
5							

（八）布儒斯特角

图 4－73 所示，布置实验仪器。接通信号源，使发射器和接收器都水平偏振（两喇叭的宽边水平）。调节衰减器和电流表档位开关，使电流表的显示电流值适中（3/4 量程左右）。

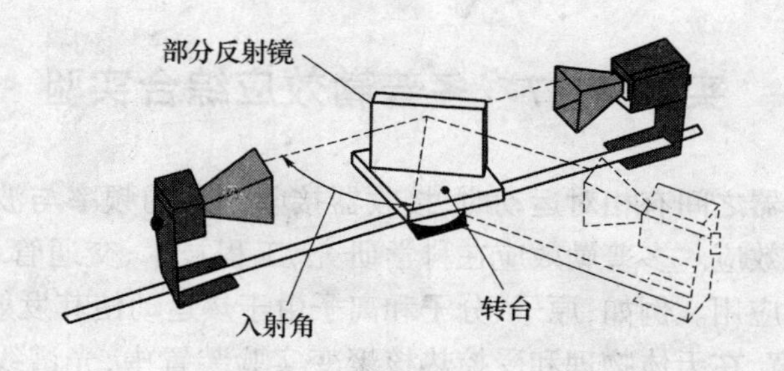

图 4-73　布儒斯特角测定

调节透射板，使微波入射角为 70°，转动 1 号钢尺，使接收器反射角等于入射角。再调整衰减器，使电流表的显示电流值约为 1/2 量程。松开喇叭止动旋钮，旋转发射器和接收器的喇叭，使它们垂直偏振（两喇叭的窄边水平），记下电流表的读数于表 4-27 中。

表 4-27　布儒斯特角测定

入射角/(°)	电流计读数（水平偏振）	电流计读数（垂直偏振）	入射角/(°)	电流计读数（水平偏振）	电流计读数（垂直偏振）
75			50		
70			45		
65			40		
60			35		
55			30		

（九）布喇格衍射

图 4-74 所示，布置实验仪器。接通信号源。先让晶体平行于微波光轴，即掠射角 θ 为零度。调节衰减器使电流表的显示电流值适中，记下该值。

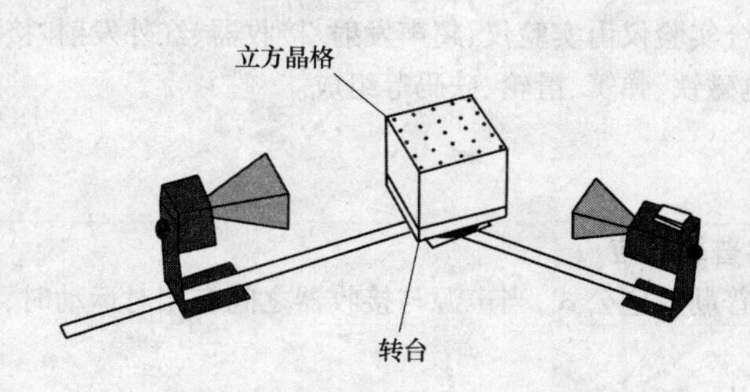

图 4-74　布喇格衍射

将掠射角增大到 20°，反射角也对应改变 20°。然后顺时针旋转晶体 1°（即掠射角增加 1°），接收器动臂顺时针旋转 2°，记录掠射角角度和对应电流表读数。

重复步骤 3，直到不能再转。作衍射信号相对强度对入射波掠射角的函数曲线。计算并比较测出的晶面间距与实量间距。

实验 4.17 多普勒效应综合实验

当波源和接收器之间有相对运动时,接收器接收到波的频率与波源发出的频率不同的现象称为多普勒效应。多普勒效应在科学研究、工程技术、交通管理、医疗诊断等各方面都有十分广泛的应用。例如,原子、分子和离子由于热运动使其发射和吸收的光谱线变宽,称为多普勒增宽,在天体物理和受控热核聚变实验装置中,光谱线的多普勒增宽已成为一种分析恒星大气及等离子体物理状态的重要测量和诊断手段。基于多普勒效应原理的雷达系统已广泛应用于导弹、卫星、车辆等运动目标速度的监测。在医学上利用超声波的多普勒效应来检查人体内脏的活动情况和血液的流速等。电磁波(光波)与声波(超声波)的多普勒效应原理是一致的。本实验既可研究超声波的多普勒效应,又可利用多普勒效应将超声探头作为运动传感器,研究物体的运动状态。

[实验目的]

(1) 测量超声接收器运动速度与接收频率之间的关系,验证多普勒效应,并由 f—V 关系直线的斜率求声速。

(2) 利用多普勒效应测量物体运动过程中多个时间点的速度,查看 V—t 关系曲线,或调阅有关测量数据,即可得出物体在运动过程中的速度变化情况,从而可研究:

① 自由落体运动,并由 V—t 关系直线的斜率求重力加速度。

② 简谐振动,可测量简谐振动的周期等参数,并与理论值相比较。

③ 匀加速直线运动,测量力、质量与加速度之间的关系,验证牛顿第二定律。

④ 其他变速直线运动。

[实验仪器]

多普勒效应综合实验仪由实验仪、超声发射/接收器、红外发射/接收器、导轨、运动小车、支架、光电门、电磁铁、弹簧、滑轮、砝码等组成。

[实验原理]

(一) 超声的多普勒效应

根据声波的多普勒效应公式,当声源与接收器之间有相对运动时,接收器接收到的频率 f 为

$$f = f_0(u + V_1\cos\alpha_1)/(u \quad V_2\cos\alpha_2) \tag{4-60}$$

式中,f_0 为声源发射频率;u 为声速;V_1 为接收器运动速率;α_1 为声源与接收器连线与接收器运动方向之间的夹角;V_2 为声源运动速率;α_2 为声源与接收器连线与声源运动方向之间的夹角。

若声源保持不动,运动物体上的接收器沿声源与接收器连线方向以速度 V 运动,则从式(4-57)可得接收器接收到的频率应为

$$f = f_0(1 + V/u) \qquad (4-61)$$

当接收器向着声源运动时，V 取正，反之取负。

若 f_0 保持不变，以光电门测量物体的运动速度，并由仪器对接收器接收到的频率自动计数，根据式(4－58)，作 f—V 关系图可直观验证多普勒效应，且由实验点作直线，其斜率应为 $k = f_0/u$，由此可计算出声速 $u = f_0/k$。

由式(4－58)可解出

$$V = u(f/f_0 - 1) \qquad (4-62)$$

若已知声速 u 及声源频率 f_0，通过设置使仪器以某种时间间隔对接收器接收到的频率 f 采样计数，由微处理器按式(4－59)计算出接收器运动速度，由显示屏显示 V—t 关系图，或调阅有关测量数据，即可得出物体在运动过程中的速度变化情况，进而对物体运动状况及规律进行研究。

(二) 超声的红外调制与接收

早期产品中，接收器接收的超声信号由导线接入实验仪进行处理。由于超声接收器安装在运动体上，导线的存在对运动状态有一定影响，导线的折断也给使用带来麻烦。新仪器对接收到的超声信号采用了无线的红外调制—发射—接收方式。即用超声接收器信号对红外波进行调制后发射，固定在运动导轨一端的红外接收端接收红外信号后，再将超声信号调解出来。由于红外发射/接收的过程中信号的传输是光速，远远大于声速，它引起的多谱勒效应可忽略不计。采用此技术将实验中运动部分的导线去掉，使得测量更准确，操作更方便。信号的调制—发射—接收—解调，在信号的无线传输过程中是一种常用的技术。

[实验内容]

(一) 验证多普勒效应并由测量数据计算声速

让小车以不同速度通过光电门，仪器自动记录小车通过光电门时的平均运动速度及与之对应的平均接收频率。由仪器显示的 f—V 关系图可看出速度与频率的关系，若测量点成直线，符合式(4－58)描述的规律，即直观验证了多普勒效应。用作图法或线性回归法计算 f—V 直线的斜率 k，由 k 计算声速 u 并与声速的理论值比较，计算其百分误差。

1. 仪器安装

图 4－75 所示。所有需固定的附件均安装在导轨上，并在两侧的安装槽上固定。调节水平超声发射器的高度，使其与超声接收器(已固定在小车上)在同一个平面上，再调整红外接收器高度和方向，使其与红外发射器(已固定在小车上)在同一轴线上。将组件电缆接入实验仪的对应接口上。安装完毕后，让电磁铁吸住小车，给小车上的传感器充电，第一次充电时间约 6s～8s，充满后(仪器面板充电灯变黄色或红色)可以持续使用 4min～5min。在充电时要注意，必须让小车上的充电板和电磁铁上的充电针接触良好。

2. 测量准备

实验仪开机后，首先要求输入室温。然后仪器将进行自动检测调谐频率 f_0，约几秒

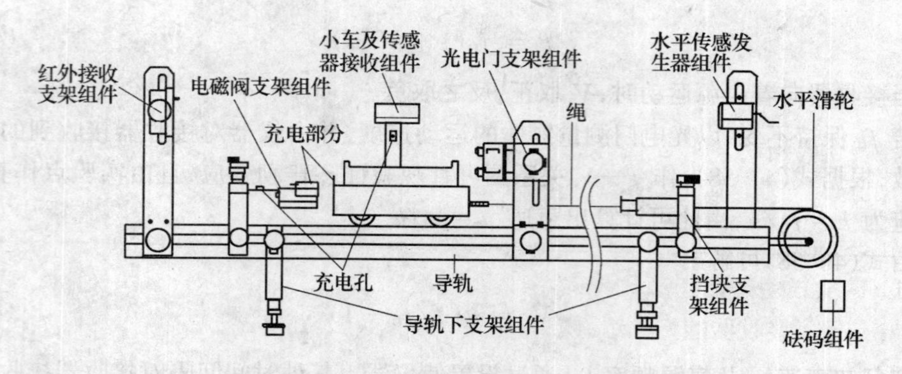

图 4-75　多普勒效应验证实验及测量小车水平运动安装示意图

钟后将自动得到调谐频率，将此频率 f_0 记录下来，按“确认”进行后面实验。

3．测量步骤

(1) 在液晶显示屏上，选中“多普勒效应验证实验”，并按“确认”。

(2) 利用▶键修改测试总次数(选择范围5次～10次，一般选5次)，按▼，选中“开始测试”。

(3) 准备好后，按“确认”，电磁铁释放，测试开始进行，仪器自动记录小车通过光电门时的平均运动速度及与之对应的平均接收频率；

改变小车的运动速度，可用以下两种方式：①砝码牵引：利用砝码的不同组合实现；②用手推动：沿水平方向对小车施以变力，使其通过光电门。为便于操作，一般由小到大改变小车的运动速度。

(4) 每一次测试完成，都有“存入”或“重测”的提示，可根据实际情况选择，“确认”后回到测试状态，并显示测试总次数及已完成的测试次数。

(5) 改变砝码质量(砝码牵引方式)，并退回小车让磁铁吸住，按“开始”，进行第二次测试。

(6) 完成设定的测量次数后，仪器自动存储数据，并显示 f—V 关系图及测量数据。

(7) 注意小车速度不可太快，以防小车脱轨跌落损坏。

4．数据记录与处理

由 f—V 关系图可看出，若测量点成直线，符合式(4-58)描述的规律，即直观验证了多普勒效应。用▶键选中“数据”，▼键翻阅数据并记入表4-27中，用作图法或线性回归法计算 f—V 关系直线的斜率 k。式(4-60)为线性回归法计算 k 值的公式，其中测量次数 $i=5\sim n$，$n\leqslant 10$。

$$k=\frac{\overline{V_i}\times\overline{f_i}-\overline{V_i\times f_i}}{\overline{V_i}^2-\overline{V_i^2}} \tag{4-63}$$

由 k 计算声速 $u=f_0/k$，并与声速的理论值比较，声速理论值由 $u_0=331(1+t/273)^{1/2}$(m/s)计算，t 表示室温。测量数据的记录是仪器自动进行的。在测量完成后，只需在出现的显示界面上，用▶键选中“数据”，▼键翻阅数据并记入表4-28中，然后按照上述公式计算出相关结果并填入表格。

表 4-28　多普勒效应的验证与声速的测量　　$f_0=$

测量数据							直线斜率 $k/(1/\mathrm{m})$	声速测量值 $u=f_0/k/(\mathrm{m/s})$	声速理论值 $u_0/(\mathrm{m/s})$	百分误差 $(u-u_0)/u_0$
次数 i	1	2	3	4	5	6				
$V_i/(\mathrm{m/s})$										
f_i/Hz										

(二) 研究自由落体运动,求自由落体加速度

让带有超声接收器的接收组件自由下落,利用多普勒效应测量物体运动过程中多个时间点的速度,查看 $V—t$ 关系曲线,并调阅有关测量数据,即可得出物体在运动过程中的速度变化情况,进而计算自由落体加速度。

1. 仪器安装与测量准备

仪器安装如图 4-76 所示。为保证超声发射器与接收器在一条垂线上,可用细绳栓住接收器,检查从电磁铁下垂时是否正对发射器。若对齐不好,可用底座螺钉加以调节。

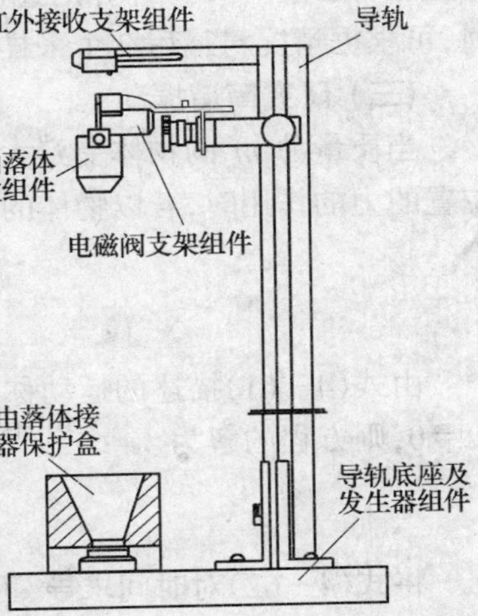

充电时,让电磁阀吸住自由落体接收器,并让该接收器上充电部分和电磁阀上的充电针接触良好。充满电后,将接收器脱离充电针,下移悬挂在电磁铁上。

图 4-76　自由落体运动安装示意图

2. 测量步骤

(1) 在液晶显示屏上,用▼选中“变速运动测量实验”,并按“确认”;

(2) 用▶键修改测量点总数,通常选 10 个～20 个点(选择范围 8～150);▼选择采样步距,通常选 10ms～30ms(选择范围 10ms～100ms),选中“开始测试”;

(3) 按“确认”后,电磁铁释放,接收器组件自由下落。测量完成后,显示屏上显示 v-t 图,用▶键选择“数据”,阅读并记录测量结果;

(4) 在结果显示界面中用▶键选择“返回”,“确认”后重新回到测量设置界面。可按以上程序进行新的测量。

3. 数据记录与处理

将测量数据记入表 4-29 中,由测量数据求得 $V—t$ 直线的斜率即为重力加速度 g。

表 4-29　自由落体运动的测量

采样次数 i	2	3	4	5	6	7	8	9	g $/(\mathrm{m/s^2})$	平均值 g	理论值 g_0	百分误差 $(g-g_0)/g_0$
$t_i=0.05(i-1)/\mathrm{s}$	0.05	0.10	0.15	0.20	0.25	0.30	0.35	0.40				
V_i												
V_i												
V_i												
V_i												

注:表 4-28 中 $t_i=0.05(i-1)$,t_i 为第 i 次采样与第 1 次采样的时间间隔差,0.05 表示采样步距为 50ms。如果选择的采样步距为 20ms,则 t_i 应表示为 $t_i=0.02(i-1)$。依次类推,根据实际设置的采样步距而定采样时间

为减小偶然误差，可作多次测量，将测量的平均值作为测量值，并将测量值与理论值比较，求百分误差。

4．注意事项

(1) 须将“自由落体接收器保护盒”套于发射器上，避免发射器在非正常操作时受到冲击而损坏。

(2) 安装时切不可挤压电磁阀上的电缆。

(3) 接收器组件下落时，若其运动方向不是严格的在声源与接收器的连线方向，则 α_1(为声源与接收器连线与接收器运动方向之间的夹角，见图 4－77)在运动过程中增加，此时式(4－58)不再严格成立，由式(4－59)计算的速度误差也随之增加。故在数据处理时，可根据情况对最后 2 个采样点进行取舍。

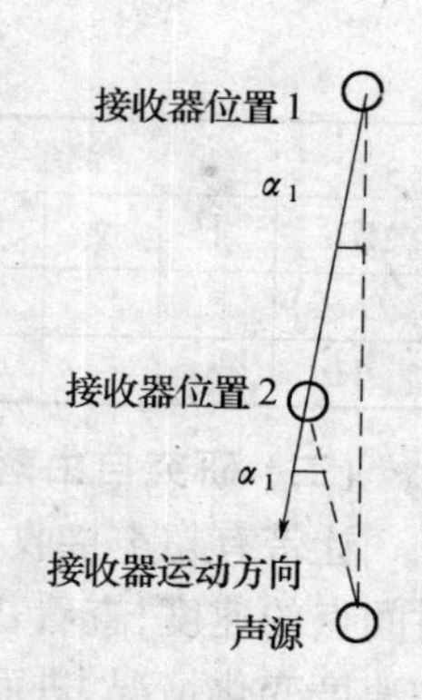

图 4－77　运动过程中 α_1 角度变化示意图

(三) 研究简谐振动

当质量为 m 的物体受到大小与位移成正比，而方向指向平衡位置的力的作用时，若以物体的运动方向为 x 轴，其运动方程为

$$m\frac{d^2x}{dt^2}=-kx \tag{4-64}$$

由式(4－61)描述的运动称为简谐振动，当初始条件为 $t=0$ 时，$x=-A_0$，$V=dx/dt=0$，则方程的解为

$$x=-A_0\cos\omega_0 t \tag{4-65}$$

将式(4－62)对时间求导，可得速度方程

$$V=\omega_0 A_0\sin\omega_0 t \tag{4-66}$$

由式(4－62)、式(4－63)可见物体作简谐振动时，位移和速度都随时间周期变化，式中 $\omega_0=(k/m)^{1/2}$，为振动的角频率。

测量时仪器的安装如图 4－78 所示，若忽略空气阻力，根据胡克定律，作用力与位移成正比，悬挂在弹簧上的物体应作简谐振动，而式(4－61)中的 k 为弹簧的倔强系数。

1．仪器安装与测量准备

仪器的安装如图 4－76 所示。将弹簧悬挂于电磁铁上方的挂钩孔中，接收器组件的尾翼悬挂在弹簧上。

接收组件悬挂上弹簧之后，测量弹簧长度。加挂质量为 m 的砝码，测量加挂砝码后弹簧的伸长量 Δx，记入表 4－30中，然后取下砝码。由 m 及 Δx 就可计算 k。

用天平称量垂直运动超声接收器接收器组件的质量 M，由 k 和 M 就可计算 ω_0，并与角频率的测量值 ω 比较。

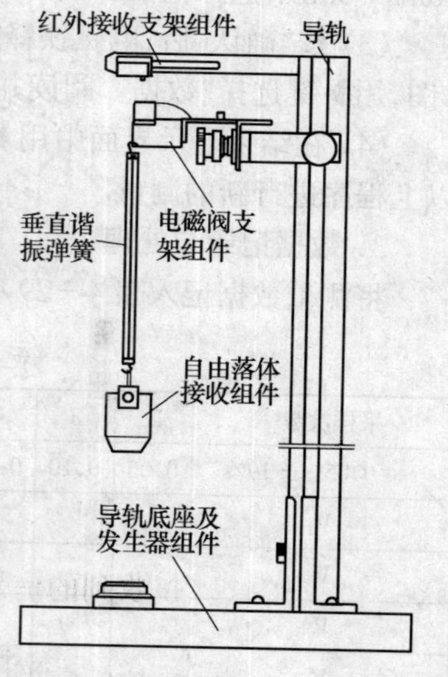

图 4－78　垂直谐振安装示意图

表 4－30　简谐振动的测量

M/kg	Δx/m	$k=mg/\Delta x$ /(kg/s^2)	$\omega_0=(k/M)^{1/2}$ /(1/s)	$N_{1\max}$	$N_{11\max}$	$T=0.01(N_{11\max}-N_{1\max})$/s	$\omega=2\pi/T$ /(1/s)	百分误差 $(\omega-\omega_0)/\omega_0$

2．测量步骤

(1) 在液晶显示屏上，用▼选中“变速运动测量实验”，并按“确认”；

(2) 利用▶键修改测量点总数为 150(选择范围 8～150)，▼选择采样步距，并修改为 100(选择范围 50ms～100ms)，选中“开始测试”；

(3) 将接收器从平衡位置垂直向下拉约 20cm，松手让接收器自由振荡，然后按“确认”，接收器组件开始作简谐振动。实验仪按设置的参数自动采样，测量完成后，显示屏上出现速度随时间变化关系的曲线；

(4) 在结果显示界面中用▶键选择“返回”，“确认”后重新回到测量设置界面。可按以上程序进行新的测量。

3．数据记录与处理

查阅数据，记录第 1 次速度达到最大时的采样次数 $N_{1\max}$和第 11 次速度达到最大时的采样次数 $N_{11\max}$，就可计算实际测量的运动周期 T 及角频率ω，并可计算 ω_0 与 ω 的百分误差。

实验 4.18　电表改装与校准

电表在电测量中得到广泛的应用，因此如何了解电表和使用电表就显得十分重要。电流计是用来测量微小电流的，它是非数字式测量仪器的一个基本组成部分，我们用它来改装成毫安表、电压表和欧姆表。电表改装与校准是物理与电工的基础实验项目，通过本实验学生可掌握如何将一只小量程的电流计改装成大量程的毫安表或电流表，还可以改装成大量程的电压表。

[实验目的]

(1) 学习掌握电表改装的基本原理和方法，按照实验原理设计测量线路。

(2) 了解电流计的量程 I_g 和内阻 R_g 在实验中所起的作用，掌握测量它们的方法。

(3) 掌握毫安表、电压表和欧姆表的改装、校准和使用方法，了解电表面板上符号的含义。

(4) 学习校准电表的刻度。

(5) 熟悉电表的规格和用法，了解电表内阻对测量的影响，掌握电表级别的定义。

(6) 训练按回路接线及电学实验的操作。

(7) 学习校准曲线的描绘和应用。

[实验原理]

1．电流计

常见磁电式电流计构造如图 4－79 所示，它的主要部分是放在永久磁场中的由细漆包线绕制成的可以转动的线圈用来产生机械反力矩的游丝指示用的指针和永久磁铁所组成。当电流通过线圈时,载流线圈在磁场中就产生一磁力矩 $M_{磁}$,使线圈转动,由于线圈的转动就扭转与线圈转动轴连接的上下游丝,使游丝发生形变产生机械反力矩 $M_{机}$,线圈满刻度偏转过程中的磁力矩 $M_{磁}$ 只与电流强度有关与偏转角度无关,而游丝因形变产生机械反力矩 $M_{机}$ 与偏转角度成正比。因此当接通电流后线圈在 $M_{磁}$ 作用下偏转角逐渐增大,同时反力矩 $M_{机}$ 也逐渐增大,直到 $M_{磁}=M_{机}$ 时线圈就很快的停下来。线圈偏转角的大小与通过的电流大小成正比(也与加在电流计两端的电势差成正比),由于线圈偏转的角度,通过指针的偏转是可以直接指示出来的,所以上述电流或电势差的大小均可由指针的偏转直接指示出来。

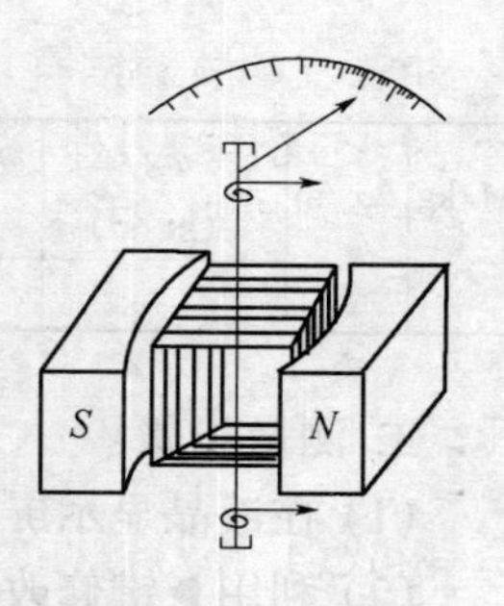

图 4-79 电流计结构示意图

电流计允许通过的最大电流称为电流计的量程,用 I_g 表示,电流计的线圈有一定内阻,用 R_g 表示,I_g 与 R_g 是表示电流计特性的两个重要参数。

电流计可以改装成毫安计,电流计 G 只能测量很小的电流,为了扩大电流计的量程,可以选择一个合适的分流电阻 R_P 与电流计并联,允许比电流计量程 I_g 大的电流通过由电流计和与电流计并联的分流电阻所组成的毫安计,这就改装成为一只毫安计,这时电表面板上指针的指示值就要按预定要求设计的满刻度值 I,即毫安计量程 I 的要求来读取数据。

若测出电流计 G 的 I_g 与 R_g,则根据图 4-80 所示就可以算出将此电流计改装成量程为 I 的毫安计所需的分流电阻 R_P。由于电流计与 R_P 并联,则有

$$I_gR_g=(I-I_g)R_P \tag{4-67}$$

$$R_P=\frac{I_g}{I-I_g}R_g \tag{4-68}$$

由上式可见,电流量程 I 扩展越大,分流电阻阻值 R_P 越小。取不同的 R_P 值,可以制成多量程的电流表。

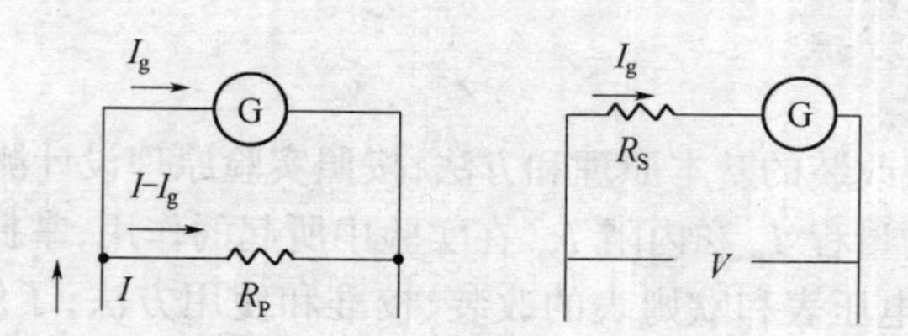

图 4-80 电流计量程改装示意图

电流计也可以改装成伏特计,由于电流计 I_g 很小,R_g 也不大,所以只允许加很小的电压 $V_g=I_gR_g$。为了扩大其测量电压的量程,可以选择合适的高电阻 R_S 与电流计串联作为分压电阻,这时两端的电位差 V 大部分分配在 R_S 上,允许比原来 I_gR_g 大的电压加到由电流计和与电流计串联的分压电阻所组成的伏特计上,这就改装成为一只伏特计,这时电表面板上指针的指示值就要按预定要求设计的满刻度值 V,即伏特计量程 V 的要求来读取数据。

如果改装后的伏特计量程为 V,则根据图 4－78 所示就可以算出将此电流计改装成量程为 V 的伏特计所需的分流电阻 R_S。

根据欧姆定律,得

$$V = I_g(R_g + R_S) \tag{4-69}$$

$$R_S = \frac{V}{I_g} - R_g \tag{4-70}$$

由式(4－67)可见,电压量程 V 扩展越大,分压电阻阻值 R_S 越大。取不同的 R_S 值,可以制成多量程的电压表。

说明:在实际应用中,分流电阻和分压电阻均采用线绕电阻,材料是锰铜丝因其电阻温度系数较小,电阻值较为稳定。在要求不高的场合,也可用金属膜电阻或碳膜电阻代替。

2. 电表级别确定

在测量电学量时,由于电表本身机构及测量环境的影响,测量结果会有误差。由温度、外界电场和磁场等环境影响而产生的误差是附加误差,可以由改变环境状况而予以消除。而电表本身(如摩擦、游丝残余形变、装配不良及标尺刻度不准确等)产生的误差则为仪表基本误差,它不以使用者不同而变化,因而基本误差也就决定电表所能保证的准确程度。仪表准确度等级定义为仪表的最大绝对误差与仪表量程(即测量上限)比值的百分数。即

$$K\% = \frac{\Delta m(\text{最大绝对误差})}{Am(\text{量程})} \times 100\% \tag{4-71}$$

例如,某个电流表量程为 1A,最大绝对误差为 0.01A,那么

$$K\% = \frac{\Delta m(\text{最大绝对误差})}{Am(\text{量程})} \times 100\% = \frac{0.01\text{A}}{1\text{A}} \times 100\% = 1\% \quad (\text{级别 } 1.0 \text{ 级})$$

这个电流表准确度等级就定义为 1.0 级。反之,如果知道某个电流表的准确度等级是 0.5 级,量程是 $1A$,那么该电流表的最大绝对误差就是 $0.005A$。每个仪表的准确度等级在该表出厂前都经检定并标示在盘上,根据其等级就知道这个表的可靠程度。电表的准确度等级按国家质量技术监督管理局规定可分为 0.1、0.2、0.5、1.0、1.5、2.5、5 等七个等级,其中数字愈小的准确度愈高。由于实验中误差的来源是多方面的,在其他方面的误差比仪表带来的误差还大的情况下,就不应去片面去追求高级别的电表,因为级别提高一级,价格就要贵很多。实验室常用 1.0 级、1.5 级电表,准确度要求较高的测量中则用 0.5 级或 0.1 级的。

在实际选用电表时,在待测量不超过所选量程的前提下,应力求指针的偏转尽可能大一些,只有在被测量接近仪表的量程时,才能最大限度达到这个仪表的固有准确度,以减小读数误差。

[实验内容]

1. 测定电流计 G 的量程 I_g 和内阻 R_g

设计测量电路并测定之内阻 R_g 测量,可以采用替代法和中值法等多种方法。

替代法:如图 4－81 所示,将被测电流计接在电路中读取标准表的电流值,然后切换

开关 S 的位置，用十进位电阻箱替代它，并改变电阻值，当电路中的电压不变时，使流过标准表的电流保持不变，则电阻箱的电阻值即为被测改装电流计的内阻。

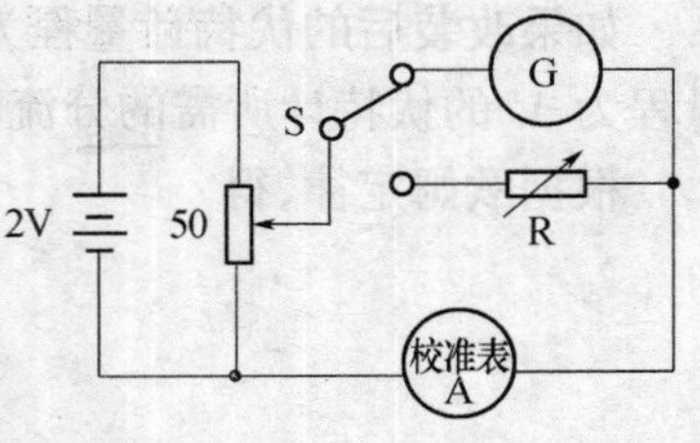

图 4-81 替代法测电表内阻

中值法：当被测电流计接在电路中时，使电流计满偏，再用十进位电阻箱与电流计并联作为分流电阻，改变电阻箱电阻值即改变分流程度，当电流计指针指示到中间值即流过电流计的电流为 $1/2I_g$，且总电流强度保持不变时，那么流过电阻箱的电流也为$\frac{1}{2}I_g$。

根据欧姆定律，可得

$$\frac{1}{2}I_gR_g = \frac{1}{2}I_gR \tag{4-72}$$

则 $R_g = R$ 即这时电流计的内阻等于分流电阻值。

测出了电流计内阻值，根据致姆定律就可以求出电流计量程。

2．改装电流计为 5mA 或 10mA 量程的毫安计

改装电流计为 5mA 或 10mA 量程毫安计。按图 4-82 所示用 0.5 级标准数字毫安计来校准被改装毫安计。从 0 到满量程，以电流计面板读数为横坐标，标准毫安计读数为纵坐标，用毫米方格纸做出校准曲线。

3．改装电流计为 1V 量程的伏特计

改装电流计为 1V 量程的伏特计，按图 4-83 所示用 0.5 级标准数字伏特计来校准被改装伏特计。从 0 到满量程，以电流计面板读数为横坐标，标准伏特计读数为纵坐标，用毫米方格纸做出校准曲线。

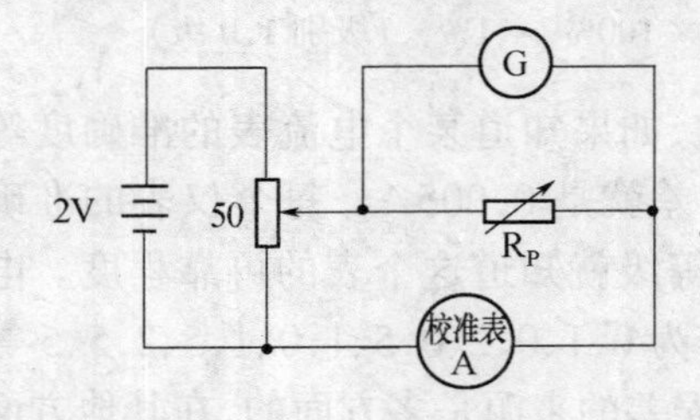

图 4-82 改装毫安表校准

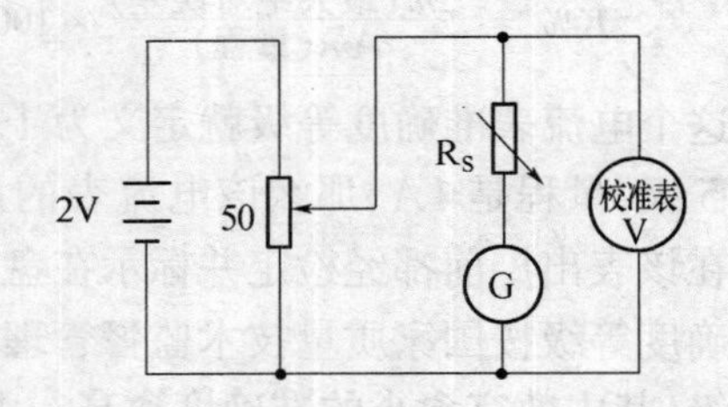

图 4-83 改装伏特表校准

4．确定改装毫安计和伏特计的级别

通常改装表的级别不能高于用来校准的标准表的级别，根据实际测量与计算的结果，向低的级别靠，来确定改装表级别。

5．改装电流计为欧姆计

串接式欧姆表改装原理如图 4-84 所示，E 为电源，电流计表头内阻为 R_g，量程即满刻度电流为 I_g，R 和 R_W 为限流电阻，R_X 为待测电阻。由欧姆定律可知，流过表头的电流：

$$I_X = \frac{E}{R_X + R_g + R + R_W} \tag{4-73}$$

对于给定的欧姆表（R_g、R、R_W、E 已给定），I_X 仅由 R_X 决定，即 I_X 与 R_X 之间有一

一对应的关系。在表头刻度上，将 I_X 表示成 R_X，即改装成欧姆表。

由图 4－82 和式(4－70)可知，当 R_X 为无穷大时，$I_X=0$；当 $R_X=0$ 时，回路中电流最大，$I_X=I_g$。

由此可知：

(1) 当 $R_X=R_g+R+R_W$ 时，$I_X=\frac{1}{2}I_g$，指针正好位于满刻度的一半，即欧姆表标尺的中心电阻值，它等于欧姆表的总内阻。这就是串接式欧姆表中心的意义。可将式(4－70)改写成

$$I_X=\frac{E}{R_X+R_{中}} \tag{4-74}$$

(2) 改变中心电阻 $R_{中}$ 的值，即可改变电阻挡的量程。如 $R_{中}=100\Omega$，测量范围为 20Ω 至 500Ω；$R_{中}=1000\Omega$，测量范围为 200Ω 至 5000Ω；以此类推(注：对于大阻值测量应相应提高电源 E 的电压)。

(3) I_X 与 $R_X+R_{中}$ 是非线性关系。当 $R_X \ll R_{中}$ 时，有 $I_X\approx\frac{E}{R_{中}}=I_g$，此时指针(或示数)偏转接近满刻度，随 R_X 的变化不明显，因而测量误差大；当 $R_X \gg R_{中}$ 时，有 $I_X\approx 0$，此时测量误差也大。所以，在实际测量时，只在 $\frac{1}{5}R_{中}<R_X<5R_{中}$ 的范围，测量才比较准确。

(4) 由于在实际过程中电表多采用干电池，电源电压在使用过程中会变化，因此用 R_W 来调零。

并接式欧姆表改装原理如图 4－85 所示，E 为电源，电流计表头内阻为 R_g，量程即满刻度电流为 I_g，R 和 R_W 为限流电阻，R_X 为待测电阻。由欧姆定律可知，流过表头的电流

$$I_X=\frac{R_X}{R_X+R_g}\times\frac{E}{R+R_W+R'} \tag{4-75}$$

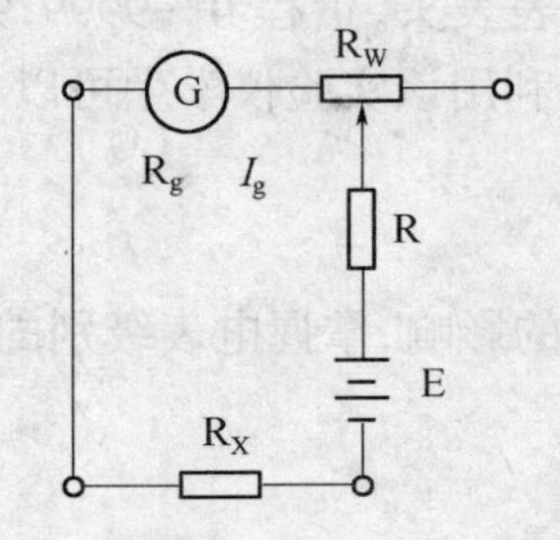

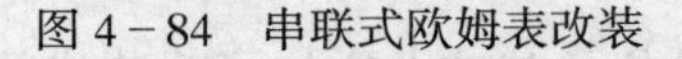
图 4－84　串联式欧姆表改装

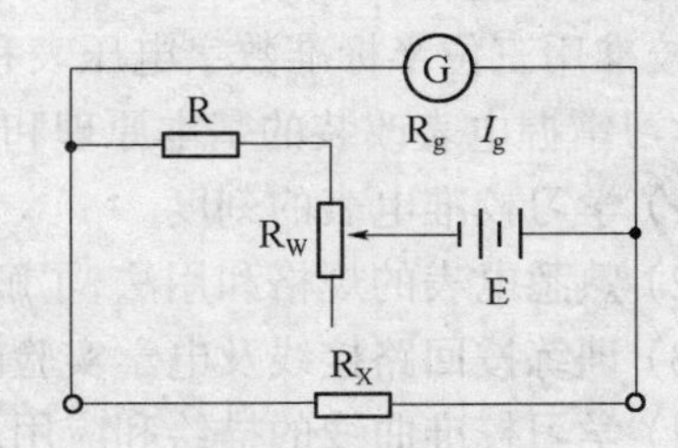

图 4－85　并联式欧姆表改装

式中 $R'=\frac{R_gR_X}{R_g+R_X}$，当 $R+R_W\gg\bar{R}$ 时，式(4－72)可以改写为

$$I_X=\frac{R_X}{R_X+R_g}\times\frac{E}{R+R_W} \tag{4-76}$$

对于给定的欧姆计表(R_g、R、R_X、E 已给定)，I_X 仅由 R_X 决定，即 I_X 与 R_X 之间有一一对应的关系。在表头刻度上，将 I_X 表示成 R_X，即改装成欧姆表。

由图 4-83 和式(4-72)可知,当 R_X 为无穷大时,回路中电流最大,$I_X=I_g$;当 $R_X=0$ 时,$I_X=0$。由此可知:

(1) 当 $R_gR_X=R_g$ 时,$I_X=\frac{1}{2}I_g$,指针正好位于满刻度的一半,即欧姆表标尺的中心电阻值,它等于电流计表头的内阻。这就是并接式欧姆表中心的意义。

(2) I_X 与 R_X 是非线性关系。当 $R_X \ll R_g$ 时,有 $I_X \approx 0$,此时偏转接近零刻度,随 R 的变化不明显,因而测量误差大;当 $R_X \gg R_g$ 时,有 $I_X \approx I_g$,此时测量误差也大。所以,在实际测量时,只在 $1/5R_g < R_X < 5R_g$ 的范围,测量才比较准确。

(3) 由于在实际过程中电表多采用干电池,电源电压在使用过程中会变化,因此用 R_w 来调零。

实验中 $E=1.0V$,$R=750\Omega$,R_ω 为 470Ω 可调电阻,分别把电流计改装为串接式欧姆表和并接式欧姆表,用变阻箱作为可变外接电阻,作出 I_X 对 R_X 的电流电阻曲线。

[思考题]

1. 校正电流表时发现改装表的读数相对于标准表的读数偏高,试问要达到标准表的数值,改装表的分流电阻应调大还是调小?

2. 校正电压表时发现改装表的读数相对于标准表的读数偏低,试问要达到标准表的数值,改装表的分压电阻应调大还是调小?

3. 用欧姆表测电阻时,如果表头的指针正好指在满刻度的一半处,则从标尺读出的电阻值就是该欧姆表的内阻值?

[仪器介绍]

(一) THKDG—2 型电表改装与校准实验仪

THKDG-2 型电表改装与校准实验仪集成了 0~1.999V 可调直流稳压源(带 $3\frac{1}{2}$ 位数显),被改装量程 1mA,内阻 R_g 为 100Ω 的指针电流表表头,量程 0~9999.9Ω 可变电阻箱,校准用三位半标准数字电压表和电流表等部件。利用该实验仪学生可以:

学习掌握电表改装的基本原理和方法。

(1) 学习校准电表的刻度。

(2) 熟悉电表的规格和用法,了解电表内阻对测量的影响,掌握电表级别的定义。

(3) 训练按回路接线及电学实验的操作。

(4) 学习校准曲线的描绘和应用。

(二) 结构

本实验仪是在 TKDG—1 型电表改装与校准实验仪的基础上增加了改装成欧姆表的功能,结构上只将电阻箱由 0~999.9Ω 改为 0~9999.9Ω,增加了 750Ω 电阻,除了能将被改装表改装成电流表和电压表外,还可以将其改装成串接式和并接式欧姆表。

实验仪面板结构如图 4-86 所示,实验仪主要集成了三位半标准数字电压表,三位半标准数字电流表,用于对改装后的电流表和电压表进行校准。模拟电流计表头,读数方便。提供一个量程 0~9999.9Ω 可变电阻箱 R2,在被改装表用内阻大约为 100Ω,100 等分,精度等级为 1.0 级的指针式大面板改装电流表和电压表实验中,供测量电流计 G 的

内阻 R_g，学生可以将它与被改装表头串并联以人为改变表头内阻；在改装欧姆表实验中，作为可变外接电阻。另外提供可调直流稳压源，输出从 0～1.999V 可调，$3\frac{1}{2}$位数字显示，读数方便。470Ω 可调电阻在改装电流表和电压表实验中，作为可变外接电阻；在改装欧姆表实验中，用来调零。750Ω 电阻与上述 470Ω 可调电阻一起用于把电流计表头改装为串接式和并接式欧姆表。

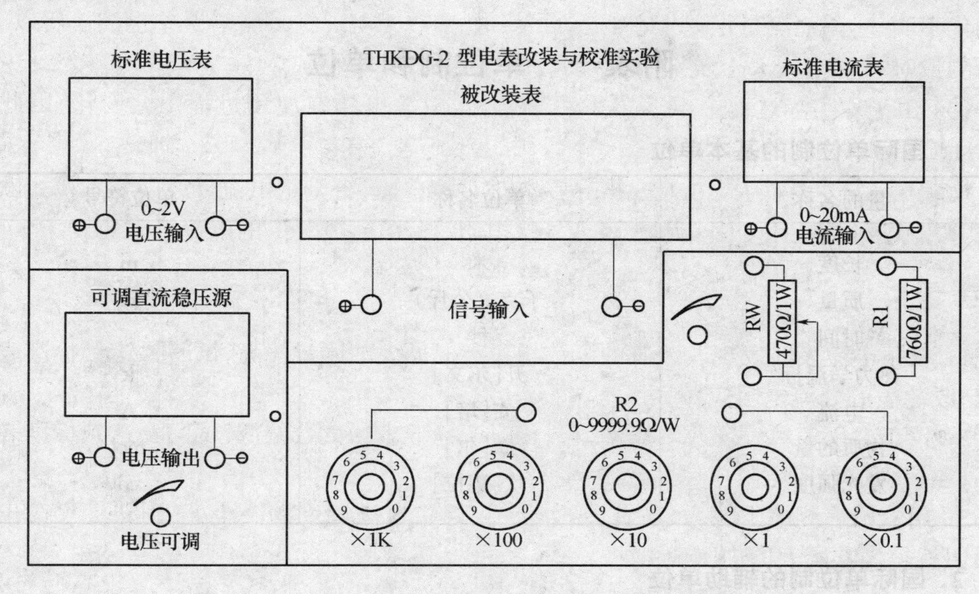

图 4-86　电表改装综合实验仪面板示意图

（三）技术指标

可调直流稳压源：0～1.999V 输出可调，$3\frac{1}{2}$位数字显示。

被改装指针电流计表头：量程 1mA，内阻 R_g 为 100Ω。

470Ω 可调电阻：可变外接电阻；用于把电流表头改装为串接式和并接式欧姆表，用来调零。

750Ω 电阻：与上述 470Ω 可调电阻一起用于把电流表头改装为串接式和并接式欧姆表。

可变电阻箱：量程 0～9999.9Ω。

校准用标准数字电压表：量程 0～1.999V，三位半数字显示，精度 1.0 级。

校准用标准数字电流表：量程 0～19.99mA，三位半数字显示，精度 1.0 级。

（四）使用注意事项

(1) 注意接入改装表电信号的极性与量程大小，以免指针反偏或过量程时出现“打针”现象。

(2) 实验仪提供的标准毫安计和标准伏特计仅作校准时的标准。

附录　国际单位制和某些常用物理数据

附表一　单位制和单位

1. 国际单位制的基本单位

量的名称	单位名称	单位符号
长度	米	m
质量	千克,(公斤)	kg
时间	秒	s
热力学温标	开[尔文]	k
电流	安[培]	A
物质的量	摩[尔]	mol
发光强度	坎[德拉]	cd

2. 国际单位制的辅助单位

量的名称	单位名称	单位符号
[平面]角	弧度	rad
立体角	球面度	sr

3. 国家选定的非国际单位制单位

量的名称	单位名称	单位符号	换算关系和说明
时间	分	min	1min＝60s
	[分]时	h	1h＝60min＝3600s
	天[日]	d	1d＝24h＝86400s
平面角	[角]秒	(″)	1″＝(π/648000)rad(π 为圆周率)
	[角]分	(′)	1′＝60″＝(π/10800)rad
	度	(°)	1°＝60′＝(π/180)rad
旋转速度	转每分	$r \cdot min^{-1}$	$1r \cdot min^{-1} = (1/60)s^{-1}$
长度	海里	n mile	1n mile＝1852m(只用于海程)
速度	节	kn	$1kn = 1n\ mile \cdot h^{-1} = (1852/3600)\ m \cdot s^{-1}$(只用于海程)

（续）

量的名称	单位名称	单位符号	换算关系和说明
质量	吨 原子质量单位	t u	$1t=10^8kg$ $1u\approx1.660565\times10^{-27}kg$
体积	升	l	$1l=1dm^3=10^{-3}m^3$
能量	电子伏	eV	$1eV\approx1.6021892\times10^{-19}J$
级差	分贝	dB	
线密度	特[克斯]	tex	$1tex=1g\cdot km^{-1}$

4. 单位词冠

因数		词冠		代号	
				中文	国际
倍数	10^{18}	艾[可萨]	(exa)	艾	E
	10^{15}	拍[它]	(peta)	拍	P
	10^{12}	太[拉]	(tera)	太	T
	10^9	吉[加]	(giga)	吉	G
	10^6	兆	(mega)	兆	M
	10^3	千	(kilo)	千	k
	10^2	百	(hecto)	百	h
	10^1	十	(deca)	十	da
分数	10－1	分	(deci)	分	d
	10－2	厘	(centi)	厘	c
	10－3	毫	(milli)	毫	m
	10－6	微	(micro)	微	μ
	10－9	纳[诺]	(nano)	纳	n
	10－12	皮[可]	(pico)	皮	p
	10－15	飞[母托]	(femto)	飞	f
	10－18	阿[托]	(atto)	阿	a

附表二　国际单位制中具有专门名称的导出单位

量的名称	单位名称	单位符号	其他表示式例	备注
频率	赫[兹]	Hz	s^{-1}	
力;重力	牛[顿]	N	$m\cdot kg\cdot s^{-2}$	1达因$=10^{-5}N$
压力;压强;应力	帕[斯卡]	Pa	$N\cdot m^{-2}$	
能量;功;热	焦[耳]	J	$N\cdot m$	1尔格$=10^{-7}J$

（续）

量的名称	单位名称	单位符号	其他表示式例	备注
功率;辐射通量	瓦［特］	W	$J\cdot s^{-1}$	1尔格/秒 $=10^{-7}$W
电荷量	库［仑］	C	$A\cdot s$ $W\cdot A^{-2}$	
电位;电压;电动势	伏［特］	V		1静库仑 $=\dfrac{10^{-9}}{2.998}$C
电容	法［拉］	F	$C\cdot V^{-1}$	1静伏特 $=2.998\times10^{2}$V
电阻	欧［姆］	Ω	$V\cdot A^{-1}$	
［直流］电导	西［门子］	S	$A\cdot V^{-1}$	
磁通量	韦［伯］	Wb	$V\cdot s$	
磁通量密度;磁感应强度	特［斯拉］	T	$Wb\cdot m^{-2}$	1高斯 $=10^{-4}$T
电感	亨［利］	H	$Wb\cdot A^{-1}$	
摄氏温度	摄氏度	℃		
光通量	流［明］	lm	cd·sr	
光照度	勒［可斯］	lx	$lm\cdot m^{-2}$	
［放射性］活度	贝可［勒尔］	Bq	s^{-1}	
吸收剂量	戈［瑞］	Gy	$J\cdot kg^{-1}$	
剂量当量	希［沃特］	Sv	$J\cdot kg^{-1}$	

附表三　基本和重要的物理常数表

名　称	符号	数　值	单位符号
真空中的光速	c	2.99792458×10^{8} 米·秒$^{-1}$	$m\cdot s^{-1}$
基本电荷	e	1.6021892×10^{-19}库	c
电子静止质量	m_e	9.109534×10^{-31}千克	kg
中子质量	m_n	1.675×10^{-27}千克	kg
质子质量	m_p	1.675×10^{-27}千克	kg
原子单位质量	u	1.6605655×10^{-27}千克	kg
普朗克常数	h	6.62619×10^{-34}焦耳·秒 或 4.136×10^{-15}电子伏特·秒	J·s eV·s
阿佛加德罗常数	N_0	6.022045×10^{23}摩$^{-1}$	mol^{-1}
摩尔气体常数	R	8.31441 焦耳·摩$^{-1}$·开尔文$^{-1}$	$J\cdot mol^{-1}\cdot K^{-1}$

(续)

名称	符号	数值	单位符号
玻耳兹曼常数	k	1.380662×10^{-23}焦耳·开尔文$^{-1}$ 或8.617×10^{-15}电子伏特·开尔文$^{-1}$	$J\cdot K^{-1}$ $eV\cdot K^{-1}$
万有引力常数	G	6.67×10^{-11}牛顿·米^2·千克$^{-2}$	$N\cdot m^2\cdot kg^{-2}$
法拉第常数	F	9.648456×10^4库·摩$^{-1}$	$C\cdot mol^{-1}$
热功当量	J	4.186 焦耳·卡$^{-1}$	J·卡$^{-1}$
里德伯常数	R_∞ R_H	1.097373177×10^7米$^{-1}$ 10.9677576×10^7米$^{-1}$	m^{-1}
洛喜密德常数	n	2.68719×10^{25}米$^{-3}$	m^{-3}
库仑常数	$e^2/4\pi\varepsilon$	14.42 电子伏特·埃	
电子荷质比	e/m_e	1.7588047×10^{11}库·千克$^{-1}$	$C\cdot kg^{-1}$
电子经典半径	$re=e^2/4\pi\varepsilon m_e c^2$	2.818×10^{-15}米	m
电子静止能量	$m_e c^2$	0.5110 兆电子伏特	MeV
质子静止能量	$m_p c^2$	938.3 兆电子伏特	MeV
原子质量单位的等价能量	Mc^2	9315 兆电子伏特	eV
电子的康普顿波长	$\lambda c=h/Mc$	2.426×10^{-12}米	m
电子磁矩	$u=e\pi/2M$	0.9273×10^{-23}焦耳·米^2·韦伯$^{-1}$	$J\cdot m^2\cdot Wb^{-1}$
玻尔半径	$\alpha=4\pi\varepsilon h^2/me^2$	0.5292×10^{-10}米	m
标准大气压	P_0	101325 帕	Pa
冰点热力学温度	T_0	273.15 开尔文	K
标准状态下声音在空气中的速度	C	331.46 米·秒$^{-1}$	$m\cdot s^{-1}$
标准状态下干燥空气密度	$\rho_{空气}$	1.293 千克·米$^{-3}$	$kg\cdot m^{-3}$
标准状态下水银密度	$\rho_{水银}$	13595.04 千克·米$^{-3}$	$kg\cdot m^{-3}$
标准状态下理想气体的摩尔体积	Vm	22.41383×10^{-3}米·摩$^{-1}$	$m^3\cdot mol^{-1}$
真空介电常数(电容率)	ε_0	8.854188×10^{-12}法拉·米$^{-1}$	$F\cdot m^{-1}$
真空的磁导率	U_0	12.566371×10^{-7}亨·米$^{-1}$	$H\cdot m^{-1}$
钠光谱中黄线波长	D	589.3×10^{-9}米($D_1 589.0\times10^{-9}$米, $D_2 589.6\times10^{-9}$米)	m
在15℃、101325 帕时镉光谱中红线的波长	λcd	643.84696×10^{-9}米	m
转换因子			
1 电子伏特$=1.602\times10^{-19}$焦耳 1 埃(A)$=\times10^{-10}$米 1 原子质量单位$=1.661\times10^{-27}$千克 931.5 兆电子伏特			

附表四　常用的物理实验参数

1．水的沸点(℃)随压强P(mmHg)的变化

P	0	1	2	3	4	5	6	7	8	9
730	98.88	98.92	98.95	98.99	99.03	99.07	99.11	99.14	99.18	99.22
740	99.29	99.29	99.33	99.37	99.41	99.44	99.48	99.52	99.56	99.56
750	99.63	99.67	99.77	99.74	99.78	99.82	99.85	99.89	99.93	99.96
760	100.00	100.04	100.07	100.11	100.15	100.18	100.22	100.26	100.29	100.33
770	100.36	100.40	100.44	100.47	100.51	100.55	100.58	100.26	100.65	100.69

2．在标准大气压下不同温度的水密度

温度 t/℃	密度(ρ)/kg·m^{-3}	温度/t/℃	密度(ρ)/kg·m^{-3}	温度/t/℃	密度(ρ)/kg·m^{-3}
0	999.841	17	998.774	34	994.371
1	999.900	18	998.595	35	994.031
2	999.941	19	998.405	36	993.68
3	999.965	20	998.203	37	993.33
4	999.973	21	997.992	38	992.96
5	999.965	22	997.770	39	992.59
6	999.941	23	997.638	40	992.21
7	999.902	24	997.296	41	991.83
8	999.849	25	997.044	42	991.44
9	999.781	26	996.783	50	988.04
10	999.700	27	996.512	60	983.21
11	999.605	28	996.232	70	977.78
12	999.498	29	995.944	80	971.80
13	999.377	30	995.646	90	965.31
14	999.244	31	995.340	100	958.35
15	999.099	32	995.025		
16	998.943	33	994.702		

3．在20℃时常用固体和液体的密度

物质	密度(ρ)/kg·m^{-3}	物质	密度(ρ)/kg·m^{-3}
铝	2698.9	水晶玻璃	2900～3000
铜	8960	窗玻璃	2400～2700
铁	7874	冰(0℃)	800～920
银	10500	甲醇	792
金	19320	乙醇	789.4
钨	19300	乙醚	714

(续)

物质	密度(ρ)/kg·m^{-3}	物质	密度(ρ)/kg·m^{-3}
铂	21450	汽车用汽油	710～720
铅	11350	弗里昂－12	1329
锡	7298	(氟氯烷－12)	
水银	13546.2	变压器油	840～890
钢	7600～7900	甘油	1060
石英	2500～2800	蜂蜜	1435

4. 在海平面上不同纬度处的重力加速度＊

纬度 ϕ(°)	g/(m·s^{-2})	纬度 ϕ(°)	g/(m·s^{-2})
0	9.78049	50	9.81079
5	9.78088	55	9.81515
10	9.78024	60	9.81924
15	9.78394	65	9.82294
20	9.78652	70	9.82614
25	9.78969	75	9.82873
30	9.79338	80	9.83065
35	9.79746	85	9.83182
40	9.80180	90	9.83221
45	9.80629		

＊表中所列的数值系根据公式

$g=9.78049(1+0.005288\sin^2\phi-0.000006\sin^2 2\phi)$算出，其中 ϕ 为纬度

5. 在时 20℃ 某些金属的弹性模量(杨氏模量＊)

金　属	杨氏模量 y	
	吉帕(G·Pa)	N·m^{-2}
铝	70.00～71.00	7.000～7.100×10^{10}
钨	415.0	4.150×10^{11}
铁	190.0～210.0	1.900～2.100×10^{11}
铜	105.0～130.0	1.050～1.300×10^{11}
金	79.00	7.900×10^{10}
银	70.00～82.00	7.000～8.200×10^{10}
锌	800.0	8.000×10^{10}
镍	205.0	2.050×1011
铬	240.0～250.0	2.400～2.500×10^{11}
合金钢	210.0～220.0	2.100～2.200×10^{11}
碳钢	200.0～210.00	2.000～2.100×10^{11}
康铜	163.0	1.630×10^{11}

＊杨氏弹性模量的值跟材料的结构、化学成分及加工制造方法又关，因此在某些情况下，y 的值可能跟表中所列的平均值不同

6. 在20℃是与空气接触的液体的表面张力系数

液　体	$\sigma/(\times10^{-3}N\cdot m^{-1})$	液　体	$\sigma/(\times10^{-3}N\cdot m^{-1})$
航空汽油	21	甘油	63
石油	30	水银	513
煤油	24	甲醇	22.6
松节油	28.8	(在0℃时)	24.5
水	72.75	乙醇	22.0
肥皂溶液	40	(在60℃时)	13.4
弗里昂	9.0	(在0℃ 时)	24.1
蓖麻油	36.4		

7. 在不同温度下与空气接触的水的表面张力系数

温度/℃	$\sigma/(\times10^{-3}N\cdot m^{-1})$	温度/℃	$\sigma/(\times10^{-3}N\cdot m^{-1})$	温度/℃	$\sigma/(\times10^{-3}N\cdot m^{-1})$
0	75.62	16	73.34	30	71.15
5	74.90	17	73.20	40	69.55
6	74.76	18	73.15	50	67.90
8	74.48	19	72.89	60	66.17
10	74.20	20	72.75	70	64.41
11	74.07	21	72.60	80	62.60
12	73.92	22	72.44	90	60.74
13	73.78	23	72.28	100	58.84
14	73.64	24	72.12		
15	73.48	25	71.96		

8. 不同温度时水的粘滞系数

温度/℃	η $10^{-6}N\cdot m^{-2}\cdot s(\mu Pa\cdot s)$	温度/℃	η $10^{-6}N\cdot m^{-2}\cdot s(\mu Pa\cdot s)$
0	1787	60	469
10	1304	70	406
20	1004	80	355
30	801	90	315
40	653	100	282
50	549		

9．液体的粘滞系数

液体	温度/℃	$\eta/(\mu Pa\cdot s)$	液体	温度/℃	$\eta/(\mu Pa\cdot s)$
汽油	0 18	1788 530	甘油	−20 0 20 100	134×10^6 121×10^6 1499×10^6 12945
乙醇	−20 0 20	2780 1780 1190	蜂密	20 80	650×10^4 100×10^3
甲醇	0 20	817 584	鱼甘油	20 80	45600 4600
乙醚	0 20	296 243	水银	−20 0 20 100	1855 1685 1554 1224
变压器油	20	19800			
蓖麻油	10	242×10^4			
葵花子油	20	50000			

10．固体的线膨胀系数

物质	温度或温度范围/℃	$\alpha/(\times10^{-6}℃^{-1})$	物质	温度或温度范围/℃	$\alpha/(\times10^{-6}℃^{-1})$
铝	0～100	23.8	锌	0～100	32
铜	0～100	17.1	铂	0～100	9.1
铁	0～100	12.2	钨	0～100	4.5
金	0～100	14.3	石英玻璃	20～200	0.5
银	0～100	19.6	窗玻璃	20～200	9.5
钢*	0～100	12.0	花岗石	20	6～9
康铜	0～100	15.2	瓷器	20～700	3.4～4.1
铅	0～100	29.2			

*表中的钢含碳量为0.05%

11．固体的比热容

物质	温度/℃	比热容	
		kcal/kg·℃	kJ/kg·℃
铝	20	0.214	0.895
黄铜	20	0.0917	0.380
铜	20	0.092	0.385
铂	20	0.032	0.134

（续）

物　质	温 度／℃	比　热　容	
		kcal/kg·℃	KJ/kg·℃
生铁	0～100	0.13	0.54
铁	20	0.115	0.481
铅	20	0.0306	0.130
镍	20	0.115	0.481
银	20	0.056	0.234
钢	20	0.107	0.447
锌	20	0.093	0.389
玻璃		0.14～0.22	0.585～0.920
冰	-40～0	0.43	1.797
水		0.999	4.176

12．液体的比热容

液　体	温 度／℃	比　热　容	
		kcal/kg·k	kJ/kg·℃
乙醇	0 20	2.30 2.47	0.55 0.59
甲醇	0 20	2.43 2.47	0.58 0.59
乙醚	20	2.34	0.56
水	0 20	4.220 4.182	1.009 0.999
弗得昂-12(氟氯烷-12)	20	0.84	0.20
变压器油	0～100	1.88	0.45
汽油	10 50	1.42 2.09	0.34 0.50
水银	0 20	0.1465 0.1390	0.0350 0.0332
甘油	18		0.58

13. 某些金属合金的电阻率及其温度系数＊

金属或合金	电阻率/(μΩ·m)	温度系数/℃$^{-1}$	金属或合金	电阻率/(μΩ·m)	温度系数/℃$^{-1}$
铝	0.028	42×10^{-4}	锌	0.059	42×10^{-4}
铜	0.0172	43×10^{-4}	锡	0.12	44×10^{-4}
银	0.016	40×10^{-4}	水银	0.958	10×10^{-4}
金	0.024	40×10^{-4}	武德合金	0.52	37×10^{-4}
铁	0.098	60×10^{-4}	钢(0.10%～0.15%碳)	0.10～0.14	6×10^{-3}
铅	0.205	37×10^{-4}	康铜	0.47～0.51	$(-0.04\sim0.01)\times10^{-3}$
铂	0.105	39×10^{-4}	铜锰镍合金	0.34～1.00	$(-0.03\sim0.02)\times10^{-3}$
钨	0.055	48×10^{-4}	镍铬合金	0.98～1.10	$(0.03\sim0.4)\times10^{-3}$

＊电阻率与金属中的杂质有关,因此表中列出的只是20℃时电阻率的平均值

14. 常用光源的光谱线波长表

单位:nm(纳米)

(一)H(氢)		626.65	橙
656.28	红	621.73	橙
486.13	绿蓝	614.31	橙
404.05	蓝	588.19	黄
410.17	蓝紫	585.25	黄
397.01	蓝紫	(四)Na(钠)	
(二)He(氦)		589.592(D_1)黄	
706.52	红	588.995(D_2)黄	
667.82	红	(五)Hg(汞)	
587.56(D_3)黄		623.44	橙
501.57	绿	579.07	黄
492.19	绿蓝	576.96	黄
471.31	蓝	546.07	绿
447.15	蓝紫	491.60	绿蓝
402.62	蓝紫	435.83	蓝紫
388.87		407.78	蓝紫
(三)Ne(氖)		404.66	蓝紫
650.65	红	(六)He-Ne(激光)	
640.23	橙	632.8	橙
638.30	橙		

15．常温下某些物质对空气的折射率

物质 \ 波长	Hα线/656.3nm	D线/589.3nm	H_β线/486.1nm
水(18℃)	1.3341	1.3332	1.3373
乙 醇(18℃)	1.3609	1.3625	1.3665
二硫化碳(18℃)	1.6199	1.6291	1.6541
窗玻璃(轻)	1.5127	1.5153	1.5214
(重)	1.6126	1.6152	1.6213
燧石玻璃(轻)	1.6038	1.6085	1.6200
(重)	1.7473	1.7515	1.7723
方解石(寻常光)	1.6545	1.6585	1.6679
(非常光)	1.4846	1.4864	1.4908
水晶(寻常光)	1.5418	1.5442	1.5496
(非常光)	1.5509	1.5533	1.5589

参考文献

[1] 龚镇雄.漫话物理实验方法.北京:科学出版社,1991.
[2] G. L. 特里格. 现在代理学中的关键实验. 北京:科学出版社,1983.
[3] 吕斯骅.全国中学生物理竞赛实验指导书.北京:北京大学出版社,2006.
[4] 费业泰.误差理论与数据处理.北京:机械工业出版社,2004.
[5] 近代物理概论编写组.近代物理概论讲义.北京:中央电视大学出版社,1983.
[6] 马霞生,陈国英,江一德.普通物理选题实验.上海:华东师范大学出版社,1992.
[7] 霍剑青,吴泳华,尹民,孙腊珍.大学物理实验.北京:高等教育出版社,2006.
[8] 蒋达娅,肖井华,朱洪波,陈以方.大学物理实验教程.北京:北京邮电大学出版社,2007.
[9] 华中工学院,天津大学,上海交通大学.物理实验.北京:高等教育出版社,1981.
[10] 贺秀良.大学基础实验.北京:国防工业出版社,2005.
[11] 刘璞.物理学与应用技术 50 讲.北京:北京航空航天大学出版社,2001.
[12] 丁慎训,张连芳.物理实验教程.北京:清华大学出版社,2002.
[13] 肖苏,任红等.实验物理教程.合肥:中国科技大学出版社,1998.
[14] 贾玉润,王公治,凌佩玲.大学物理实验.上海:复旦大学出版社,1988.
[15] 张雄等.物理实验设计与研究.北京:科学出版社,2003.
[16] 吴勇,童培雄等.一种非超声波测声速的方法.物理实验,2000 年第 12 期.
[17] 孙越胜等.利用散斑测量位移实验的设计.物理与工程(2003 年增刊).
[18] 童培雄,赵在忠,刘贵兴.重力加速度的测定.物理与工程,2000 年第 5 期.
[19] 陈宜生,周佩瑶,冯艳全.物理效应及其应用.天津:天津大学出版社,1994.
[20] 陈红雨,潘正权.大学物理虚拟实验.杭州:浙江大学出版社,2003.
[21] 吕斯骅,段家氐.基础物理实验.北京:北京大学出版社,2002.
[22] 赵凯华,罗蔚茵.新概念物理学.北京:高等教育出版社,2002.
[23] 王仕藩.现代光学实验教程.北京:北京邮电大学出版社,2004.
[24] 赵凯华.定性与半定量物理学.北京:高等教育出版社,2008.
[25] 沈元华.设计性研究性物理实验教程.上海:复旦大学出版社,2004.
[26] 李文斌.大学物理实验.北京:北京邮电大学出版社,2006.